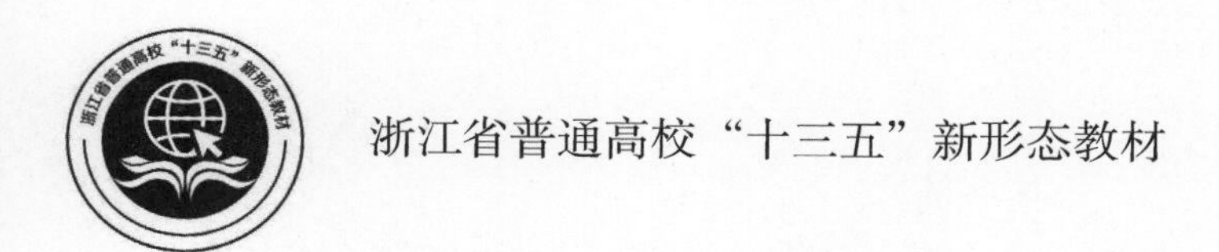

浙江省普通高校“十三五”新形态教材

H5^{+} 交互融媒体设计

李戈　钟樾　著

電子工業出版社

Publishing House of Electronics Industry

北京 · BEIJING

内容简介

H5 作为一种集文字、图片、音视频、3D、动画等多媒体形式于一体的强交互性融媒体形式，具有让内容更有吸收力、让用户体验更优秀、让传播分享更便捷、让数据反馈可监测等特点，不断刷新着用户的认知边界并产生了众多裂变式传播作品。H5 产品的创作能力，也成为了数字媒体、新闻传播、编辑出版等相关学科学生的必备技能之一。本书包括认识 H5 交互融媒体；H5 设计流程；H5 视觉设计技巧；交互、动效、动画与声音的设计；木疙瘩平台基础功能详解；案例示范共 6 章。本书各章节编排以制作一支完整 H5 的流程来编写，每章节中都为师生提供了可参考的优秀案例。另外，本书还提供了配套的数字资源，可以帮助师生更好地完成一支优秀 H5 作品的创作。

图书在版编目（CIP）数据

H5+ 交互融媒体设计 / 李戈，钟樾著 . -- 北京 : 电子工业出版社 , 2021.10
ISBN 978-7-121-42259-1

Ⅰ . ① H… Ⅱ . ①李… ②钟… Ⅲ . ①文本标记语言－程序设计－高等学校－教材 Ⅳ . ① TP312.8

中国版本图书馆 CIP 数据核字（2021）第 215578 号

责任编辑：周彤
印　　刷：北京富诚彩色印刷有限公司
装　　订：北京富诚彩色印刷有限公司
出版发行：电子工业出版社
　　　　　北京市海淀区万寿路 173 信箱　邮编 100036
开　　本：787 × 1092　1/16　印张：13.5　字数：345.6 千字
版　　次：2021 年 10 月第 1 版
印　　次：2024 年 12 月第 5 次印刷
定　　价：59.00 元

凡所购买电子工业出版社图书有缺损问题，请向购买书店调换。若书店售缺，请与本社发行部联系，联系及邮购电话：（010）88254888，88258888。

质量投诉请发邮件至 zlts@phei.com.cn，盗版侵权举报请发邮件至 dbqq@phei.com.cn。

本书咨询联系方式：（010）88254609 或 hzh@phei.com.cn。

序　言

2019年4月，教育部、科技部等13个部门正式联合启动“六卓越一拔尖”计划2.0，全面推进新工科、新医科、新农科、新文科建设。其中新文科是建设高等教育强国的一种创新性探索，重在构建中国特色高等文科人才培养体系，全面提高文科人才培养质量。2020年11月3日，由教育部新文科建设工作组主办的新文科建设工作会议在山东大学（威海）召开，会上发布了《新文科建设宣言》，指出新文科建设以全球新科技革命、新经济发展为背景，突破传统文科思维模式，通过继承创新、交叉融合，实现文科教育的更新升级。

自20世纪末期以来，由数字技术引发的大融合在社会发展的各个方面不断凸显。高等教育领域的文科专业，也日益出现“科学、艺术和人文”融合的发展趋势。时代与科技同步，数字媒体在社会行业中炙手可热，其中数字媒体艺术、传播学、网络与新媒体等专业成为高校中的热门专业。这些专业都与数字媒体、信息传播、艺术设计有着不可分割的关联。高校文科教育的多学科交融特性越来越明显，影视类、传媒类、设计类、美术类和艺术设计类相关专业之间的界限越来越模糊。加强文科专业现代化建设，促进交叉复合型人才的培养成为当下高等教育的使命。

面对国家战略和重大社会需求，各高校纷纷进行文科学科和专业布局的优化调整，启动“新文科”教育改革。当前文科专业的培养方案、课程体系和实践内容，都在进行改造，强调融合。这对高校培养人才的课堂教学，提出了新的要求与挑战。糅合了人文类课程、艺术类课程、计算机类课程、新闻传播类课程的新文科课程日渐增多。教材建设是专业建设和课程建设的重要支撑，也是高校深化教育改革、全面推进教育现代发展的重要保证。在基于学科融合的新文科教育改革背景下，探索新文科课程教材建设、提高文科教材编写质量，具有重大意义。

2018年杭州电子科技大学人文艺术与数字媒体学院推出了“数字媒体艺术专业（立方书）”系列教材，该系列教材突破了传统纸质教材的编制模式，融入了“互联网＋教育＋出版＋服务”的理念，较好地体现了“科学、艺术和人文”相融合的特征，获得良好的市场反馈。2019年浙江省高等教育学会又将杭州电子科技大学人文艺术与数字媒体学院十余本系列教材立项为“十三五”第二批新形态教材建设项目，该系列教材在原有系列教材基础上，做了较大调整，不仅涵盖课程面扩大，也更加顺应当前科技发展的趋势。全套教材融合了基于移动互联网和人工智能的虚拟现实、增强现实技术，通过配套移动软件提供丰富、即时的学习内容，是一套具有数字化、立体化、可视化特征的新形态教材。

自2019年起，教育部面向全国高校开展一流专业、一流课程遴选，并把优秀教材建设作为一流专业、一流课程建设的“硬指标”，形成了“一流专业”“一流课程”引领“一流教材”建设，“一流教材”建设支撑“一流专业”“一流课程”的良性发展局面。教材建设与选用已纳入高等教育质量监管系统。教材建设与选用也将陆续纳入高校本科教学工作合格评估、审核评估以及“双一流”建设成果的考察范围。相信这一批新形态教材，对促进我国新文科教育改革的发展、提升一流专业建设的水准、打造高校一流课程，都大有助益。

恰逢杭州电子科技大学人文艺术与数字媒体学院系列教材出版，借此机会，我也期待着有更多高质量的新文科教材呈现出来，有效促进文科内部及文科与其他学科门类的深度融合，打破学科壁垒，培养出基础扎实、创新能力强的新型人才，切实促进我国各学科门类发展和研究的深化，擘画出我国高等教育的美好未来。

范凯熹教授

前言

自2014年第一个H5作品《围住神经猫》上线至今，虽然才短短6年多，H5的发展却经历了2014年的萌芽期、2015年的发展期、2016—2017年的转型期、2018年的深化期并正在向更广的领域和更常态化的方向拓展。H5作为一种集文字、图片、音视频、3D、动画等多媒体形式于一体的强交互融媒体产品，具有让内容更有吸收力、让用户体验更优秀、让传播分享更便捷、让数据反馈可监测等特点，不断刷新着用户的认知边界并产生了众多裂变式传播作品。

2018年正值H5蓬勃发展时期，我们推出了《H5产品创意思维及设计方法》，受到了数字媒体、新闻传播、编辑出版等相关学科师生的欢迎。虽然当时我们对H5的认知还处于非常懵懂的状态，但凭着对H5这种融媒体场景下极具代表性的数字内容产品的热忱，我们还是历经各种困难写出了国内第一本以H5创意、策划、设计创作全流程为内容的立体书教材。借此希望更多院校的师生一起参与到H5的学习创作中来，让H5产品被更多读者的熟悉与传播。

时间到了2020年，伴随着5G的发展，大数据、云计算等信息技术为媒体融合及更深层次的创新提供了更有力的支撑，融媒体产品的形式更丰富、技术更先进、传播面更广了。H5在对娱乐、营销、公益等各领域全方位渗透的同时，在党政类主流媒体领域迎来了爆发期。广播电视、纸媒日渐衰微的数字媒体时代，H5将传统媒体与新媒体的优势发挥到极致，使单一媒体的竞争力变为多媒体共同的竞争力。拥有跨终端、跨平台、无须本地下载等众多优势的H5移动端交互产品，传播迅速、用户体验新颖、容易吸引大众的注意力，对于新政策的解读、重大新闻事件的报道、节日庆典的展示、思想教育的引领都有良好的传播作用。为了加强和大众更好地沟通，H5在党政官媒中的地位逐渐上升。尤其是2020年疫情期间，腾讯新闻、丁香医生等媒体平台相继推出的疫情追踪类H5，精准定位到身处疫情中的人们的需求痛点，再次将H5引向高度。

本书包括第1章认识H5交互融媒体；第2章H5设计流程；第3章H5视觉设计技巧；第4章交互、动效、动画与声音的设计；第5章木疙瘩平台基础功能详解；第6章案例示范。其中第一章至第四章由李戈老师编写，李老师从2015年起专注于H5融媒体设计与教学，创作了大量作品，积累了丰富经验，形成了一套逻辑严谨、操作性强的教学流程。第5章由钟樾老师编写，他是木疙瘩平台前产品经理，伴随着木疙瘩平台的成长与发展，对木疙瘩平台了如指掌。最后一章由何赟瑶等几位同学完成，书中展示了他们的H5作品，这些作品屡次获得各类大赛一等奖。这几位同学现在已经分别是浙江大学、浙江工业大学和杭州电子科技大学的研究生了。

本书每一章节都提供了配套的数字资源，以二维码形式植入书中。通过本书学习希望能融合线上线下、课内课外、个人团队、教师学生各自优势，协同创作一支优秀的 H5 作品。书中还提供了 H5 发展各阶段经典的代表作品，为新手的 H5 创作提供了很好的学习案例。

本书的出版，还得到中国美术学院范凯熹教授的肯定，并作序以资鼓励。杭州电子科技大学人文艺术与数字媒体学院的王强院长，金叶、薛东朝等同学也鼎力相助。H5 资深创作人小呆、网易哒哒团队的推文都给予很大帮助。在此，再次表达我们真挚的感谢！

李戈　钟樾

2020 年 12 月 28 日于杭州

目　录

第 1 章

认识 H5 交互融媒体

第 1 章微课

学习要点： 随着舆论生态、媒体格局、传播方式发生了深刻变化，数字产品从形态到内容再到传播方式都在不断创新与发展。“融媒体”理念越来越普及，这个理念以发展为前提，以扬优为手段，不断变化和迭代。融媒体把传统媒体与新媒体的优势发挥到极致，使单一媒体的竞争力变为多媒体共同的竞争力。现阶段，融媒体主要表现为把广播、电视、互联网的优势互为整合，互为利用。比如把广播的迅疾、便捷，电视的直观、立体，互联网的“四个无限”（无限空间、无限时间、无限作者、无限受众）打通，将“我无他有”与“他无我有”的部分兼收并蓄、互为共融。融媒体产品，也是集结了文字、图像、音视频及多种交互技术于一体，具有多终端、多平台、多渠道发布的特点。

H5 交互融媒体是基于 HTML5 开发的移动端交互产品，具有跨终端、跨平台、无须本地下载等众多优势。从开发成本来说，开发一个基于 HTML5 的移动站点要比开发一个原生 APP 的成本低很多。原生 APP 包括 Android、iOS 等众多不同的手机系统应用，当手机用户需要使用该应用的时候，就要下载与手机系统相对应的移动应用。但如果是 H5 应用，不仅仅只是手机，即便是在平板、嵌入式设备等其他智能硬件上，H5 都能很好地自动适应，它是唯一一个可以横跨所有智能设备的技术应用，具有非常广泛的发展前景。

随着移动互联网产业的不断升级，H5 的应用越来越广泛，与场景的结合越来越密切，注重体验、参与交互、强化分享更成为 H5 的设计价值趋向。伴随着 5G 的发展，大数据、云计算将为媒体融合及更深层次的创新应用提供有力支撑，也将涌现出更多形式丰富、传播面广的融媒体产品，为移动交互创意设计及线上线下互动设计开辟新的沃土。

1.1 什么是 H5

要了解 H5，我们先要认识一个来自网页的标记语言——HTML。

HTML 全称为（HyperText Markup Language）中文译为“超级文本标记语言”，是由万维网的发明者蒂姆·伯纳斯·李（Tim Berners-Lee）和同事丹尼尔·W·康纳利（Daniel W.Connolly）于 1990 年创立的一种标记式语言，是互联网发展的基石，而那个 5 对应的是它的重大修改次数，目前几乎所有的网站都是基于 HTML 开发的。HTML5 之前，由于各个浏览器之间的标准不统一，Web 浏览器之间由于兼容性而引起的错误浪费了大量时间。HTML5 的目标就是将 Web 带入一个成熟的应用平台。在 HTML5 平台上，视频、音频、图像、动画及交互都被标准化。它的主要优势包括兼容性、合理性、高效性、可分离性、简洁性、通用性、无插件等，能够克服传统 HTML 平台的问题，从广义上来讲，HTML5 是包括 HTML、CSS 和 JavaScript 在内的一套技术组合，是唯一一个通吃 PC、Mac、iPhone、iPad、Android、Windows Phone 等主流平台的跨平台语言，其中 iOS 和 Android 通用。

HTML5 = HTML + CSS + JavaScript（见图 1.1）

HTML——网页的具体内容和结构；CSS——网页的样式（美化网页最重要的一块）；JS 即 JavaScript——网页的交互效果，比如对用户鼠标行为做出响应。

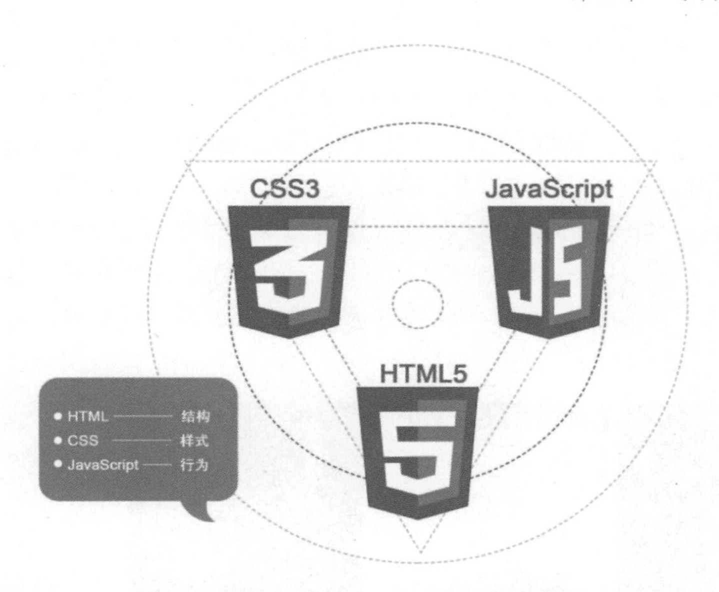

图 1.1　HTML、CSS、JavaScript 三者关系

自从 2010 年正式推出以来，HTML5 以一种惊人的速度被迅速推广。HTML5 在音频、视频、动画、应用页面效果和开发效率等方面给网页结构带来了巨大的变化，也对传统网页设计风格及相关设计理念带来了冲击。为了增强 Web 的应用性，HTML5 扩展了很多新技术，同时对传统 HTML 文档进行了修改，使文档结构更加清晰明确，容易阅读。HTML5 也增加了很多新的结构元素，降低了复杂性，这样既方便了浏览者的访问，也提高了 Web 设计人员的开发速度。HTML5 设计的网页不仅美观、清晰、可用性强，而且有可移植性，能够跨平台呈现为移动媒体或手机网页。目前，HTML5+CSS3 规范设计已成为网络媒体的设计标准，公司、政府机构和企事业单位纷纷采用该标准进行数字媒体设计。1994—2014 年 HTML 完成了 5 次重大升级换代，如图 1.2 所示。

图 1.2　1994-2014 年 HTML 完成了 5 次重大升级换代

就目前国内约定俗成的称谓，我们通常说的 H5 是基于 HTML5 技术的一类数字产品

的简称，其依托于移动端运行，能呈现各种动态交互页面，集文字、动效、音频、视频、图片、图表和 VR/AR 等多种媒体形式为一体。H5 是创作平台而不是技术平台，H5 能让人发挥很多创意，不用写代码就像给设计师插上了翅膀，原来不能实现的东西，在这里都能实现。H5 页面的叫法有很多，如手机微网页、手机微广告、动态海报、手机微课堂等。

最初的 H5 就是纯静态页面，可以理解为就是简单地将 PPT 放在移动端播放。2014 年年初，上线了行业公认的第一支具有较好视觉设计和传播影响力的 H5 产品，这是一款特斯拉的营销广告。现在看来，这款产品几乎没有交互，界面设计也非常普通，但在当时，却让人们觉得非常新鲜新奇（见图 1.3）。也由此，H5 开始在广告营销领域立足发展。

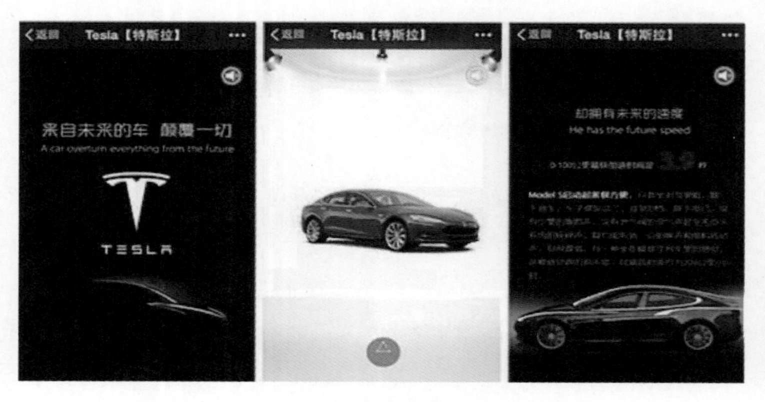

图 1.3　特斯拉 H5 界面

扫描二维码欣赏案例
（出品方特斯拉）

真正让 H5 被广大网友关注的是 2014 年上线的《围住神经猫》（见图 1.4），该款游戏上线微信朋友圈 3 天就吸引了用户 500 万，访问量超 1 亿的神话。用户参与感的增强和分享意愿的提升，让 H5 产品发展进入蓬勃发展阶段。

图 1.4　围住神经猫 H5

1.2 为什么要做 H5

移动互联网时代是一个信息泛滥的时代，信息过载使得人们对信息的消化能力大大下降，大量同质化内容的蜂拥出现，使用户对海量信息的阅读出现选择困难。H5 具有让内容更具吸收力、让用户体验更优秀、让传播分享更便捷、让数据反馈可监测的特点，不断给用户带来全新的体验和多场景的应用，是融媒体场景下代表性的数字内容产品。

1. 用户可视化的选择偏好

碎片化的阅读特点引发了用户对可视化表现的追求。海量的信息加上细碎的阅读时间，要求信息必须尽可能地用较短篇幅呈现丰富内容，同时具有相当的吸引力。比如，与其看 2000 字的新型冠状病毒疫情进展新闻文本，用户更偏爱视频直播、数据可视化呈现等传播形式，集纳丰富信息、呈现形式多样的 H5 能更好地满足用户核心内容快速获取的需求。可见，用户对数据可视化、内容微视频化、H5 专题化的需求在移动互联网时代大大增加。

2. 多终端跨平台的应用需求

移动设备的多样化，手机型态持续创新，全面屏、升降摄像头、双面屏到最近的折叠屏，新形态手机给用户带来不一样的操作体验。毫无疑问，在移动互联网的趋势下，多半的用户流量未来还是源于移动端的用户。H5 产品的开发，改善了页面多媒体元素的呈现问题，无论是动画、视频还是炫酷的交互，都无须担忧阅读不流畅的问题，满足了用户多终端跨平台多场景的使用需求，保持产品的稳定性和优秀的体验感。

3. 社会化媒体的分享要求

在当下社交媒体大发展的环境下，用户的社交或者说互动、分享需求更加强烈。用户不仅要获取信息，还要在信息传播中实现社会交往。作为一个需要与他人交流的社会人，用户在互联网环境中，不仅要实现与网友之类的弱关系互动，也要完成与自己好友之类的强关系互动。H5 产品的社交分享属性既是用户的客观需求，也是产品实现自身市场推广和信息裂变传播的有效方式。

4. 企业转化引流的选择

H5 具有强互动、可监测、跨平台、易传播的特性，是各类公司、机构在移动端对各自品牌、活动、信息等进行宣传推广不可或缺的手段。基于 HTML5 技术所运用的代码程序相较于传统编程来说要简约得多，产品不仅能给用户一个良好的体验，也能对 H5 传播过程中的后台数据实时监测。后台数据包括访客情况、分享渠道、地域访问量、互动统计、访问设备、访客停留时间、阅读深度等，都可以查看得非常清楚。这为后期做数据分析和复盘提供了重要信息，也能很好地把控传播发展方向，遇到问题也可以及时调整，实现有目的的转化和引流。

1.3 H5的应用领域

现阶段按在不同行业中的用途，我们可将H5分为广告营销类H5、媒体新闻类H5、教育出版类H5及其他行业类H5。

1. 广告营销类H5

不管是产品宣传、热点炒作还是活动推广等，我们都能看到H5的身影，H5已成为信息传递的标配，从开进朋友圈的《宝马》H5，到将古代名人的IP化的《Next Idea X故宫》H5，再到个性吐槽的《多一个LOGO，少一个朋友》H5，H5的广告营销形式已经远远超出我们的预想。随着VR、AR技术的成熟，手机端游戏*Pokemon Go*的走红更是让AR迅速走进人们的生活和工作中，也让其成为H5作品的新宠儿。未来不管是什么类型的营销内容，都能通过H5来进行传递。

广告营销是指企业通过广告对产品展开宣传推广，促成消费者的直接购买，扩大产品的销售，提高企业的知名度、美誉度和影响力的活动。随着经济全球化和市场经济的迅速发展，在企业营销战略中广告营销活动发挥着越来越重要的作用，H5广告营销是企业营销组合中的一个重要组成部分。国内H5用于营销是2014年开始的，当时特斯拉的翻页类H5，设计成本是70万元左右，因此很多人蜂拥去做翻页类H5。然而经过慢慢演进，翻页类H5已淡出大众视野，新的元素和新的玩法，不断刺激和激活广告营销市场。H5广告营销由最初的翻页类逐步偏向重度营销的H5。比如设计一个大家都能参与的小游戏、活动、交互，包括手机和其他硬件设备的交互、H5户外大屏互动、电视交互，都是H5未来重要的市场。

案例分析：说到广告营销类H5，不得不提到2016年宝马中国推出的作品（见图1.5），作品发布后仅用了1小时20分钟，访问量就突破了10万+。

这支H5由前线网络（Front Networks）的BMW Team组创作完成，项目的背景是为了BMW M2在上市前进行市场预热。BMW M2是一款面向年轻消费群的入门级轿车，需要传递出叛逆、特立独行的个性。整个H5的视觉贯穿流线都以BMW M2这辆车为轴带动起来，中间在微信文章、朋友圈、音乐播放器和赛道之间来回切换，这其实相当于在虚拟和现实间来回切换，有很强的视觉冲击力又贴近生活场景。虚拟世界的场景带给用户崭新的界面，营造惊喜，现实车辆的视频对于车的外观呈现和性能进行了充分的表达。作品在细节上下了很大的功夫，比如汽车发动机尾气喷出后微信文章就开始变形，音效和动画都做到了很强的现场感。

作品发布时间参考微信团队公布的访问活跃度高峰数据，晚上21-22点是每天微信用户活跃的几个时间高峰点之一，承载着创新、速度与激情调性（注：调性，这是一个借用音乐术语来表达自媒体不同内容的词）的H5迅速引爆朋友圈，完美演绎了动感、美学、创新，给用户带来愉悦的体验的宝马品牌理念。

作品唯一不足的是，加载速度慢。而据大数据统计，H5加载时间超过5s，就会有74%的用户离开页面。

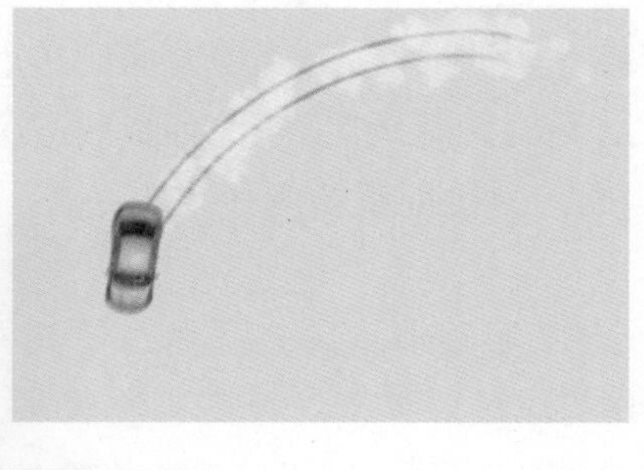

图 1.5 全新宝马 BMW M2 全新上市 H5 界面

案例分析：《种太阳》这首传唱多年、天真无邪的歌曲曾是整整一代人的回忆。那个曾经为实现自己梦想而努力的少年，正是 80 年代祖国花朵的典范形象。深埋在潜意识中的旋律作为配乐响起，本就是一个引爆点，带来一代人的集体回忆与共鸣。“借势热点话题”及“对集体回忆后现代解构”，是迅速拉近用户关系的一种常见传播策略。百度钱包“种太阳的小朋友有话要说”借着大火的经典 IP《种太阳》，把经典再玩出一个新高度（见图 1.6）。

该 H5 在大部分时间里完全没有品牌露出，当人们已深深认同夏天外面有无数个太阳，坚决不能出门吃饭的观点时，结尾处出现“找不到后羿射日，至少能窝在家里等送餐骑士”的百度外卖品牌才让一切变得理所应当。

图 1.6 《种太阳》H5 界面

扫描二维码欣赏案例
（出品方百度）

2. 媒体新闻类 H5

HTML5 技术是近年来新闻制作与传播的重要手段之一，它不仅丰富了新闻报道的内容，对于新闻的阅读与传播也有着极大的促进作用。媒体新闻类 H5 的主要目的是宣传新闻事件、传播主流价值，让人们更立体、生动、直观地了解当下社会新闻。该类 H5 集合图片、动画与链接等多种元素，一改新闻报道的专题页与文字列表，加上诸如图片、视频、交互的报道方式，通过大量运用具有视觉冲击力的图片、音乐及动画等形式，打破纯文字对受众视觉的掌控，通过创新新闻页面内容、引发新闻可视化变革，掀起用户参与阅读风暴。

案例分析：2017 年正值中国人民解放军建军 90 周年，人民日报客户端特别策划了《快看呐，这是我的军装照》H5（简称《军装照》H5）。军装对很多人来说都是神圣和令人向往的，很多人有军旅梦，但没有机会当兵，没有机会穿上军装，该 H5 产品让大家体验穿军装的感觉。读者只要上传自己的照片，便可生成各自的军装照，在互动中致敬人民解放军，传播人民解放军的发展历史。一改传统媒体简单展示照片，缺乏传播力度的传播方式，该 H5 产品使广大用户在阅读浏览和上传分享中获得极大的满足感和自豪感。该 H5 上线后，首日浏览次数突破 6000 万，第二天上午 10 时突破 1 亿，之后呈现井喷式增长。短短几天《军装照》H5（见图 1.7）的浏览次数累计 10.08 亿，独立访客累计 1.56 亿，军装照图片合成峰值达到每分钟 117 万次，真正在亿万网友的手机上成功“刷屏”，10 亿 PV（PV，page view 的缩写，即页面浏览量）使其成为一款“现象级新媒体产品”，人民日报已申请了吉尼斯纪录。

图 1.7 《快看呐，这是我的军装照》H5 界面

扫描二维码欣赏案例
（出品方　人民日报）

案例分析：《幸福长街 40 号》H5 是 2018 年由人民日报客户端联合快手短视频共同推

出的，作品采用一镜到底的长图形式，向人们展现了改革开放40年里每一年的标志性事件（见图1.8）。

在这支H5里，用户可以清晰地看到社会的进步、人民生活质量的变化、城市环境的改变。一支H5让我们追忆美好的童年时光，回顾每一个划时代的历史时刻，听到唤起记忆的熟悉声音……

纵观整个长图，我们能看到40年间具有历史意义的事件，如人口普查、计划生育、国庆阅兵、义务教育、新丝绸之路等政策大事，也能看到北京亚运会、申奥成功、香港澳门回归、证券交易所开张、北京奥运会、上海世博会等备受全民关注的国家大事，以及具有时代纪念意义的文化符号，如热播的电视剧《渴望》《还珠格格》《亮剑》《武林外传》，在大众中传唱度极高的歌曲《世上只有妈妈好》《亚洲雄风》，再到周杰伦掀起的中国风流行音乐，火遍全国的《最炫民族风》。该H5中出现的四大天王、小虎队、F4、TFBOYS也揭示了40年间偶像团体的变迁。除了这些一眼可见的时代元素，还有许多更严谨的细节处理。如80年代出现的缝纫机、黑白电视机、迪斯科、收音机、霹雳舞，90年代出现的BP机、大哥大、音像店，21世纪出现的网购、快递、外卖、户外音乐节、无人便利店等，都有着浓厚的时代印记，让相关年代的人看到都会产生亲切感，也直观地反映了时代的变迁和进步。可以说，整个H5囊括了包括政治、经济、文化、娱乐，甚至衣食住行等各方面的时代元素和变迁轨迹，这些元素的选取大多数都是时代群体的共同记忆，再辅以音频和画面的结合，通过熟悉的图片和声音的刺激，更容易勾起不同年龄受众的集体回忆。

看完这支H5，相信每个人都会被丰富而真实的内容所触动，不同年龄层的人，都能够找到属于自己的时代记忆。整个长图中，每一处都暗藏着玄机，表现出策划执行者对时代点滴的了如指掌，对细节的严格把控，对史料的精心准备。作品发布后大家纷纷称赞该H5是“现代版清明上河图”，也是媒体新闻类H5中的一件精品。

图1.8 《幸福长街40号》H5界面

扫描二维码欣赏案例
（出品方　人民日报）

3. 教育出版类 H5

随着教育信息化在教育改革领域的深入，教育信息化的内涵也早已从 PC 端的在线教育、资源线上化等层面，扩展到了手机、PAD 等移动端的教育数字资源移动化及教学内容与形式创新等各个方面。

无论是对于身处一线的教育从业者，抑或是处在产业链上的出版行业，还是把握教学内容与形式改革方向的教育管理部门，“移动学习”和“内容创新”已经成为教育信息化建设推进过程中的重要方向。然而，传统数字资源如视频、PPT、Flash 等内容形式，存在内容乏味、互动不足等多种问题，从技术层面来说又很难完美地适配移动端。在此背景下，融合多种媒体形式的 H5 教学内容无疑是最好的迭代方案。

HTML5 技术在教育行业的深入应用，也让教育行业的从业者、参与者切实感受到了学习内容和教学形式发生着巨大的改变。H5 融合图片、文字、视频、音频、图表、动画、全景视频等媒体形式让学习内容变得更加生动，H5 平台提供的交互行为设计资源库让教学互动、家校互动变得更加直接而高效，丰富的动画形式与互动也让教学以娱乐化、游戏化的方式呈现，感性与理性的融合，真正让教与学变得更加智慧，让学习变得更加快乐！

案例分析：动画绘本《三只小猪》是经典的儿童绘本，在数字化时代，出版方也尝试用 H5 来讲述这个著名的英国童话（见图 1.9）。H5 用娓娓道来的配音讲述了三只小猪在长大后，学好了本领，各自盖了不同的房子，却遭遇大灰狼的故事。这个故事构思简洁，主题鲜明，告诉孩子们不能追求华而不实的东西，要为长远打算，做人要勤劳肯干、聪明机智、乐于助人。该 H5 采用一些简单交互再配合故事发展，寓教于乐，激发孩子们的阅读兴趣和乐趣。

图 1.9 《三只小猪》H5 界面

扫描二维码欣赏案例

（出品方 mugeda）

案例分析：《做个开心果》是《道德与法治》二年级下册中的课件（见图 1.10）。早在 2012 年，时任美国教育部部长的阿恩·邓肯（Arne Duncan）呼吁全美的学校应尽快采用数字化教材，并预言“未来几年中，纸质印刷的教科书必将被淘汰”。在教育技术领域，H5 因具有多样化形式、定制化服务、场景化学习、游戏化表现等特点，已成为学校教材中数字资源移动化最好的解决方案。这支 H5 是根据教材内容改变的作品，向学生们提出：作为“开心果”，遇到 H5 中的四个场景应该怎么做？H5 将教材的静态画面变为动画场景，以互动的方式呈现，节奏明快、阐述清晰，配音、场景、人物形象整体风格活泼可爱，学生们以这种轻松的方式在短时间内获得了知识、培养了素养。

图 1.10 《做个开心果》H5 界面

4. 其他行业类 H5

H5 是顺应媒体融合发展背景下的产品，其在游戏、文创等行业的应用也越来越多样。2020 年疫情期间，房地产行业纷纷推出公司的沉浸式楼盘介绍 H5，其中的动画使用了 CSS3 和 JavaScript 等技术，并对硬件做了加速处理，用户从画面映入眼帘到动手操作滑动时，能感受到一气呵成的流畅性，而不会有卡顿的感觉。

游戏行业：根据 CNNIC（中国互联网络信息中心 China Internet Network Information Center）在 2018 年 12 月 21 日发布的《2018 中国游戏产业报告》，移动手游将迎来春天。而其中值得一提的 H5 类游戏，在 2018 年取得了不俗的成绩，很多中小型 H5 游戏平台，也都实现了整体盈利，月流水高达 300 多万元。H5 类游戏，简单来说，就是移动端（手机，平板电脑等）的网页游戏，无须下载安装，玩完就走，想玩再点，便捷性高。报告分析，整个游戏行业的增长在减缓，但 H5 类游戏在逆势增长，H5 类游戏玩家人数已经超过 1.7 亿，H5 类游戏的品类增加了至少两到三倍，整个 H5 类游戏市场发展非常迅速。很多中小团队已经开始把 H5 类游戏当成主营业务，越来越多的专业 H5 类游戏发行公司出现，越来越多的渠道为 H5 打开入口。从《传奇世界》H5 月流水破两千万元，也证明了 H5 类游戏的盈利能力。

而在 2020 年 12 月 17 日发布的《2020 年中国游戏产业报告》中显示，中国移动游戏市场实际销售收入 2096.76 亿元，比 2019 年增加了 515.65 亿元，同比增长 32.61%，持续保持快速增长。

H5 类游戏开发时间短、吸量方便、成本低的特点，使其成为目前手游行业持续关注的话题之一，从《围住神经猫》到《愚公移山》《原谅帽大作战》，创造出了一个个吸量神话，被视为游戏行业的突破口。受益于引擎技术革新及渲染效率的提升，用户体验完美跃升的 H5 类游戏正创造新的巨大需求，不断刷新 H5 类游戏流水新高度。

案例分析：《睡姿大比拼》是网易专为世界睡眠日设计的一款场景类 H5 小游戏。小清新的插画风深得当下年轻人的喜爱，从人物的打扮、发型、衣着、睡觉的脸型，到床的造型、床上用品，再到家里的小宠物，一应具备，色调和小物件符合年轻人的审美观。有些网友在晒出“床照”时也说，这是一种理想生活（见图 1.11）。

作品巧妙地抓住了年轻人的眼球，流畅、低难度的操作，引发大量的 UGC（User Generated Content，用户生成内容，即用户原创内容），既满足了人们想要分享自己生活的欲望，也满足了“窥探者”的好奇心，一举两得。整个 H5 的环节让用户自己随机搭配、自由 DIY，充分发挥用户的创意思维，容易唤起目标受众的共鸣。该类 H5 基于对人性的洞察，用游戏化的方式让用户了解和展示自己，满足用户的求知欲和展现欲，引发互动，催发了作品的刷屏转发传播。用户比拼、从众效应也对刷屏起到了推波助澜的作用。

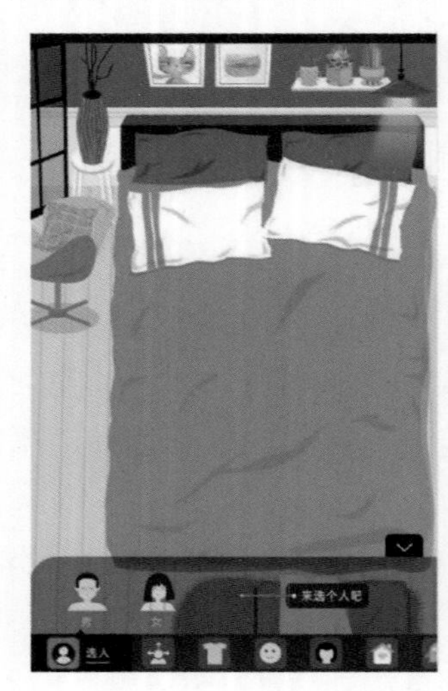

图 1.11 《睡姿大比拼》H5 界面

扫描二维码欣赏案例
（出品方　网易）

文创行业：“科技正在打造一个没有围墙的故宫”，早在 2003 年，故宫文化资产数字研究所就推出过 VR 作品《紫禁城·天子的宫殿》，观众可全方位多角度地欣赏太和殿。六百多岁的故宫，并不是固执守旧的老人，反而随着年龄的增长，越活越年轻了。2016 年一支皇帝唱 RAP 的 H5《穿越故宫来看你》不仅刷了屏，还拉开了“NEXT IDEA 腾讯创新大赛”的序幕。文创产业融入新技术，借力 H5 数字技术，用设计创意力量助力中国传统文化的传承与复兴，让中华传统文化可见、可感、可触、可亲，讲好中国故事，传播中国声音，使中华文化的自信得到彰显，使国家文化软实力和中华文化影响力得到大幅提升。H5 在文创行业的发展，对文化内容传播裂变扩散、传达展示、用户参与分享等都有极大的提升。

案例分析：杭州西湖博物馆是中国第一座湖泊类专题博物馆，坐落于秀丽的西子湖畔，占地面积 22480 平方米，整个建筑大部分延伸于地下，不着痕迹地融入了周围的湖光山色中。近年来，杭州西湖博物馆在创新文创产品设计、凸显杭州地方特色方面做了大量探索。“西湖十景”主题书签是杭州电子科技大学学生开发的一款 H5 功能书签，用户购买书签后，扫描书签二维码即可浏览杭州《西湖十景》典故 H5，了解西湖历史，品读杭州文化，如图 1.12 所示。

图 1.12　西湖博物馆文创产品

扫描二维码欣赏案例
（出品方王茜）

随着技术的不断创新，移动设备的更新迭代，人们更多专注于移动端的阅读、浏览、娱乐，H5 在更多行业将得到进一步发展。

1.4　APP、H5、小程序有什么不同

1. APP、H5、小程序概述

（1）APP 是什么

APP 是 Application 的缩写，翻译为“应用”，通常专指手机上的应用软件，或称手机客户端。在移动互联网时代，APP 的出现便捷了每个人的生活，同时，APP 开发也开启了每个企业移动信息化的发展。

APP 是移动互联时代我们最早所能够接触到的移动应用载体。自 2008 年，苹果公司对外发布了针对 iPhone 的应用开发包，供免费下载后，便催生了国内外众多 APP 开发商的出现。2010 年，Android 平台的应用呈井喷式发展，一直到 2012 年年底，APP 开发已成为当时的红海市场。直到现在，跨入 2021 年，APP 仍然主导着移动应用的市场。

（2）H5是什么

如前面所说，作为媒体传播的H5是基于HTML5技术的数字产品，这是国人的一种爱称。H5的跨平台性尤为特别，可同时兼容PC端、移动端、Windows、Linux、Android与iOS，可轻易移植到不同的开放平台、应用平台上，打破各平台各自为政的情况。H5其跨平台性尤为突出，无须第三方浏览器插件即可创建高级图形、版式、动画及各种转场效果，这也使用户使用较少的流量就能获得较完美的视听效果。H5不管是对于用户还是企业，都是友好的。

（3）小程序是什么

小程序泛指无须下载即可使用的应用，目前市面上的小程序包括了微信小程序、百度小程序、各大厂商的快应用（实质上也是小程序），以及QQ小程序等，这些都属于小程序的一种，但日常被人们提及的小程序，大多指微信小程序。

小程序的实现原理是以HTML5为基础，基于微信平台提供丰富系统与平台的接口的Web应用，这种混合模式我们一般称为Hybrid。小程序最主要的特点为“无须下载，即用即走”。但实际上，小程序也并非所谓的“无须下载”，而是由于它“小”的特点，在你打开的时候，在短时间内就已下载好了，确切地说，用“无感下载”来描述更为贴切一些。小程序提供一对一、一对多和多对多的连接方式，从而实现人与人、人与智能终端、人与社交化娱乐、人与硬件设备的连接，同时连接服务、资讯、商业。

概括地说：APP丰满，但复杂；H5跨平台，也友好；小程序精简，且互联。下面对APP、H5、小程序的优缺点进行对比。

2. APP、H5、小程序优缺点对比

（1）三者优点

① APP。

- 运行速度快，体验好。
- 可使用底层的设备功能，如摄像头、方向传感器、重力传感器、拨号、GPS、语音、短信、蓝牙等。
- 在界面设计、功能设计、操作逻辑等方面，更容易做到流畅性、用户体验好，且留存率高，用户一旦下载，相较于其他两端，留存的可能性更大。
- 精准，超强用户黏性。用户一旦主动下载了APP，便对APP的内容有兴趣，同时APP会一直待在用户手机里，APP端便有了不断向用户发送信息，达到唤醒沉睡用户的机会。

② H5。

- 跨平台性（同时兼容PC端、移动端、Windows、Linux、Android与iOS）。
- 开发周期短，维护成本较低，可快速迭代。
- 开发相对较容易，对浏览器适配简单，简单易发布，直接上传即可，无须审核。

③小程序。

- 背靠微信10亿级别的流量，使得小程序更易获客，降低获客成本（附近小程序功能）。同时可借助微信的社交网络引发爆发性传播。
- 连接线上与线下，推动线下用户习惯的养成。小程序相比APP更容易达成线上线下场景的连接与互动。
- 触手可及，无须下载，即用即走，体验度接近原生，用户体验好。可做APP的整体嫁接，也可做简洁版功能的承载体，这一特点使得小程序能代替许多APP。
- 开发成本低、体验接近原生、高效的流量召回、积累自由用户成为可能等。

（2）三者缺点

①APP。

- 开发周期长，费用多，不同的操作系统（Android与iOS）需要独立开发，且维护起来也比较麻烦。
- 获客成本高，用户使用需要下载。在没有一定知名度的情况下，用户冷启动成本高昂。
- 更新需要上架审核，Android版本需要在各大应用市场上进行上架审核，iOS版本需要在App Store上进行上架审核，受制于各大应用商店的规范，上架后用户需重新更新安装。

②H5。

- 用户每次打开页面，需要重新加载。
- 若是在网络情况差的情况下，网页加载需要较长时间。
- 开发功能受平台规范局限。

③小程序。

- “即用即走”的特点，导致用户留存困难。
- 受制于微信管控，功能的开发取决于微信的赋能，功能接口、类别内容等都有所限制，涉及部分敏感内容还容易遭受封禁等措施。

（3）三者对比

①分享方面。

- APP可分享到各大平台（受限制除外，例如，淘宝在微信上的分享）。
- H5可分享给好友，也可分享到朋友圈，同时可在浏览器中打开。
- 小程序可分享到群，但不可分享到朋友圈，且只能在微信体系内运作。

②主动触达渠道方面。

- APP可通过第三方推送信息给目标用户，从而达到唤醒沉睡用户的目的。

- H5 本身是没有用户触达能力的，如果用户关掉了页面，页面就再也没有办法主动触达该用户了。
- 小程序“模块消息”可以升级“订阅消息”，且支持一次性和长期性订阅消息。

如何选择开发载体，就需要根据以上各自优缺点来综合分析并取舍，依据使用场景、使用目的和使用行为，做出理性选择。APP、H5、小程序的特点比较如表 1.1 所示。

表 1.1　APP、H5、小程序的特点比较

能力 / 载体	APP	H5	小程序
运行环境	Android、iOS 系统	浏览器、Web	微信 APP
系统权限	强	弱	强
直接分享朋友圈	能	能	不能
追踪能力	强	一般	强
支付能力	多种支付	多种	微信支付
流畅度	好	较好	好
浏览人数	仅通过下载	多	多
主动触达渠道	推送信息	微信	微信
短信触达	需再次下载	文字链接	文字引导到微信
简易功能成本	高	低	低
系统功能成本	高	高	低
迭代周期	较长	短	较长
外部限制	多	较少	多
大小限制	有	无	有

1.5　H5 设计工具有哪些

究竟哪款 H5 工具好用？哪款 H5 工具好学？哪款 H5 工具适合企业？哪款 H5 工具适合个人？这依然是想学习 H5 的人们感到头疼的问题。随着 H5 工具的发展越来越多元化的趋势，逐渐形成了普通类、进阶类、专业类这三个阵营，而这三个阵营工具，面对的受众群体和用户特征也不太相同。通过图 1.13，可以对这三大阵营有一个比较直观的了解了。

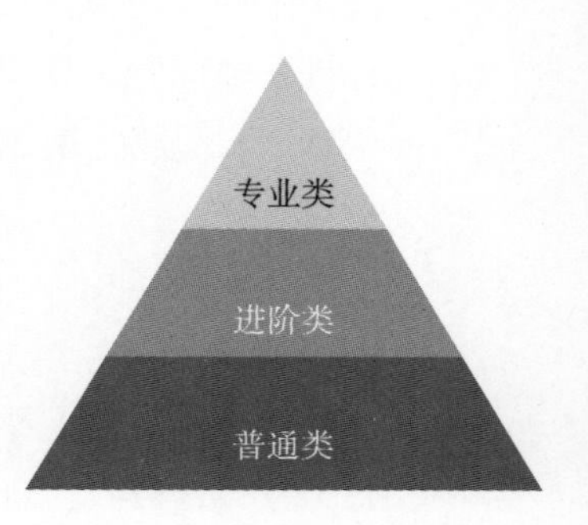

图 1.13　H5 工具分类

1. 普通类 H5 工具

普通类 H5 工具是用户量最大的 H5 工具，目前比较有规模的产品分别是初页、易企秀、MAKA、兔展。

（1）初页

初页相当于“美图秀秀”，无须学习，直接可使用。当然，上手简单，也就意味着功能简单，在初页，所有 H5 的成品都可以通过套模板来实现，主要操作环境也是在 APP 上完成的。在 APP 上，只要点几下就能制作完成一支 H5 网站。这样的产品定位，让初页成为大多数普通个人用户的首选。平时，想做个旅游相册、生日邀请函、班级活动请柬就可以选择初页，这款 H5 工具非常适合个人记录自己的生活。

（2）易企秀

这是一款针对企业的 H5 工具，该产品的各项设计都是针对企业用户的，它特别像 H5 界的“Office”。选择易企秀的企业除了可以使用工具的各项功能外，还可以获得技术支持、课程培训、推广流量等多项立体化的服务。如果要制作如企业报告、演示 PPT 和日常活动 H5 页时，大家往往会选择易企秀，对于非设计单位的用户来说，这款工具非常好用。目前该产品提供 APP 下载，并且支持在手机上制作 H5。

（3）MAKA

和易企秀类似，MAKA 同样以服务企业用户为主要方向，但不同的是，作为老牌的 H5 工具商，MAKA 显然更重视设计领域，早期的 MAKA 在 UI 设计和用户体验等方面就远远优于其他同类的 H5 工具。MAKA 的定位是力图打造成轻量级营销工具，该平台也因此聚集了数量可观的轻量级设计师用户。目前该产品也提供 APP 下载，并且支持在手机上制作 H5。

（4）兔展

兔展是一款适合 H5 设计师使用的初级工具，该工具的界面和体验可以说是初级工具中比较友好的了，而且整个工具的使用也非常贴合设计师的使用习惯，尤其是兔展的数据展示部分，可以说是简单 H5 工具中最丰富的。如果你是一位需要制作简单 H5 的专业从业者，或者是设计师，那么这款工具非常适合你。兔展设有免费的 H5 配乐乐库，同时，还拥有非常完善的数据后台，这也是产品非常突出的特点。

2. 进阶类 H5 工具

进阶类 H5 工具适用面广，具有易学易用的特征，同时也具有一些定制功能。这些平台现在可以提供大多数曾经刷屏过朋友圈的 H5 模板，而且简单几步就能实现，非常适合企业日常的营销活动。凡科互动的 720 全景模板功能，能让平面图片一秒变立体，轻松拥有天猫《穿越宇宙的邀请函》的全景感。进阶类 H5 工具，往往以特殊功能模板为主要卖点。它是个承上启下的中间层，拥有底层普通类 H5 工具的便利，也保留了专业类 H5 工具的部分功能，而这正好是用户需求的痛点，所以进阶类 H5 工具市场需求也巨大。其中有代表性的是凡科互动、人人秀。

（1）凡科互动

凡科互动是凡科网旗下的一款专业的微信小游戏制作平台，帮助中小微企业创建符合自身特点的；契合微信吸粉、门店引流、现场活动等多样化营销场景的朋友圈爆款游戏。它可以解决用户微信营销怎么做等问题，提供详细的微营销技巧。凡科互动平台致力关注 + 引流 + 促销模式，善于软性植入品牌，在娱乐互动中，实现品牌推广，从而提高销售转化。凡科互动是一款注重营销运营的 H5 建站平台。凡科互动营销解决方案分类如图 1.14 所示。

图 1.14　凡科互动营销解决方案分类

（2）人人秀

该平台是专为新媒体领域 H5 设计的在线制作工具。该平台提供了丰富的产品类型、众多免费模板，功能强悍，有图文、表单、长页、互动型、趣味型，打通了微信红包、抽奖功能，操作简单，有助于锁定客户。那些初级工具实现不了的功能，利用这款工具大多都能实现。人人秀 H5 网站首页如图 1.15 所示。

图 1.15　人人秀 H5 网站首页

3. 专业类 H5 工具

专业类 H5 工具是整个 H5 工具的“上层”，也是用户基数最少的那一层，主要的用户群体是专业设计人员，木疙瘩、iH5、意派 360 是三款比较有代表性的产品。

（1）木疙瘩（Mugeda）

Mugeda 是一款专业融媒内容制作与管理平台，提供了图文、H5、图片、视频、数据图表等完整的内容创作工具套件，并可对内容进行流量分析、传播分析及浏览行为分析，支持本地化部署，一站式满足内容生产者的需求。作为一款专业 H5 设计工具，其有着完全不同的切入点。它的产品界面参考了 Flash，虽然 Flash 已经是过气软件，但其良好的动画编辑能力也被 Mugeda 所继承。Mugeda 的另一个优点就是照顾到了老用户的操作习惯，那些在 Flash 时代的设计人员想转行到 H5 的话，选择 Mugeda 就会轻松很多。产品对初学者而言也比较友好。作品导出无 LOGO，并提供低配的免费和高配的付费两种模式。2016 年，木疙瘩学院正式成立，致力于研发和输出 H5 交互融媒体内容制作与应用课程，为新媒体、教育出版、广告宣传等行业培养实用型人才。Mugeda 登录页面如图 1.16 所示。本书在第 5、第 6 章节会详细介绍木疙瘩工具的应用。

图 1.16　Mugeda 登录页面

（2）iH5

iH5，原名 VXPLO 互动大师，是一款允许在线编辑网页交互内容的 H5 工具。它支持各种移动端设备和主流浏览器，功能强大，H5 动画、3D 展示、邀请函、全景、VR/AR、弹幕、多屏互动、交互视频、数据表单等都可以在 iH5 上完成。在 H5 工具这个小圈子中，iH5 在功能、资历、同类产品影响力上都是非常优秀的工具。它提供大量专业模板，涵盖丰富的移动交互设计样式，包括实现手机多屏互动的“移动穿越”等。iH5 登录页面如图 1.17 所示。

图 1.17 iH5 登录页面

（3）意派 360（Epub360）

作为一款 H5 专业级制作工具，Epub360 可以说是最好上手的 H5 专业工具，其产品最大的优势就是，良好的用户体验和网站流畅的制作感受，交互功能也很强大。就专业类 H5 工具制作的产品来说，Epub360 出品的 H5 网站，相对其他平台来说，精品是最多的，但导出有 LOGO，需要付费才能消除 LOGO。2017 年，意派科技开始将产品重点转移到了平台下的另一款产品——意派 · CoolSite360 上，该产品同样属于 H5 制作工具，只是方向更倾向于响应式网站，并且设计者需要拥有一定的代码制作能力。可以说，在 H5 专业工具的发展方向上，意派走上了和前两家完全不同的方向。意派 360 登录页面如图 1.18 所示。

图 1.18 意派 360 登录页面

1.6　去哪里找 H5 案例和素材

要设计一支 H5，通常需要大量地浏览案例、收集素材，才能拓宽眼界、激发创作灵感。我们可以从哪些设计类、动效类制作网站获取帮助呢？本书为你推荐下列网站，很多国外网站也能提供很好的素材。

1. H5 案例汇总网站

（1）网易哒哒

图 1.19 所示的是网易哒哒团队的官方网站，网易哒哒的全部 H5 作品都可以在网站上看到。如果想要学习爆款收割机的网易 H5，这个网站一定要收藏。

图 1.19　网易哒哒团队的官方网站

（2）哇呸 H5

这个网站对 H5 的行业、特效、风格、色彩等进行了细分，通过分类标签就可以轻松找到 H5 案例。网站还提供了 H5 的制作团队和工具信息，可以直接外链到 H5 制作网站。设计导航栏目，哇呸提供设计网站、图片素材网站，设计师可以直接点击进入。哇呸 H5 网站首页如图 1.20 所示。

图 1.20　哇呸 H5 网站首页

（3）H5 案例分享

这个网站提供了大量的 H5 案例，每个案例都配有具体的分析，从创意、策划、设计、体验多个方面研究 H5 的亮点。每个案例还配有二维码和内页截图，不用扫码也可以知道 H5 具体在讲什么。H5 案例分享网站首页如图 1.21 所示。

图 1.21 H5 案例分享网站首页

（4）FWA

FWA 是国外网站，这里提供了大量的国外 H5 案例，包括日、韩、美各个国家的作品。FWA 网站主页如图 1.22 所示。

国外的 H5 更重视画面内容创意，交互形式反而较弱，其优秀的视觉设计是国内 H5 很少做到的。国外 H5 常常采用大量的插画、鲜艳的色彩，每一幅图片都精美无比。

图 1.22 FWA 网站主页

2. 设计类素材网站

（1）千图网

千图网为设计师提供了 800 多万张素材，拥有矢量图、PSD 源文件、图片素材等主流素材。千图网是一个收费网站，如果需要下载大量素材还需要申请会员资格。千图网首页如图 1.23 所示。

图 1.23　千图网首页

（2）千库网

这个网站和千图网类型差不多，都是设计师的“素材库”。千库网拥有 500 万优质 PNG 免费元素，还提供大量的背景和模板素材。简单的海报、易拉宝设计都可以从千库网获取素材。千库网首页如图 1.24 所示。

图 1.24　千库网首页

（3）123RF

123RF 每日更新正版优质照片、矢量图和视频三类素材，用户可以按照解析度等来筛选素材。摄影作品是其他平台没有的部分，如果 H5 需要穿插动图，可以从这个网站上购买试用。123RF 网首页如图 1.25 所示。

图 1.25　123RF 网首页

（4）花瓣网

花瓣网是一个基于兴趣的社交分享网站，也是一个设计师寻找灵感的地方。用户可以把喜欢的图片采集到个人画板中，每个画板都可以由用户自行定义分类。画板可以直观地表现用户的品味、爱好，用户可以采集其他用户画板中的图片，进行简单互动。花瓣网首页如图 1.26 所示。

图 1.26　花瓣网首页

（5）站酷网

站酷网聚集了大量的中国设计师、艺术院校生、原创艺术家等，用户可以在站酷网上进行原创设计交流。H5 设计师不仅可以在站酷网上寻找灵感，也可以进行交流，“同城”“生活圈”等栏目让设计师感到十分亲切，关注、私信等功能让这个网站极具社交性。站酷网首页如图 1.27 所示。

图 1.27　站酷网首页

（6）Behance

Behance 网站是创意人士展示作品和观摩作品的平台，它汇聚了设计、摄影、广告等多个领域内容，吸引了许多设计师入驻。国内用户浏览会比较麻烦，但这个网站还是值得收藏的。Behance 网站首页，如图 1.28 所示。

图 1.28　Behance 网站首页

（7）CSSDesignAwards

CSSDesignAwards 是一个创意网站聚集地，世界上著名网站都在这里展示。CSSDesignAwards 的目标是获取网站设计的每一个步骤，激发设计师的灵感。每天都有大量的创意在这个网站中闪现，用户浏览其他设计师的作品会迸发无数灵感，创造属于自己的作品。CSSDesignAwards 网站首页如图 1.29 所示。

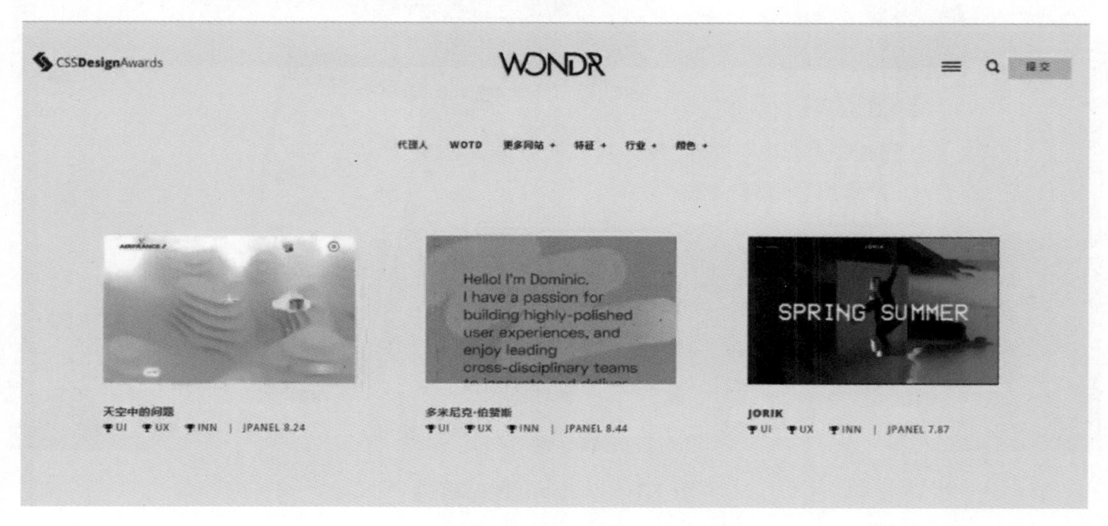

图 1.29　CSSDesignAwards 网站首页

（8）Dribbble

Dribbble 网站是国外知名设计网站及设计灵感作品展示分享平台，是寻找和展示作品的聚集地，是专业设计人士的“家”。许多设计师为了获取创作灵感，会来这个网站与其他设计师切磋灵感。Dribbble 网站首页如图 1.30 所示。

图 1.30　Dribbble 网站首页

（9）Pinterest

Pinterest 网站是世界上最大的图片社交分享网站。网站覆盖范围广，可以按照颜色分类搜索作品。Pinterest 采用的是瀑布流的形式展现图片内容，无须用户翻页，新的图片不断自动加载在页面底端，让用户不断地发现新的图片。如果 H5 整体画面风格已定，需要图片充实，可以来这里找找看。Pinterest 网站首页如图 1.31 所示。

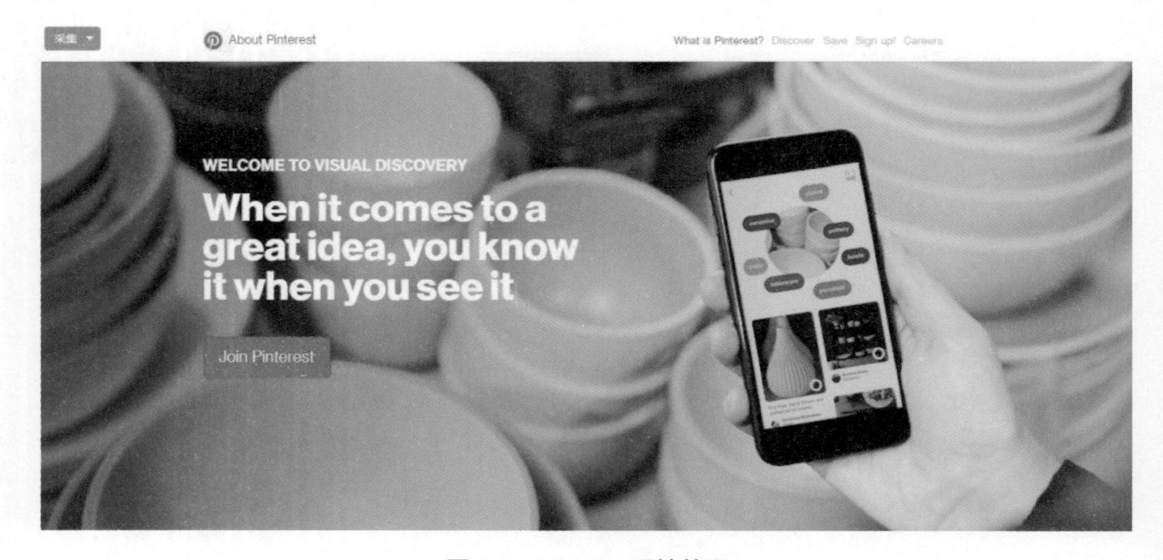

图 1.31　Pinterest 网站首页

（10）deviantART

deviantART 网站是一个展示与分享各类艺术创作的大型国际性社群网站，提供简便的线上平台让专业创作者及业余爱好者发表其数字化的艺术作品及提供互相交流、讨论服务的网站。它的栏目分为个人日志、新闻、论坛、作品等，作品包括摄影、数字艺术、传统艺术、文学作品及程序的外观等。deviantART 网站首页如图 1.32 所示。

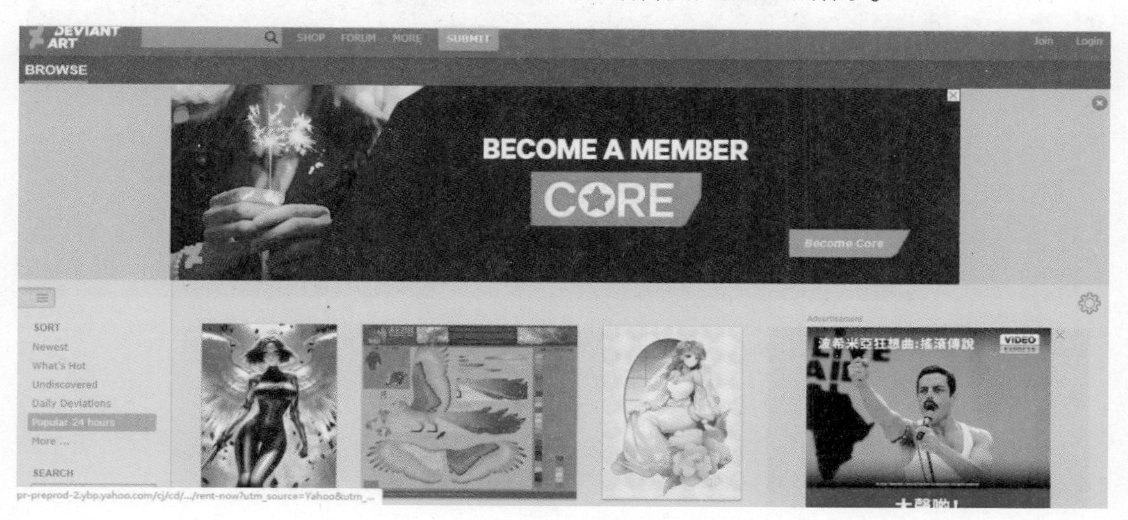

图 1.32　deviantART 网站首页

3. 视频素材网站

（1）VJshi（https://www.vjshi.com/）

VJshi 提供 AE、PR、会声会影等视频制作模板，包括数字片头、实拍视频，十分实用。VJshi 网站首页如图 1.33 所示。

图 1.33　VJshi 网站首页

（2）Videezy

Videezy 网站上有数以千计的高质量免费视频，无须注册即可下载全网页，打开速度快，下载也快。直接通过搜索或查看，即可找到需要的素材，点击即可预览，点击右边的 DOWNLOAD 按钮，即可直接将素材下载到本地，这上面的大多素材都来自专业摄影师，为创作提供灵感。Videezy 网站首页如图 1.34 所示。

图 1.34　Videezy 网站首页

（3）bilibili

bilibili 上的视频涉及文化、历史、美食、音乐等各个方面。bilibili 网站首页如图 1.35 所示。

图 1.35　bilibili 网站首页

（4）腾讯 CDC

腾讯 CDC，全称"腾讯用户研究与体验设计部（Customer Research & User Experience Design Center）"，是腾讯公司级的设计团队，致力于提升腾讯产品的用户体验，探索互联网生态创新。腾讯 CDC 会经常分享自家团队的项目制作经验，包含腾讯旗下多个产品的项目背景、项目难点与解决方案。腾讯 CDC 的设计水平在设计圈是一个标杆的存在，在产品和推广层面，将视觉表现、人机互动、情感表达发挥到了一个极高的水准。腾讯 CDC 网站首页如图 1.36 所示。

4. 音效 / 动效设计网站

（1）爱给

H5 的背景音乐和交互音效是整个作品中非常重要的元素，适配的音频可以让作品更加出彩。爱给网提供音效、配乐、3D、图片、平面、视频、游戏、图标、场景、模板等，还提供教程和配套插件，十分方便用户使用。爱给网站首页如图 1.37 所示。

图 1.36　腾讯 CDC 网站首页

图 1.37　爱给网站首页

（2）Freesound

Freesound 具有超过 400,000 个声音和效果文件，从现场录音到合成效果，素材库里包含了所有你想听到的声音，可以从网站中找到合适的配乐。Freesound 网站首页如图 1.38 所示。

图 1.38　Freesound 网站首页

（3）Form Follows Function

这个网站提供用户一系列引人入胜的互动体验，每种体验都有独特的设计和功能。每种色彩代表一种互动设计，这些设计组成一个转盘，鼠标滑动即可切换效果，点开即可体验。Form Follows Function 网站首页如图 1.39 所示。

图 1.39　Form Follows Function 网站首页

5. 素材处理类网站

（1）TinyPNG

在 TinyPNG 网站中，TinyPNG For Photoshop 插件是一款 PNG 图片压缩插件，这款插件支持压缩 JPG、PNG 等格式图片，只需要进行简单的两步操作就可以完成，整体压缩幅度是 70%，而且几乎不损失画质，这样就可以解决网页设计师因图片太大而影响网站加载速度的难题。TinyPNG 网站首页如图 1.40 所示。自定义压缩质量还可以使用国内压缩工具“压缩图”。

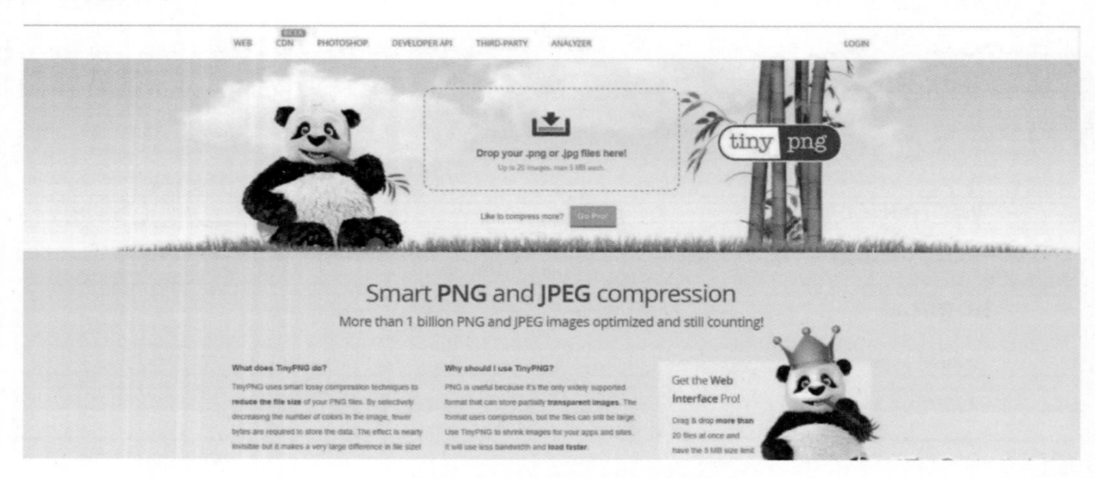

图 1.40　TinyPNG 网站首页

（2）HandBrake

这是一款小巧到极致的实用视频转换软件，软件功能非常强大，界面简洁明晰，操作方便快捷，设计很人性化。HandBrake 中文版支持 Win/Mac/Linux 操作系统，批量转换视频格式，并自带压缩功能。压缩速率设置一般为 22 左右，压缩质量和体积综合较强，压缩速度快。HandBrake 网站首页如图 1.41 所示。

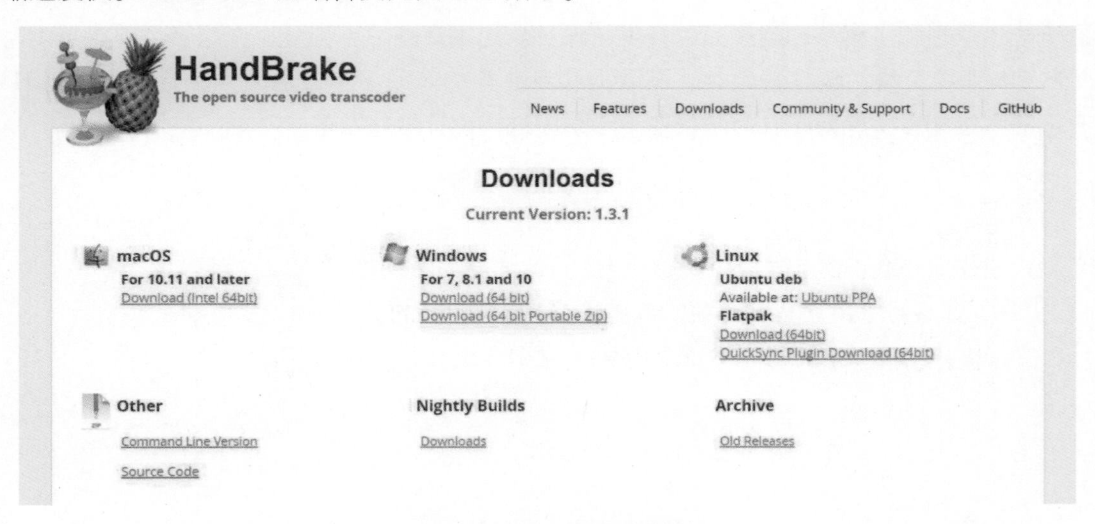

图 1.41　HandBrake 网站首页

（3）字由

字由是为设计师量身定做的一款字体管理软件，收集了国内外上千款精选字体，不仅展示了每款字体的应用案例、字体介绍及字体设计的背景信息，还将字体按标签分类整理，便于设计师调用。网站可以在线预览字体效果，觉得不错的可以下载，同时提供 500+ 免费商用字体集合，极大地给设计师提供了字体使用的便捷性。字由网站首页如图 1.42 所示。

图 1.42　字由网站首页

一支优秀的 H5 既要有好的策划也需要可参考和应用的素材。如果创意枯竭了，不妨去设计网站看一看，向大师学习，与行业设计师交流。当然网站收藏了不等于 H5 就做好了，高效地利用这些网站，才是正确的做法。

本章小结：本章是对H5交互融媒体产品的全面介绍和设计前的前期准备。本章首先介绍了H5发展的背景，以及在移动互联网时代，随着人们阅读、浏览、娱乐场景的转移，H5产品的优势和价值得以凸显。在H5的应用领域部分，本章以生动案例介绍了H5在广告营销、新闻报道、教育出版、游戏、文创等行业中的应用，展现了其巨大的市场潜力和多元化的表达形式。本章也比较了目前常见的移动端产品APP、H5、小程序各自的特点，便于学生学习和了解移动端产品的开发、设计。在本章的后半部分，介绍了目前市场上常见的H5开发工具，包括普通类、进阶类和专业类的产品。本章也为学生介绍了大量H5开发的案例和素材库网站，为学生在下一阶段进行设计做好准备。

习题：

1. 阐述HTML5技术与通常所说的H5产品定义的差别。
2. H5产品的应用领域有哪些？各领域H5有哪些特点？
3. APP、H5、小程序各有什么优缺点？它们各适合什么样场景？

① 张熠零. 基础学HTML+CSS [M]. 3版. 北京：机械工业出版社，2016年.
② 李银城. 高效前端：Web高效编程与优化实践 [M]. 北京：机械工业出版社，2018年.
③ 苏杭. H5移动营销设计宝典 [M]. 北京：清华大学出版社，2017年.

第 2 章

H5 设计流程

第 2 章微课

学习要点：要完成一支优秀的 H5 作品，设计师必须具备良好的产品设计思维。产品思维是多种综合能力聚合的外在表现。

作为融媒体产品设计师，首先要培养创造性思维，“创造”的意义在于突破已有事物的束缚，以独创、新颖的崭新观念或形式形成设计构思。创造性思维是一种打破常规、开拓创新的思维形式，创造之意在于想出新的方法，建立新的理论，做出新的尝试，没有创造性思维就没有设计。设计创造性思维具有主动性、目的性、预见性、求异性、发散性、独创性、突变型、灵活性等特征。

其次，设计师必须充分地理解目标用户，理解用户所处的场景，理解用户面临的诉求，有创意地给出最合适的方案，同时也能站在更长的时间维度，给出理想的解决方案。

再次，设计师要有较高的审美敏感和扎实的形象表达技能，心手协调，在视觉层面有表现力、有张力。设计师也要具有了解和应用最新信息技术的能力，为所设计的作品匹配相应的技术支持。

最后，设计师还需要具有一定的数据分析能力，可以分析作品发布后的市场反馈，进一步完善和优化设计作品。

2.1 产品化设计思路

H5 作为能兼容多种媒体格式，集跨平台性、快速迭代性、低成本性、引流量大及分发效率高等特性于一体的数字产品，在文化内容传播裂变扩散、传达展示、用户参与分享上都有极大的提升空间。对于设计专业的学生，借助第三方平台，完全可以设计出完整的数字交互作品，并且实现一键发布。而这样发布的产品，是真正可以投放到市场中并触达用户的产品。因此，我们在设计中不能抱着完成一次课堂练习的态度，而要具有产品设计思维。产品化的思维，不仅仅要会设计作品，更要有“为什么设计？产品用户的需求是什么？如何为用户创造更多的价值”的理念。在此基础上，提升对产品的目标、产品的架构、产品形态的认知，才能设计出优秀的作品。

2.1.1 H5 的设计目标

H5 作为可以在课堂学习、实践，并能一键发布投放市场的产品，在设计之前必须明白设计的目标，确定 H5 明确的目标用户，并分析用户浏览 H5 的需求。

我们把一支 H5 成功的标准归纳为三个逐层递进的层级：第一层级，信息传播准确有效到达、交互顺畅舒适；第二层级，用户参与感强、分享意愿强烈；第三层级，能够引发用户情感共鸣，提升产品的品牌调性。依据这三个递进层级，我们来分析一支 H5 的设计目标。

1. 信息传播准确有效到达、交互顺畅舒适

这一层级是一支 H5 最基本的要求，作为承载信息传播的融媒体产品，要求 H5 设计

目标清晰，如果做卖产品、卖服务、搞活动、促销类的H5，想要实际的转化，那重点就是转化；如果是做品牌曝光传播类的，那应更多地思考体验、传播机制，不要在里面各种打广告。新闻类的H5更多的是价值观的引导、新闻信息的传达，在观点和信息输出时，要有理有据，逻辑性强，能说服人，这样才能实现有效传播。同时，作为数字产品，并不一定要多么炫酷的交互，但流畅的体验却是保证用户愉悦阅读的基本条件。

2. 用户参与感强、分享意愿强烈

在H5设计本身有趣、有创意、形式独特之外，策划H5时，通常可以为用户预留空间，让用户代入其中，并且把H5最终界面定格在能生成有趣的带个人标签的图片，成为用户的个人符号。我们每一个人都是有社交属性的，在朋友圈分享一条信息肯定会考虑别人会怎么看我，又或者对我自身形象是否有影响。谁都希望展现一个“更理想的自我”，保持有趣而不失个性化的分享往往能触发用户的分享意愿。

网易出了很多爆款H5，其中涉及各种分享点，从社交货币理论来说，提供谈资的、表达观点的、有益他人的、巩固自我形象的、参与社交PK的都能实现较好的传播，值得借鉴。

3. 引发用户情感共鸣，提升产品的品牌调性

一个H5案例如果想获得火爆刷屏效果，它肯定不能仅仅停留在一个小圈层里面，而是需要能够轻松地从一个圈子渗透到另一个圈子，覆盖人群要足够广泛。如星座测试、心理测试、热剧人物测试、职场能力报告，这些都是受众人群非常广泛的。如何把自己的产品、品牌调性、价值观等和大众人群结合起来，引发用户的情感共鸣，获取用户的价值认同，从而达到刷屏的效果。当然在此基础上，能够用一个比较积极的、正向的价值观予以引导，作品传播就更有意义了。

2.1.2　什么是优秀的H5

H5作为新兴的跨平台融媒体产品，具有创意空间大、传播方便、容易引爆、流量转化效果好、传播效果可以监测量化等特点。一款令人惊艳的H5，分分钟可以成为朋友圈的谈资。那么，一支优秀的H5都有哪些特性?

1. 引发价值认同、有话题性

客观地挖掘用户的真实需求，使产品覆盖人群足够广泛。H5作品能让用户产生“与我有关”的情感体验，也可以通过分享H5来获取展示自我、塑造形象的“社交货币”的利益。用户思维的功能设计，是用户接受、喜爱从而传播H5作品的关键技巧。

案例分享：2020年的开启让每个中国人都这么刻骨铭心、如此与众不同。疫情让人们学会珍惜，也给人们更多时间去审视人生，原来，死亡离我们并不遥远。珍惜生命、努力生活才是最重要的事。没有一个冬天不会过去，也没有一个春天不会来临。当疫情过去后，你最想做什么呢?

号称爆款收割机的网易哒哒及时抓住网友的心理，推出了互动测试类 H5《人生必做的 100 件事，你完成了多少》，瞬间刷爆了朋友圈。

该款 H5 基于全网数据，整理出人生必做的 100 件事，提供了大多数人感兴趣的 100 件事作为参考，大家可以以此为参考回味人生或是憧憬未来。这款刷屏 H5 的玩法很简单，进入链接后，输入自己的名字，直接进入正题，100 件事情缓缓滑动出现，用户根据自己的完成情况进行点选，最后，你选择完成的事情及数量会罗列在一起生成一张好看的图片，长按保存图片，便可以分享至朋友圈或其他社交网站。这 100 件事情，几乎包含了生活的方方面面，譬如，看完 1000 本书、1000 部电影、拿到驾照、经济独立、买房等，如图 2.1 所示。

很多人在完成这个 H5 测试后，最大的感慨就是："果然生活还是有很多期待的"，作品让人在娱乐分享的同时，也得到了心灵上的某种慰藉。

该款 H5 推出之机，正值疫情当下，人生类的话题更能引发大家的联想和共鸣，H5 以一种有趣的形式将话题表达出来，并赋予一定的参与性，这种极易生产"社交货币"的内容，很容易引起大家广泛的分享和传播。

图 2.1 《人生必做的 100 件事，你完成了多少》H5

扫描二维码欣赏案例
（出品方　网易哒哒）

案例分享：如何让文化遗产、传统文物走进公众的眼中，让中华文化展现出永久魅力和时代风采，成为年轻人愿意学习和传播的流行文化，正是当下热议的话题。2018 年 5 月份，在国内七大博物馆联手举办的"第一届博物馆之夜"推出之际，故宫与抖音合作，发布了《第一届文物戏精大会》H5，"双微一抖"（即微信、微博、抖音）三个平台齐发，一时间逗趣的 H5 风靡全网，成为爆品。

该 H5 依托数字技术与互联网实现了文化传播的时空普及与内容升级，降低了人们接触文化资源的门槛，形式上扬弃了原有博物馆和文化遗产给人带来的厚重感，赋予文物以新的活力，拉近了文物与用户的距离。H5 挑选了抖音热门曲目与热门舞蹈，配合各大博物馆精心选送的文物，说起了网络流行语如“拍灰舞”“比心”“98K 电眼”“老戏精”“么么哒”等，妙趣横生的台词创作结合了文物本身具备的历史故事与自身特点，令人感冲击，有一种强烈的反差萌，将传统文化与流行文化的碰撞发挥到极致，看完这个 H5 每个人内心都涌现“哦哟”。《新一届文物戏精大会》H5 如图 2.2 所示。

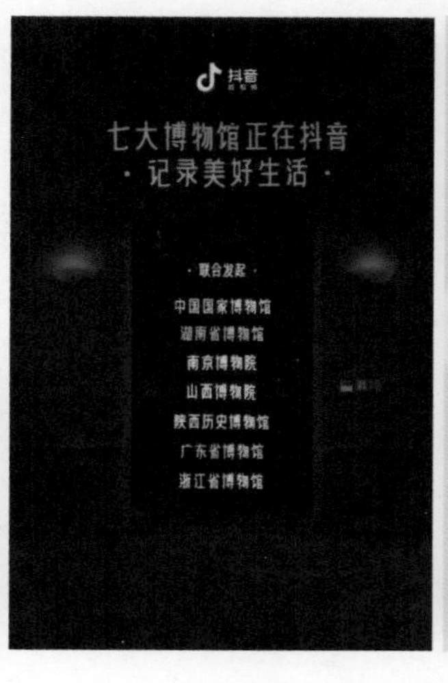

图 2.2 《第一届文物戏精大会》H5

2. 构思奇妙独特，有想象力

创意新颖与否是 H5 设计优劣的关键要素之一，创意的本质在于改变和颠覆。同样的元素，不同的人会产生不同的联想。在不同的主题和环境的刺激下，设计作品给人的感受也会有差异。因此，要明确设计目标和任务，对用户进行深入的分析和定位，制定精妙的设计策略，充分发挥创意思维，提出创意方案，反复推敲比较，科学理性地分析各视觉要素，探索独特的传达方式和新颖的视觉表达形式，给用户耳目一新的多维冲击。

案例分享：跟随一道光，走进敦煌未来博物馆。《敦煌未来博物馆》H5 就这样用一道光，连接起历史、现在与未来，如图 2.3 所示。

在极具敦煌配乐风格的 BGM 中，点击“看见未来”，眼前便会出现五幅不同的敦煌壁画。有充满盛唐气象的菩萨群像，面庞饱满、体态丰腴；有北魏风格鲜明的九色鹿，昂首挺立、慷慨陈词；有西魏时被东王公追逐奔跑的麋鹿，带起流云、满壁风动……这些壁画多角度展现出敦煌壁画的多样性与生命力，即便没去过莫高窟的人，也能从中领略到深厚且丰富的艺术美感。

但当你选中一幅壁画想要看看它的未来时，却会发现这些壁画“看一眼少一眼”。在时间的鞭笞下，它们没能逃过自然风化的折磨，受损愈发严重直至彻底消亡。

敦煌壁画的美已经被反复述说，该 H5 另辟蹊径运用“由美好到消亡”的反转，来唤醒我们保护它的决心。破碎的美令人心碎，更令人警醒，令人在扼腕叹息之余，反思能不能做些什么留住它。该H5用“长按吹气感受风化”的互动设置，以“吹气”来类比“自然风”，用“长按”来类比时间流逝。在长按吹气的过程中，我们能直观看到壁画的未来，看到它风化受损的血淋淋过程，表现了创作团队奇妙的想象力。

图2.3 《敦煌未来博物馆》H5

扫描二维码欣赏案例
（出品方 腾讯）

案例分析：《生命之上，想象之下》这支H5是“2015腾讯互动娱乐UP发布会”整个品牌宣传链上的一环，在整个发布会包装中处于线上品牌线的预热阶段。创作者的目标是要做出一个符合2015年发布品牌概念——“让想象绽放”的新媒体产品。H5塑造了一位寻找梦想的主角，建立了一个代表着整个H5重心的元素（2015UPKV的三角形元素），引出整个故事。通过全线性动画设定，支撑所有的基础。完整的路线，让该H5一环一环不会脱节。这个H5打破了传统幻灯片式的呈现方式，塑造出了一种宽广、素雅、幽静的整体感受，这种视觉效果也借力埃舍尔的矛盾空间经典画作，把本来普通的室内场景变得奇幻有趣，给用户带来充满想象力的奇特体验。《生命之上，想象之上》H5界面如图2.4所示。

3. 技术炫酷创新，有表现力

从用户需求出发，准确捕捉用户的情感“痛点”，综合运用VR、AR、短视频等新媒体手段，利用重力感应、陀螺仪、速度加速器等硬件设备，尽可能将有用信息以用户喜闻乐见的形式展示出来。叙事语言上，改变传统的单一维度的陈述，而多以较为轻松的符合网络社区年青一代语言风格的、多维度叙事的表达方式，以小见大、发散表现，实现更好的传播效果。

案例分享：《腾讯ME医学大会》这支H5立意非常清晰，通过细菌的再组合，来表现人类破解细胞的过程，从而体现医学的不断进步和对人类世界的重要性，如图2.5所示。

图 2.4 《生命之下，想象之上》H5 界面

扫描二维码欣赏案例
（出品方　腾讯）

该作品在技术表现上，非常新颖有开创新性。360° 的 3D 拼图在以往 H5 作品中几乎没有出现过，这个网页开发技术叫作 WebGL。这类 H5 只有通过技术开发才能实现，很有难度，但表现力也相当精彩。

为了能够有一个比较好的 3D 拼图体验，项目团队首先在 C4D 中，进行了运动模拟操作，通过纸片和摄影机运动，来摸索游戏的交互方式。最终引出“人类用了多久时间找出元素来拯救无数人类的生命”的设计主题。

图 2.5 《腾讯 ME 医学大会》H5

案例分享:《我们的精神角落》是 2016 年上线的一支游戏解密 H5，在刚刚体验时，会给人一种特别的新奇感。H5 中每个场景，都有许多交互点，供用户互动。最后的场景 4 中，实时交互点共有 35 个，并且每个交互点都搭配了相关的场景动画，所有的场景元素都可以直接进行互动，这样的设计，技术难度极高。一般来说，普通的一支营销 H5 的交互点在 10～30 个之间。而这支 H5，交互点总数超过了 100 个。用户在观看时，可能并未觉察有这么多交互设计，这是因为场景中的正反馈做得非常自然和到位，所以大量的交互才不会让人产生不耐烦的情绪。同时这支 H5 的游戏设计也颇有深意，在 5 个场景中埋藏了作者对豆瓣这款网站产品的综合解读。《我们的精神角落》H5 如图 2.6 所示。

图 2.6 《我们的精神角落》H5

扫描二维码欣赏案例
（出品方　豆瓣）

4. 鼓励代入参与，有社交性

具有代入感的 H5，是契合了人类低成本了解自我、展示自我的需求。人们会天然地关注那些关乎自身的信息，同时也乐于用这些信息在朋友圈塑造自己的形象。H5 创作中，应用信息价值五要素，包括“新鲜”，指时间及时、信息新鲜；“重要”，指利益相关；“显著”，指明星名人效应；“趣味”，则是好玩有意思；而“接近”，指用户熟悉。具备以上要素的信息，可以吸引用户更大的关注量。

案例分享：《欢乐颂》问答类 H5，很好地把握了用户的需求，走的是心理测试的路线。上线那段时间正好赶上《欢乐颂 2》的播放热点，里面 5 个女生的性格大相径庭，非常鲜明，正好是可以借助策划的点。用户从上往下拨动页面，连续回答 6 道情景题，就会出结果页，给出你与《欢乐颂》中人设的相似度。分析的文案是成功的关键，文案写得有理有据，满足了用户和钦佩、喜欢的人物的高相似度，引发内心的暗爽，最后可以保存图片并转发朋友圈也引起一波热潮，如图 2.7 所示。

作品在策划上切中了人们喜欢刷存在感的需求，借着这样一个 H5，让用户代入其中，满足了其社交分享需求。这种现象在心理学上被称为“巴纳姆效应”，又称“福勒效应”“星相效应”，是 1948 年由心理学家伯特伦·福勒通过试验证明的一种心理学现象。人们常常认为一种笼统的、一般性的人格描述十分准确地揭示了自己的特点，当人们用一些普通、含糊不清、广泛的形容词来描述一个人的时候，人们往往很容易就接受这些描述，并认为描述中所说的就是自己。

案例分享：《我的哲学气质》这支 H5 一共有 10 个问题，每个问题都是网易策划团队精心设计的，团队花了两个月的时间来完成这支 H5，全员都阅读了哲学类相关的书籍，做足了功课。这种用心，通过 H5 内呈现的文案内容，完全表现了出来。无论是问题还是选项、结果文案，都是有一定依据的。一般设计公司在做测试类 H5 时，对于内容是有所忽视的，大多出来的测试结果是没有真实依据的。而这样一支真诚的 H5，自然能让用户参与分享，内容也是大家喜闻乐见的，如图 2.8 所示。

图 2.7 《欢乐颂》H5 界面

扫描二维码欣赏案例
（出品方　网易）

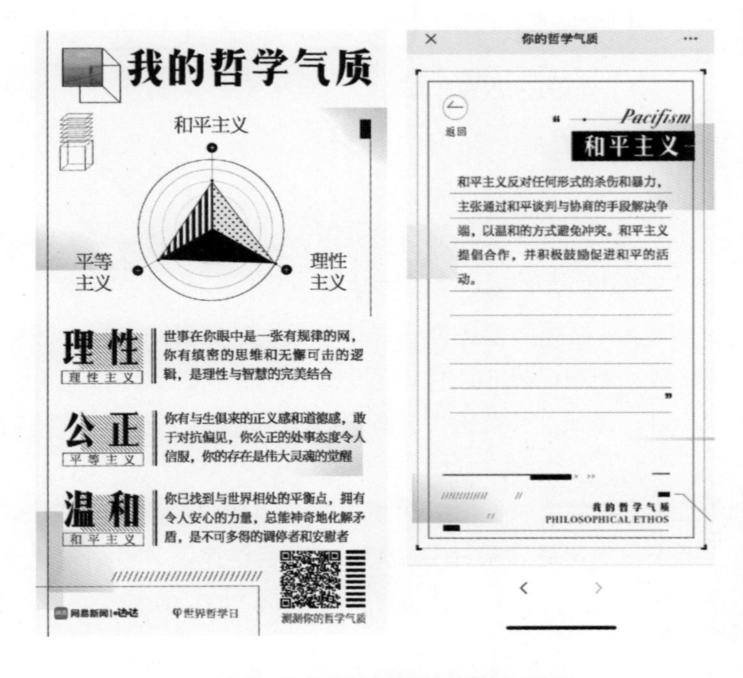

图 2.8 《我的哲学气质》H5 界面

扫描二维码欣赏案例
（出品方　网易）

2.2 H5的创作流程

在建立了H5产品设计思维和了解优秀H5作品要素基础上，我们需要全面学习H5设计流程。在开始具体设计之前，全面而准确的H5设计流程规划，能避免设计过程中少走弯路，使工作事半功倍，也能有效地将每一项工作细节事先考虑、安排，避免后期因为考虑不周、试错，反复修正导致不必要的人力和时间成本的浪费。只有更好地明确每个阶段的任务，才能使最终产品达到预期目标。

需要注意的是，流程并不是一成不变的。工作流程的组织系统中的各项工作之间的逻辑关系，是一种动态关系。也就是说，全面理解设计流程，可以根据实际设计活动，消除过程中冗余的工作环节，使整个团队工作流程更为经济、合理和简便，从而大大提高工作效率。

H5设计流程如图2.9所示，下面我们对每一环节做详细介绍[1]。

图2.9　H5设计流程

2.2.1 确立设计目标

每支H5的设计都有具体的目标，当你开始项目设计时，先要想清楚为什么要做这支H5，每个项目追求的目标都不同。在学校鼓励“以竞赛促教学，以教学助竞赛”方针的指导下，学生进行H5设计学习，其目标通常是为参加某个类别的竞赛。大赛一般有命题类的项目，比如：产品品牌传播、新产品发布、促销活动、为网站引流、对某些重大事件的宣传等，也有非命题类的项目，比如：公益推广、教育教学目标等，这些都是我们常见的设计目标。

明确目标是开始H5设计最重要的第一步，即分析需求，目的性模糊的H5项目的启动会很盲目，要讲的卖点、诉求、内容最后都没讲清楚。在项目结束后，也很难评估项目实际结果。

在这个阶段要注意以下几个问题；

（1）项目目标过多、要展示的信息内容过多。H5的基本特性之一就是要快速传播，单纯而直接的目标更容易触达受众，大量的信息是不利于快速传播的。

（2）对技术开发或平台功能不清晰，却想要一些不可能实现的效果。

（3）不做需求分析，没有需求文档，从而导致对设计目标不清晰。团队合作时，也会造成团队间的认知出现偏差。

在做用户需求分析时，可通过问卷调查找到用户的真实需求，在这个过程中，可通过与用户沟通、交流，进一步了解其核心的需求，去掉一些伪需求，才能把主要的精力放在最具有追求价值的东西上。同时也要使核心需求路径扁平化，才能使 H5 产品在传播过程中的精准和效率得到提升。

案例分析：在一年一度的文化和自然遗产日到来之际，为呼吁公众关注敦煌文化遗产的保护，腾讯公益联合中国文物保护基金会、中国敦煌石窟保护研究基金会等，发起敦煌“数字供养人”互联网公益活动。用户可以捐款，成为敦煌“数字供养人”，参与敦煌壁画的数字化保护工程，并随机获得“智慧锦囊”。锦囊是用敦煌壁画故事内容，结合现代人熟悉的生活场景和喜闻乐见的语言，形成的一系列智慧妙语。通过这样的创意方式，不仅可以了解敦煌壁画的历史和艺术之美，还可以受到敦煌文化智慧的启发，展示作为个体对现代生活的思考。这支 H5 用公益的方式，让更多年轻人参与到对传统文化的保护中。

该 H5 设计目标非常清晰，让年轻人关注传统文化成为悠久文化的守护人。这种清晰的目标让用户在浏览时也被深刻感染，纷纷倾囊相助成为“爱的供养人”，如图 2.10 所示。

图 2.10 《敦煌数字供养人》H5

扫描二维码欣赏案例
（出品方　敦煌）

2.2.2　讲一个好故事

詹姆斯·韦伯·扬在《产生创意的方法》一书中对于创意的解释是“创意是各种要素的重新组合”。H5 的创意带来了作品的可读性，刷屏的组成元素之一是要有好的创意。我们在制作 H5 时，根据 H5 组成的基本元素（图画、文字、音效、交互设计及故事情节），在某一方面添加新的玩法、深入操作，便能形成有创意的 H5 策划文案。

对于初学者，在 H5 创意策划文案方面，最有效果的是为用户讲一个好故事。爱听故事，是人的天性之一，不分男女老幼，几乎无一能够抗拒故事的魅力。在合适的时机，适当地运用讲故事的技巧，是 H5 策划非常有效的途径，消费者愿意为一个好故事买单。让我们先看一个案例。

案例分享：这是网易考拉为了推广“黑五全球好物种草”计划而推出的魔性 H5《入职第一天，网易爸爸教我学做人》。据说上线三天，页面访问量就突破 500 万，相关微博话题阅读量冲破 2000 万，甚至活动转化卖货量也达到了数百万，这个数据充分验证了“不是 H5 不够好，是你创意不够”这句话。这支 H5 既提升了网易考拉的品牌，也促成了百万级别的销售转化。

《入职第一天，网易爸爸教我学做人》(出品方　网易考拉)

仅仅过了半个月，网易考拉又推出了该魔性 H5 的续集《入职第 15 天，网易爸爸让我怀疑人生》，其亮点跟第一个 H5 几乎一致，只不过推广的活动变成了“双十二”促销。相比较第一个 H5，这次传播效果更佳，第一支 H5 的 UV（独立访客量）破百万大概用时 5 小时；第二支的 UV 过百万只用了 3 小时。

《入职第 15 天，网易爸爸让我怀疑人生》(出品方　网易考拉)

两支 H5 都采用年轻人喜欢的方式讲故事，反映的都是当下年轻人真实的工作状况。H5 沿用网易一贯的戏精画风，快节奏播放、信息量饱满，内心戏丰富的幽默对白，一箩筐的表情包轰炸，让人看起来轻松又爆笑。

《入职网易的第 55 天，Julia 动了辞职的念头》(出品方　网易考拉)

为策划网易考拉的年会，网易又推出了第三集，Julia 的画风还是那么地鬼畜、内心戏十足。对于用户来说，网易考拉的这个系列 H5 更像是一个不定期更新的电视连续剧，有趣好玩有共鸣的背后，一个个慕名而来的观众变成品牌的忠实用户。

整个系列 H5 围绕 Julia 这个戏精人物（见图 2.11），通过对人物内心超强的刻画，让许多职场人产生共鸣。利用轻松有趣的流行元素、网络社交化的画风、快节奏的播放、情节推进和幽默对白，让人在观看 H5 时不会觉得枯燥乏味，这也是 Julia 系列大火的原因。而随着 H5 越来越普遍地应用到品牌的营销推广中，这种连载式故事性的 H5 也是一种新的创新形式。

H5 主角 Julia

同时网易考拉的 H5《入职 XX 天，网易爸爸 XXXXXXXX》也已经成为一个传播载体，主角 Julia 也成为一个代表考拉的营销 IP，后面根据品牌的活动不同，这支 H5 形式和 Julia 的形象可以一直为品牌所用，只要有新的传播需要，都可以打包进这个载体进行传播。

在 H5 创意策划时，怎样设计一个生动的故事？

1. 题材新颖

生活像一个万花筒，充满了各式精彩的故事，从事设计的人们，要学会日常素材的收集与整理，通过大量的浏览培养出自己的一双慧眼。俗话说“题好一半文”，选好题材才能讲好故事。给平凡的事件赋予不平凡的视角，是带给大众新颖感的常用方法。

紧跟时事话题，利用热点效应，也能给用户带来新颖感与话题度。当一件事情成为热点，将会获得成千上万的人关注。结合热点话题制作 H5 并火速上线，就能吸引更多用户的注意力，激发用户的分享热情。

2. 情节紧凑

故事以情节取胜，多余的描写和叙述要坚决删除，绝不拖泥带水。何谓“多余”？就是不为情节而服务的信息。一段文字，如果它既不引发悬念，也不埋下伏笔，又不推动主线，哪怕它再有助于丰满人物形象，也坚决删掉。

当你用 H5 讲一个故事，让人看下去时，其实是一个说服用户的过程。请注意是“说服”，而不是“灌输”，叙事说服。一个好故事，能让用户全身心沉迷其中，甚至获得某种“心流”体验。“所有的艺术品，都是对人性的深刻理解。”从这个角度说，所有好的 H5，都应该是洞察人性的艺术品。

案例分析：在生活中，大家或多或少会经历“人在冏途”的焦虑。其实焦虑作为一种社会情绪是一直都存在的，尤其春节前是人们最忙、情绪最敏感焦虑的时期，这时，我们就需要一个地方，来放下全世界的焦虑。《Michael 王今早赶飞机迟到了！！》H5 采用悬念式标题，引发了大众十足的好奇心。作品采用第一视角呈现，给人深度代入感，赶飞机跑错机场、发 PPT 计算机没电、咖啡洒一身等种种情节紧凑又让用户感同身受。H5 非常巧妙地向受众传达了极度焦虑和极度放松两种氛围，最后推出神州专车“在这里，放下全世界的焦虑”slogan，加深用户对神州专车的认知与好感。发布当晚上线推广，截至次日中午，浏览量已有 300 多万（见图 2.12）。

图 2.12 《Michael 王今早赶飞机迟到了！！》H5 界面

扫描二维码欣赏案例
（出品方　神州专车）

3. 曲折有情

这条最好理解，就是要避免平铺直叙，把故事说得一波三折，剧情式内容更有趣味性，其中，又以结尾处的转折最为重要。通过反转、适度夸张制造出紧张、出人意料的效果。最后如能引起用户共鸣，触发转发与分享，则能获得刷屏效果。

案例分析：《不在意外里翻车，就在意外里翻身》这支 H5 以美女王宝宝新换工作环境遇到一系列小麻烦展开故事，用“视频＋横向长图场景”的形式展现各种职场小意外，最后化险为夷的小故事来进行品牌传播。长图部分让用户交互的内心小剧场，非常符合年轻人的职场心思，调起了人们对隐私的好奇，抓准了对新来美女同事的各种内心活动（图 2.13）。

图 2.13　不在意外里翻车，就在意外里翻身 H5 界面

扫描二维码欣赏案例
（出品方　饿了么）

4. 语言直白

用户越来越年轻，他们触媒的种类非常丰富，追求新鲜刺激体验，传统的说教式的语言体系已经不适用了。H5 设计时千万别把故事写出诗歌散文的味儿来，故事内容要与用户有关，让用户能代入其中，并进行社交分享。文字要为内容服务，漫无目的地炫文采、抖包袱，只会适得其反。

在 2017 年儿童节当天，一条名为“这是成年人不敢打开的童年”的 H5 占领了一批 80、90 后的朋友圈。网易哒哒的《滑向童年》用五部经典动漫做出了刷屏 H5，主题为“滑向童年”的 5 部经典动漫唤起用户的童年情怀，收获了一片叫好。H5 以文字引导“我的童年是一段永远不会结束的回忆”开始，以“我们已经长大了，未来的日子一起加油吧！”结束。设计上，采用的是最近很流行的黑白漫画风格，每部漫画都上滑前行，下滑倒退，画面也都采取了一镜到底的展现形式，但是每个都有各自不同的视觉效果，或放大或平移或旋转。在追忆每部漫画时，背景都放着对应漫画的 BGM，能勾起用户回忆的文案，炫酷的视差，大大增强了案例的代入感（见图 2.14）。

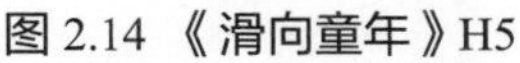
图 2.14 《滑向童年》H5

扫描二维码欣赏案例
（出品方　网易哒哒）

H5 是一个综合体，策划一个好故事其实等于在写一个好的电影剧本。在做策划时要记住“好奇心不死，新鲜感不断”。

一个完整策划案，尽量要求把 H5 每一页的内容展示都尽可能地表达清楚。明确 H5 的主题，如何让人舒服地接受主题就是重点了。在产品策划上，形式或视觉技术上的炫酷容易刷新用户的眼球，同时内容传达能与用户情感产生共鸣或认同感，内容结果让人有炫耀感，且分享奖励大于自己的分享代价也是策划的基本要素。

创意是元素的创新组合。并不是说创意只是各种元素的简单拼凑，单纯地做加法。而是说在已有的策划上，增加新的玩法，做出新的突破，这才是创意。

在 H5 策划时，要知道用户的耐心是有限的。数据显示，加载时间超过 5 秒，就会有 74% 的用户选择关闭页面，而且只有近半的用户会阅读完整个 H5 的内容。页面层级越深，玩家流失得越多，且前两页的流失率最高，84.22% 的用户在第一个页面就会选择去留。因此在设计 H5 的时候尽量考虑以下几点：

（1）在不影响内容的前提下，首页加载时间能否尽可能压缩。

（2）加载页增加一些互动或有趣的小动画，可以减少因等待而流失的用户。

（3）H5 的所有资源能否在首次加载即基本加载完毕，以减少用户在后续体验中可能出现的延迟或等待。

（4）在思考布局时，是否有意识地减少页面层级，且尽可能简洁、清晰地表达产品的全部内容来提高页面转化率。

H5 策划时，我们也可以运用六何分析法（见表 2.1），对设计项目进行科学的分析，就其项目原因（Why）、项目用户（Who）、项目内容（What）、投放时间（When）、投放地点（Where）及怎么设计（How），进行讨论与书面描述，并按此描述进行操作，以便更好完成设计目标。

表 2.1　H5 策划六何分析法

问题	程序	内容
Why	为什么要做这个活动	这个目标需要客观量化并具有可实现性，最好集中到一两个维度，指引方案的设计和后续流程
Who	目标用户是谁	应该考虑目标用户的特征，投其所好。最好能对目标用户画像有个基本概念，才能使着陆页匹配用户欲望
What	要做个什么活动	要设计一个旨在解决前面两个问题的活动。活动的标题必须生动有趣，如果做不到就宁可简单直接，用户在入口处如果对标题没有兴趣，又不明白意思，大概率不会进来
When	什么时候投放	首先要考虑什么时候上线。在方案设计的时候也要考虑好这次活动需要用什么样的节奏进行，是一次性地经历增长、爆发、衰减？还是中间加一些小高潮，前面加一些小预热？也可以根据用户参与情况做力所能及的调整
Where	在哪里投放	根据不同目标申请投放渠道资源，不同渠道会有不同的收益效果，一般来说更容易触达目标用户的、展现比较强势的渠道会更优质
How	怎么做这个活动 H5	梳理前面几个方面后，策划方案也会相对清晰，剩下的就是正常推进策划方案

H5 策划时，还要充分考虑是否在作品中加入让用户分享的点，这个分享点很大程度上就是有没有为用户创造社交货币。人人都爱炫耀自己的新衣服、新鞋子，为的是得到他人的赞美和肯定。同理，看见夸奖自己的 H5 也会乐意分享到朋友圈里。说到底，H5 作为一种社交货币，为用户提供了炫耀的资本 2。

①炫耀是人类的天性：一说起炫耀，人们可能下意识地认为这是个不好的词，但实际上，这是人类的基本需求之一。小米的黎万强在《参与感》一书中提及：“炫耀与存在感，这是后工业时代和数字时代交融期，在互联网上最显性的群体意识特征。”每个人都想呈现一个别人眼中更好的自己，爱炫耀，是人类的天性。

2019 年 1 月，网易云音乐年度听歌报告、支付宝账单先后刷屏，占领朋友圈。尤其是云村的《网易云年度听歌报告》H5，千呼万唤始出来，一天时间就刷出微博 3 亿的阅读量！其原因其实很简单，微信朋友圈是用来晒自己的生活的，而网易云音乐这个 H5 总结，真的太有仪式感了。每个人心里都有“姑娘”，有“世界”，有“喜欢”，都有特殊的一天和自己的年度歌手。就连自己都忘记的细节，网易云音乐都帮你翻出来了，如图 2.15 所示。

图 2.15 《网易云年度听歌报告》H5

该 H5 既打动了用户，又满足了他们的炫耀心理。

②用户分享的三大动机：沃顿商学院营销学教授乔纳·伯杰，在“刷屏圣经”《疯传》一书中，提出了“社交货币”的概念。他认为：社交货币就像人们使用货币能买到商品或服务一样，使用社交货币能够获得家人、朋友和同事的更多好评和更积极的印象。能霸屏的爆款 H5，背后都有社交货币的存在，都能帮助用户呈现更好的自己。用户之所以会分享，简单来讲，就是三个动因：物质优越感、精神优越感、道德优越感。

物质优越感：我有钱，我用的都是好东西，等等。

精神优越感：我有知识，有能力，有教养，等等。

道德优越感：我是一个有爱心的人，我是一个脱离了低级趣味的人，等等。

③ H5 为用户提供社交货币：用 H5 认识“我”，人人都想知道“我是谁”，人人都想让别人知道“我是谁”。性格测试之所以屡屡引发刷屏，就是因为人人都有了解自己的欲望，喜欢被贴上各种各样的标签，比如：我是慢热型的，我喜欢跑步，我很浪漫……贴标签很容易触碰到用户内心的兴奋点，促成二次传播，继而引发一系列的用户评论：“好准啊！”“我也是这样的！”，我们称之为以标签定义社群——标签社交化。

就以刷屏的《测测你的哲学气质》为例，这个测试的目的是推广世界哲学日，在众多《测测你的恋爱性格》《测你真实的本性》《测出你的隐性脾气》等常见的测试中简直是一股清流，在格调和内涵上就已经赢了。在画面上，该 H5 采用了颇具未来感的蒸汽波画风。在问题设置上，它融合了经典哲学理论。H5 把看似高深的哲学通俗化、场景化，指引人们探索真正的自我。而参与的用户也心照不宣地转发到朋友圈，展示出自己渴望树立的美好形象。同类型的还有网易云出品的《你的使用说明书》和《你的荣格心理原型》，轻平快的背后，是创作者对于大环境和用户的洞察。

正能量鸡汤人人爱听，人人都喜欢听好听话，一句夸赞，就可以让用户开心分享转发。当代青年不仅热衷于转锦鲤，还热衷于抽“新年签”。网易哒哒 H5《2019 新年签》首页等待动画的图形借鉴了神秘学中的法阵，好像《百变小樱魔术卡》里的魔法，给用户营造出一种“神秘感”，这个过程更具真实性。比起其他自由生成答案的测试类 H5,《2019 新年签》给人一种更加靠谱可信的感觉。一个人只能获得一个结果，别的结果是什么，用户根本不可能知道。而且关键是，测试结果都是正面描述，这对于习惯用来展示“超我”的微信朋友圈来说，是不可多得的好素材，最适合在朋友圈给自己加分（见图 2.16）。

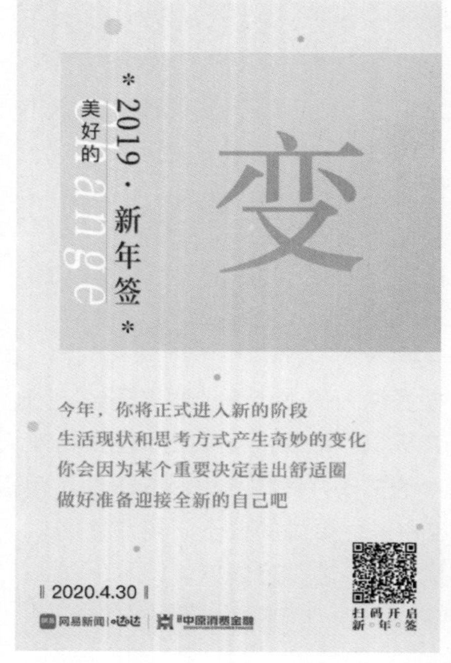

图 2.16 《2019 新年签》H5

扫描二维码欣赏案例
（出品方　网易）

网易云音乐的《嗨，点击生成你的使用说明书》也靠着花式夸人的 66 句文案攻占朋友圈，上线当日 PV 轻松破千万。以往的 H5 互动游戏，都采用文字问答的形式，而这支 H5，让用户通过听歌来回答问题，互动模式更加新颖。

最重要的是，这支 H5 的文案显然经过了精雕细琢：

“XXX 善于发现美的事物，并从中吸收能量，变得越来越好看。”

“XXX 笑起来像个孩子，把他带在身边，能带来青春永驻的效果。”

“XXX 喜欢自由，适合经常带出去放养。”

……

这些描述有意识地塑造了一个个有趣的灵魂，当这些标签被贴在你身上时，你的内心肯定是带着小骄傲的，自然更愿意分享到朋友圈中去收获一波点赞。

什么是谈资呢？大家可以理解为能给用户提供存在感的事情，一种人与人沟通的“共同体”。如果某些话题你不了解，就难以和别人聊下去，仿佛跟不上时代。可以说，谈资在我们日常社交生活里扮演了很重要的角色。用户有“得到谈资”的需求，策划需要做的就是满足他们这个需求，为他们的转发分享行为提供动机。

这样，内容火起来的概率会大大增加。网易云音乐的年度盘点、支付宝的年度账单已经成为群体中的流行话题。

当网上都在晒听歌日记的时候，你没晒就感觉过去一年的歌都白听了。

当网上都在刷支付宝账单的时候，你不刷一下似乎那些钱都白花了。

我们需要谈资来帮我们连接社交，我们也需要表达我们的想法，获得社会认同感。

只要能源源不断地生产出带“幽默”“新潮”“文艺”等标签的社交货币，用户总会买单的。

2.2.3　选择与项目对应的形式

目前 H5 已基本适用于我们生活的各个层面，按其设计功能，归纳起来通常有以下这么几种[3]。

（1）信息展示：如产品介绍、公司介绍等，能通过微信传播，可以很方便地展示想要传递的信息。

（2）信息收集：如活动报名、婚礼邀请函等，这类型的 H5 通常也会包含一定的信息展示。

（3）互联网营销：如线上抽奖、红包、砍价、小游戏等，是为满足营销者的目的所设计的，通常包括为公众号引流、引导 APP 下载或者商品购买等意图，这类型的 H5 通常会在创意上下功夫。

（4）品牌推广：专注做优质原创内容，最大化获取和留存用户，打造品牌影响力。同时充分运用积淀的经验和品牌影响力，逐渐向商业化过渡，继续打造爆款产品。实现公益、流量、营销一箭多雕模式，构建完整品牌营销体系是现在很多 H5 团队的方向。

（5）新闻传播：通过大量运用具有视觉冲击力的图片、音乐及动画等形式，打破纯文字对受众视觉的掌控，再通过创新新闻页面内容，引发新闻可视化变革。掀起线上阅读风暴是新闻传播领域融媒体化的发展趋势。

（6）教育出版知识普及：2020 年疫情的爆发，给教育出版数字化发展增添了催化剂，各种 H5 课件、游戏以多样化的形式、多场景的应用不断渗透到大中小学生的课堂、教材、教辅中，帮助师生进行传递与学习。

（7）公益项目宣传：像支付宝内部的蚂蚁森林、喂小鸡等都是 H5 产品，通过有趣、有益的包装，将可持续发展理念、生态环保理念等公益项目传递给公众。

（8）其他：随着技术的发展，目前还出现了大屏互动、会员卡等具有特色用途的 H5 产品，不断打通线上线下。各种媒介互动也是 H5 未来发展的重要目标。

H5 设计有各自要达到的目标，在做策划前就要有相应的取舍，选择合适的形式。卖货就好好卖货，传播就好好传播。目的越集中，策略和打法也就越统一，效果自然就越好。游戏类、测试类、新闻类、公益类 H5 在用户接受度和传播度上，相比营销类 H5 有本质的优势，也是课堂教学比较注重的设计选题。

H5 产品形式，常用的一般有下面这些。

1. 展示型

这是最常见的 H5 形式，一般以图文插画结合呈现，也是 H5 早期典型的创作形式。“图”的形式可以是照片、插画、GIF 等，通过简单的翻页、拖曳、缩放等交互操作就可以体验 H5。这种形式相对比较单调，于是图画本身的内容和表现形式就成为支撑 H5 的亮点。

案例分享：《首草先生的情书》H5 以“女人最好的补品不是首草，而是爱”为主题，纯净的背景音乐 + 温馨的配图 + 走心的文案，画面虽然简单，但意义深远。用户翻阅 17 页真挚的情书，在舒缓的背景音乐中，感受浓浓的爱意。整支 H5 在情绪渲染上抓住了用户的注意力，推出之后在用户群中得到疯传。这是一支早期的 H5 作品，也可谓是 H5 的启蒙作品之一，开启了 H5 营销的潮流（见图 2.17）。

图 2.17 《首草先生的情书》H5 界面

扫描二维码欣赏案例
（出品方　首草）

2. 视频类

视频类 H5 大多以全屏视频的形式存在，能够减少其他因素对用户的干扰，H5 的体验不会轻易被中断，而且用视频能够展现出一些 H5 程序实现不了的特效，结合音乐和音效更能让用户全身心沉浸。

案例分享：2016 年暑期，故宫联合腾讯推出了在京举办的大学生创新大赛 NEXT IDEA，而设计 H5 的需求就是：希望能够吸引更多大学生群体来参与。腾讯最后以“穿越故宫来看你”为主题，出品了一支带有调侃和穿越特征的古装说唱类 H5——《走，进宫去……》，表现了故宫萌萌哒、可爱的一面，这也是与“90 后”“00 后”最好的沟通方式。可以说，“让传统文化活起来”的定位，以及整支 H5 的美术风格和视频化的叙述方式都考虑到了最初的诉求，以年轻化、通俗化、娱乐化的方式来吸引低龄的大学生关注传统文化。视频中融合了多种特技特效，一键播放，既流畅信息量又大，针对了年轻用户的特点，自然也就刷屏了（见图 2.18）。

图 2.18 《走，进宫去……》H5

扫描二维码欣赏案例
（出品方　故宫、腾讯）

3. 交互式视频

H5 的综合感官体验十分重要，所以将视觉和触觉融为一体的 H5 也更具备吸引力。互动性十足的参与体验与沉浸式的代入感可以将短片的多结局特质完美再现，让观者感到有趣或惊喜。

案例分享：《给张一山导一部戏》这款 H5 中演员实力诠释高能、萌帅两种迥异气质，女友、伙伴、对手纷纷为其配戏，在三种不同场景下一路狂飙演技。交互式视频的创作形式在 H5 中绽放出了全新的魅力，18 幕短片全部看完需要近 20 分钟，依然不会让用户觉得无趣或疲劳（见图 2.19）。

4. 条漫类

这类 H5 采用漫画风格，具有非常强的条理性，它将内容场景化、故事化，非常有助于故事的深入和展开，给用户更直观的享受，留下巨大的想象空间。这种条漫类风格也常常用在新闻报道中。这种介于电影、漫画、交互动画之间的形式，可能是未来讲故事的一大法宝，尤其在 H5 的助力下，更加容易传播。

案例分享：网易哒哒的《自白》用倒叙 + 拟人化的手法讲故事（见图 2.20）：一个叫岚的小女孩一家，遭遇了嗜血怪兽的袭击，最后故事角色反转“如果我不是人类，是一头蓝鲸，你还能感受到我的绝望吗”将读者拉回现实。《自白》H5 采用了标准分格条漫的展现形式，同时整支 H5 画面的讲述过程采用了视差滚动动画，以漫画分格方式进行，这样可以通过交互来随时打破漫画的画框，能够更好地强调画面气氛，突出内容重点。增加实时音效等手段和设计形成互补关系，给用户带来新的体验。

图 2.19 《给张一山导一部戏》H5

扫描二维码欣赏案例
（出品方　腾讯游戏）

扫描二维码欣赏案例
（出品方 网易）

图 2.20 《自白》H5

5. 合成类

合成类 H5 一般以恶搞、幽默居多，其套路本质是“套模板，伪订制”，用户先将自己的内容与系统模板合成，才能看到后续“半订制化”的内容呈现。如上传照片可合成明星合影、准考证、军装照、填写名字生成新闻头条，还有一种是画图，如网易在奥运期间出品的“画小人”，画出的小人会结合到后续的场景中，类似的还有秘密花园填色游戏、你画我猜等。

案例分享：《我的小学生证件照》H5 需要用户上传头像，利用人脸识别技术，匹配出一张个人证件照。用户上传照片这一步自由程度很高，定制出来的照片具有个人特色。这种让用户自己创造内容，充分利用手机硬件功能，如手机摄像头、相册、陀螺仪、速度加速器，最终利用 H5 进行展示的方式很容易被用户喜爱（见图 2.21）。

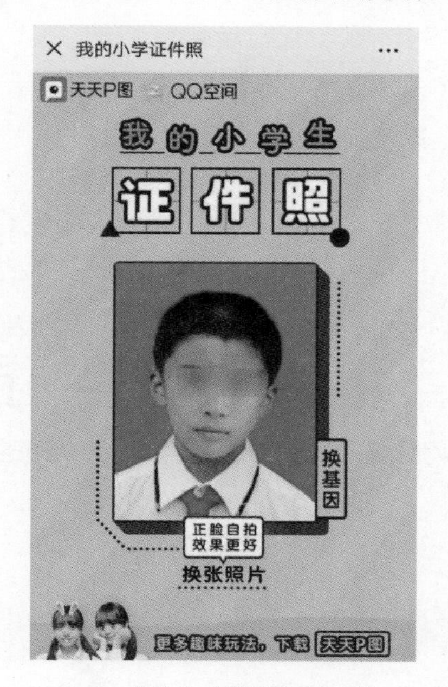

图 2.21 《我的小学生证件照》H5

扫描二维码欣赏案例
（出品方　天天 P 图）

6. 数据应用类

数据应用类 H5 是用于数据统计、收集或展示的 H5，应用场景丰富（包括抽奖、测试、投票、表单等），创作空间巨大，通常与“线上征集型”活动相结合。同样还有表单类 H5，因收集数据而诞生，主要应用于收集用户信息。如在邀请函中收集参与嘉宾的信息，抽奖活动中收集中奖用户信息，征文比赛中收集作品及作者信息，摄影比赛中收集图片作品及漂流瓶活动等。页面上会设置输入框或图片上传框。

案例分享：以 2017 年拉钩网互联网大数据为基础，用数据可视化形式展现了 2017 年国内互联网职场的变化，H5 采用与拉钩 logo 同一色系的绿色作为主色调，不同的颜色代表不同的数据，清晰直观，动画设计也非常流畅自然，着重展现了几个大城市中互联网人的职场动向和个人发展（见图 2.22）。

7. 技术开发型

技术开发型 H5 通常以炫酷的高科技呈现作为卖点，在多维空间、视听感受、交互程度上都技高一筹，常见的有全景 /VR、3D、重力感应、双屏互动、多屏互动、一镜到底等表现形式。

案例分享：阿里出品的《淘宝造物节》呈现出一种“伪”3D 的 VR 效果，在 360° 全景形式中，用户可以上下、左右滑动画面。这种 H5 以类 VR 的形式承载整个画面交互，向用户介绍“造物节”并对用户发出“邀请”。最妙的是它采用了“重力感应”技术，用户可以 360° 旋转手机，查看全景画面（见图 2.23）。

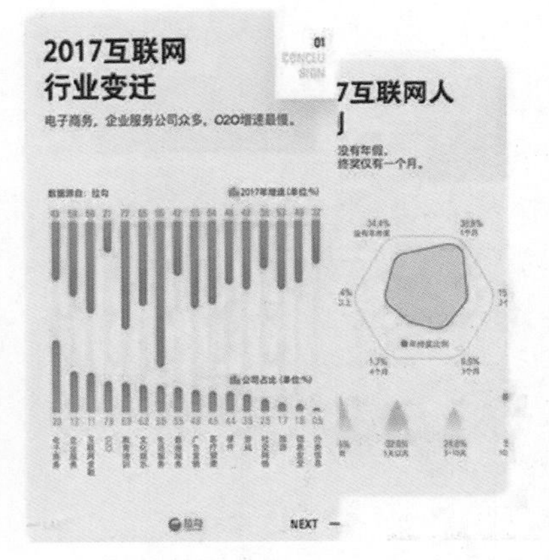

图 2.22 《2017 互联网职场白皮书》H5

扫描二维码欣赏案例
（出品方　拉勾网）

图 2.23 《淘宝造物节》H5

8. 模拟型

模拟型 H5 主要是模拟各种日常熟悉的设备场景，如手机来电、微信聊天界面、朋友圈、手机操作界面及各类 APP 界面等。模拟型 H5 的形式可以加入人物实景拍摄，通常可以抓住用户与明星、名人近距离互动的新鲜感，也可以通过模拟用户操作界面的实时动态，将用户带入设定情境或人设中。

案例分享：《央广主播朋友圈里都有啥？》这个创意的最大亮点在于，中国之声主播就“站”在这条“朋友圈”上，帮助受众刷新“朋友圈”，每刷新一条，主播会详细介绍它的主要内容，点击图片、视频，与用户自己的点击感受完全相同。主持人的轻松解读、点赞及划屏等动作，生动有趣，易于促使大家转发。“主播两会朋友圈”以主播抠像视频结合虚拟朋友圈的形式，采用深度浸入式新媒体报道形式，集合了广播的声音特点、视频和图片的可视特点、虚拟现实的场景特点，还加入了大家的实时评论，充分体现了媒体融合的理念。作品标题名称设置为“朋友圈”三个字，也让这种场景模拟更加逼真，给用户更多亲切感（见图 2.24）。

图 2-24 《央广主播朋友圈里都有啥？》H5 界面

扫描二维码欣赏案例
（出品方　中国之声）

9. 测试类

测试类 H5 一直是用户比较喜爱的形式，测试内容也品目繁多，但一般都会与用户有密切关系，利用用户的好奇心和求知欲选择各种答案，得到不同的结果，最终能实现社交分享。

案例分享：《我的新年 Flag》H5 的界面一打开，就是新年倒计时，沿虚线滑动，就可以开始立 Flag，根据它的三个 Step 走，就可以立自己的 Flag 了。场景化的界面和新年喜乐的背景音乐都会把人带入快乐的气氛中（见图 2.25）。

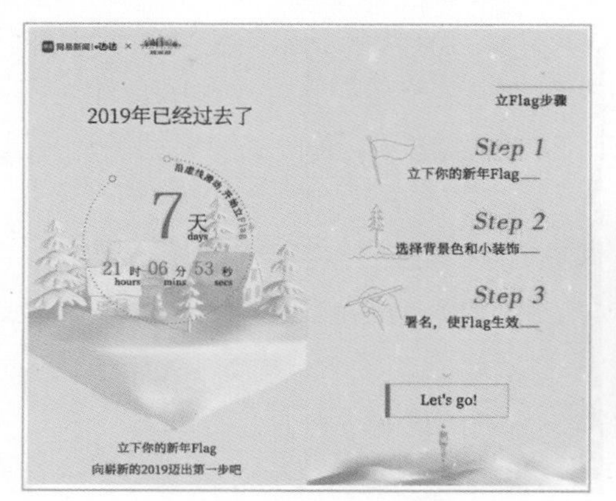

长按二维码欣赏案例

图 2.25 《我的新年 Flag》H5

10. **游戏类**

游戏类H5是H5设计形式中很重要的类型。常见的游戏类H5有密室逃脱类、剧情游戏类、棋牌、迷宫、打地鼠等小游戏，通过有趣、轻松的游戏形式，吸引用户，完成转化或传播。

案例分享：随着技术的发展，H5游戏正在由轻度向中度过渡，相信不久更重度的H5游戏也将不断被开发。这款由腾讯推出的游戏邀请了筷子兄弟与用户真实互动“打飞机”，2D和3D兼容的创意场景搭设，一开场就给人一波视觉冲击。筷子兄弟的“咆哮体”演绎和夸张的肢体语言，让H5内容具备张力。该H5不再通过视频自主播放“划水”，用户必须完成与筷子兄弟的互动游戏方可通关（见图2.26）。

图2.26 《筷子兄弟手把手教你打飞机》H5

扫描二维码欣赏案例
（出品方　网易）

2.2.4　H5交互原型设计

H5交互原型设计也可称为交互流程设计，是将抽象的想法、需求转化为具象产品的过程，通过这种高效、低成本的方式来传达、整理并验证产品的合理性和用户体验。当我们为要创作的H5设定了对应的表现形式后，就可以通过交互原型设计来进一步开展设计。原型设计图具有如下作用。

（1）原型起到凝聚团队共识，促进团队沟通的作用。在工作流程中，当整理好H5的需求，写出策划后，便要求画出原型，设计师、后台及前端都会根据原型进行工作，最后测试上线。因此，在整个流程中，原型就起到一个达成大家共识的“中心器”，一份合格的原型要尽可能地让团队看得懂，减少沟通的失误。

（2）明确产品目标及每一个页面的目标。不同的目标，对应不同的用户路径。当完成H5故事策划后，通过原型设计，可以理顺用户路径和用户目标之间的关系，通过每个有意义的页面触达目标。

（3）原型设计能更好地关注用户体验。原型设计时，要仔细推敲整个项目的逻辑，考虑页面布局与用户体验。在 H5 创作过程中，各个部门基本会按照策划时画的原型去进行制作开发，所以原型策划时细致的考虑能让用户获得良好的体验。

（4）有助于了解项目难易点，提前对有难度和较容易的内容进行规划，从而对要花费的时间有一个大概的估算。

原型设计图中不用出现确切的图像及文字，只需将图片及文字的具体布局和整个 H5 的交互结构表达清楚即可。理清页与页之间的逻辑关系，方便后续设计和实现。同时预设一系列交互方式，包括点击、滑动等，一支 H5 的交互方式尽量统一，便于用户操作。例如，《有一种青春叫“周杰伦”》H5 原型设计图，如图 2.27 所示。

H5 原型绘制要做到清晰明了，主次分明。页面最好分页展示，这样设计有助于后期进行分页草图和视觉界面设计。例如，《教师印象》H5 原型设计图如图 2.28 所示。

设计原型图时，要注意信息的分布，页面由哪几部分构成要能直观地看出。用户阅读的阈值、用户产生厌烦的界限在原型设计时都可作为考虑要素，要给用户读起来感觉是一个合理的、逻辑通顺的页面布置。

颜色选用黑白灰就好，不然容易干扰后期分页设计。页面中的主次可以通过字体的大小和粗细体现，配以适当的说明即可。页面上的文字一般使用一级标题和二级标题，需要严格突出的文字才选择加粗。

原型图在设计工具的选择上也比较自由，Axure、墨刀、Sketch 都可以。Axure 和墨刀是可以绘制包括跳转关系的原型的，就是可以点击的原型。现在大家比较喜欢用 Adobe XD（一站式 UX/UI 设计平台）。

Adobe XD，全称为 Adobe Experience Design；这是一款集原型、设计和交互于一体的小清新时代风格的设计软件。在这款产品中用户可以进行移动应用和网页设计与原型制作。同时它也是唯一一款结合设计与建立原型功能，并同时提供工业级性能的跨平台设计产品。使用 Adobe XD 可以更高效准确地完成静态编译或者框架图到交互原型的转变，它为不同平台提供原型工具，包括网站、手机、平板电脑等。当启动这个应用时，欢迎页面提供不同标准屏幕尺寸模板及可以添加用户自己设定的文件尺寸。

上手最快的就是墨刀这类的“傻瓜”工具，更适合画 APP。该工具提供了很多标准控件、图标，也可以实现简单的跳转关系。Axure 是绘制原型的元老，功能强而全。

2.2.5 分页设计

分页设计分两个步骤，第一步是在原型设计图的基础上画出草图，这时要考虑画面的布局、节奏、按钮的位置等，包括文案的设计也在该阶段一起完成。第二步在分镜草图确认后，就可以正式开始视觉部分的设计了，这时需要找一些参考图、素材资料，尝试多种画面风格的表现形式，进行视觉风格的探索，选择符合题材内容的界面呈现，示例如图 2.29、图 2.30 所示。

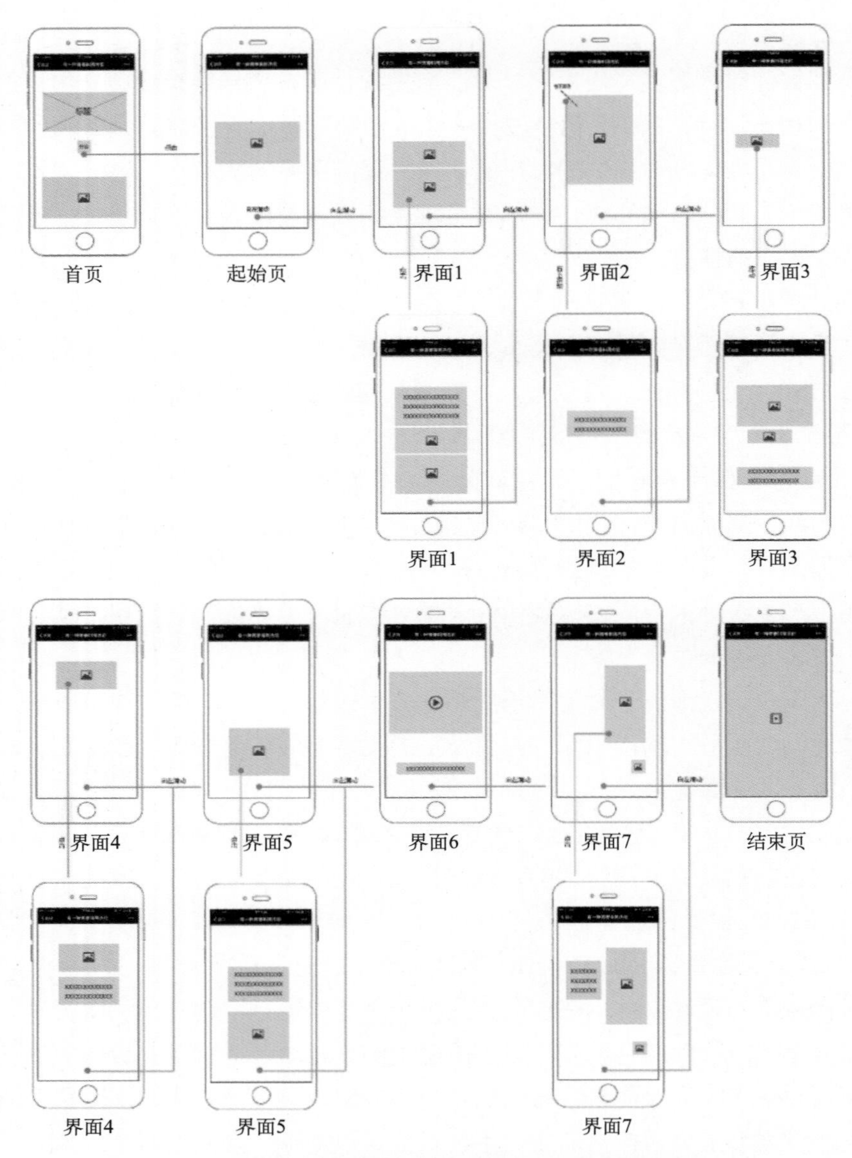

图 2.27 《有一种青春叫“周杰伦”》H5 原型设计图

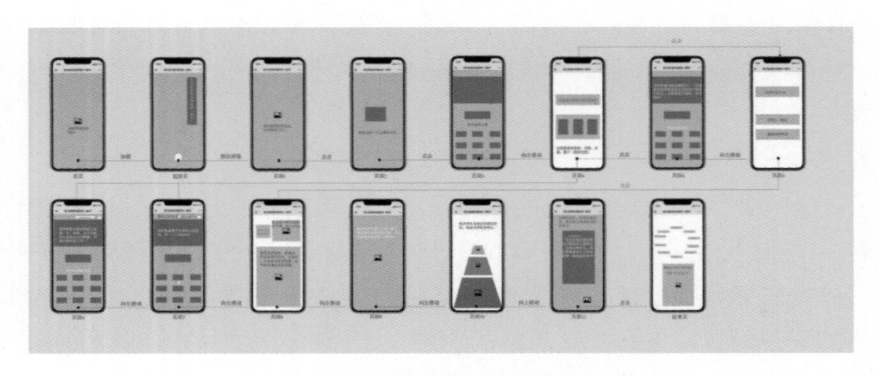

图 2.28 《教师印象》H5 原型设计图

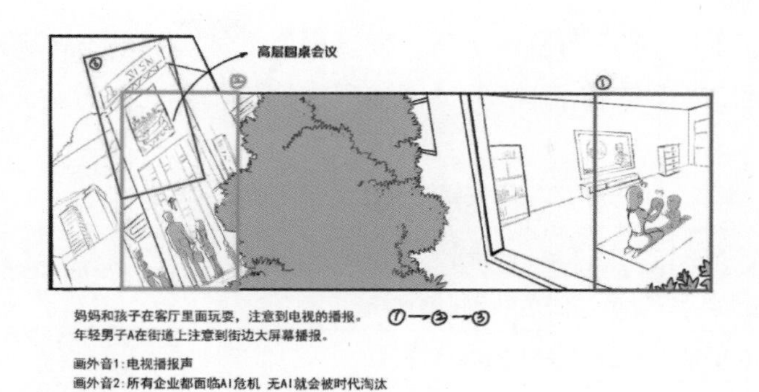

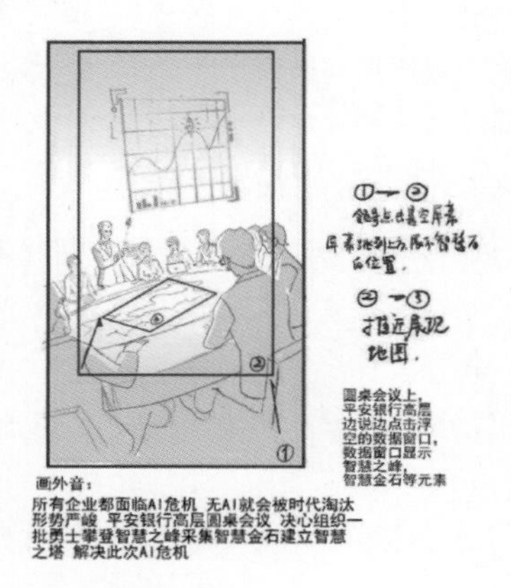

图 2.29 H5 构思草图 1

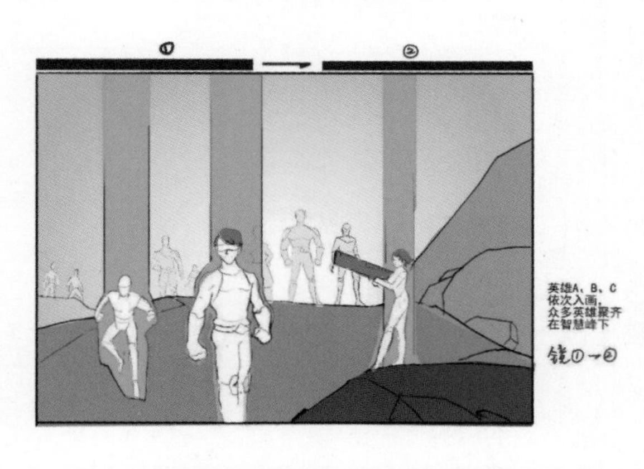

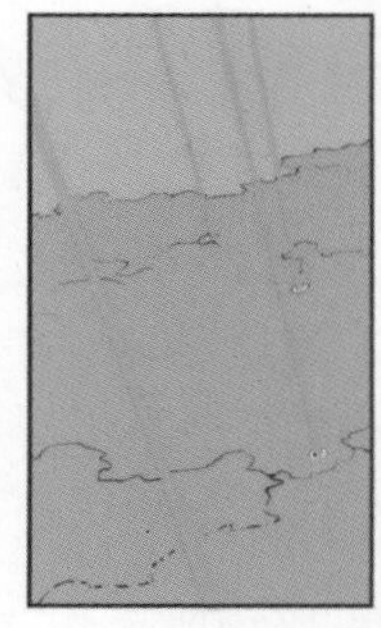

图 2.30 H5 构思草图 2

分页设计按策划阶段的分镜脚本进行，要考虑每个镜头的衔接转场，保证画面内容的连贯性，让大家更清晰了解整个 H5 的动画流程。例如，平安银行员工关怀活动 H5 脚本如表 2.2 所示。

表 2.2　平安银行员工关怀活动 H5 脚本

镜号	画面	画外音	时长
1	妈妈和女儿在客厅中玩耍，注意到电视的播报	电视播音声音交错，此起彼伏	3s
2	年轻男子 A 在街道上注意到街边大屏幕播报		3s
3	年轻女子 B 在沙发上看电视，从她眼镜中反射出圆桌会议		3s
4	圆桌会议上，平安银行高层边说边点击浮空的数据窗口，数据窗口显示智慧峰、智慧金石等元素	我们决定招募一批勇士攀登智慧峰，采集智慧金石	6s
5	镜头下摇，圆桌中地图上的各地英雄登场		2s
6	英雄 A、B、C 依次入画，众多英雄聚齐在智慧峰下，智慧峰迷雾缭绕		3s
7	英雄 A 用绝招驱散了一点点迷雾		3s
8	英雄 B 努力尝试，作用不大，英雄 A、B、C 感觉形势严峻，皱眉		3s
9	所有英雄围成一圈，举起手，发大招汇聚成巨大光球		4s
10	大家一起发力，大光球驱散了迷雾		3s
11	依稀可见山脚和山峰的三个站点		3s
12	大家欢呼		2s
13	大家冲向山峰，画面定格		3s
14	一个人在攀登过程中差点摔倒		2s
15	一只特写的手抓住了他，画面定格		3s
16	山腰，篝火，帐篷	欢笑声	4s
17	火光飞上天，光球膨胀至炸裂，出现主题“向上攀登，一路有你”		5s
18	白光炸裂后，跳出兔子		3s
19	大主题飘向上方，END		2s

《故宫文物大迁移》H5 分页设计，在草图完善后，视觉界面设计时也会有各种调整，特别是细节处理，如画面没有突出战争氛围，于是前景及后景做了调整，加入石头、铁丝木桩、炸破的房屋来凸显战火连连，如图 2.31～图 2.34 所示。

对于非手绘类 H5，可以通过做一些 Demo，来尝试 H5 架构的合理性与界面呈现效果。中国平安出品的公益宣传 H5 作品以纪录片的形式展现了扶贫攻坚工作给各地带来的变化。作品不仅展示了当地的特色产业和风土人貌，游戏环节，用户还可以和视频中的人物互动，增加趣味性的同时向用户呈现了中国平安积极响应党和政府的号召，充分利用自身资源和科技优势启动的“三村智慧扶贫落工程”。最后阶段出现 75 个地名画面，而这些美丽的名字动态化汇聚成一个更美的名字，那就是“中国”，如图 2.35～图 2.37 所示。

图 2.31 《故宫文物大迁徙》H5

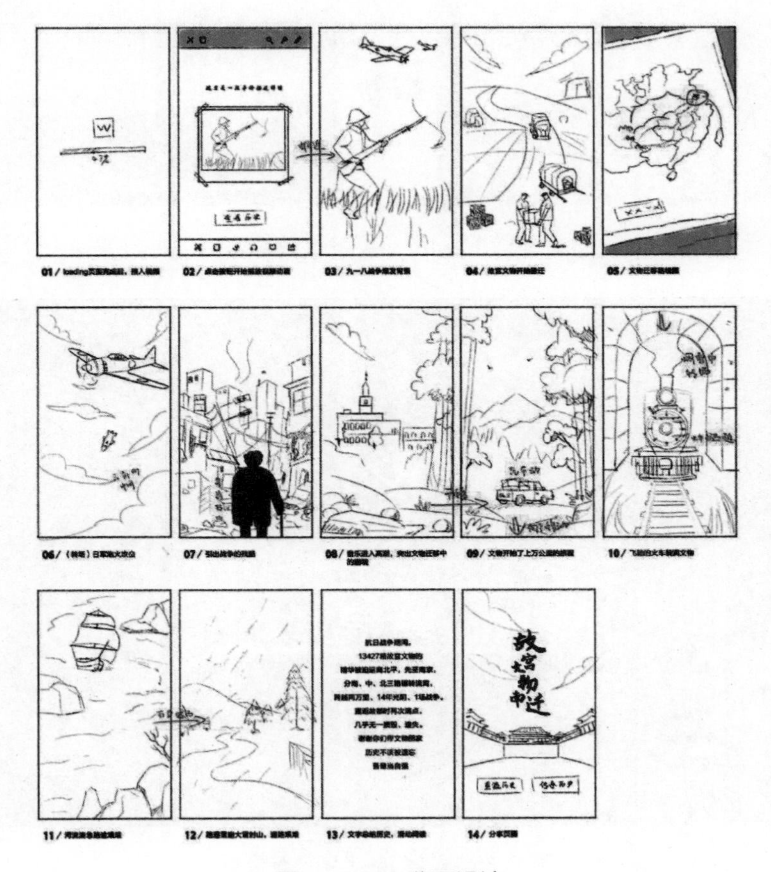

图 2.32　H5 分页设计

图 2.33 H5 分页设计细化 1

图 2.34 H5 分页设计细化 2

图 2.35 《我们的名字》登录页

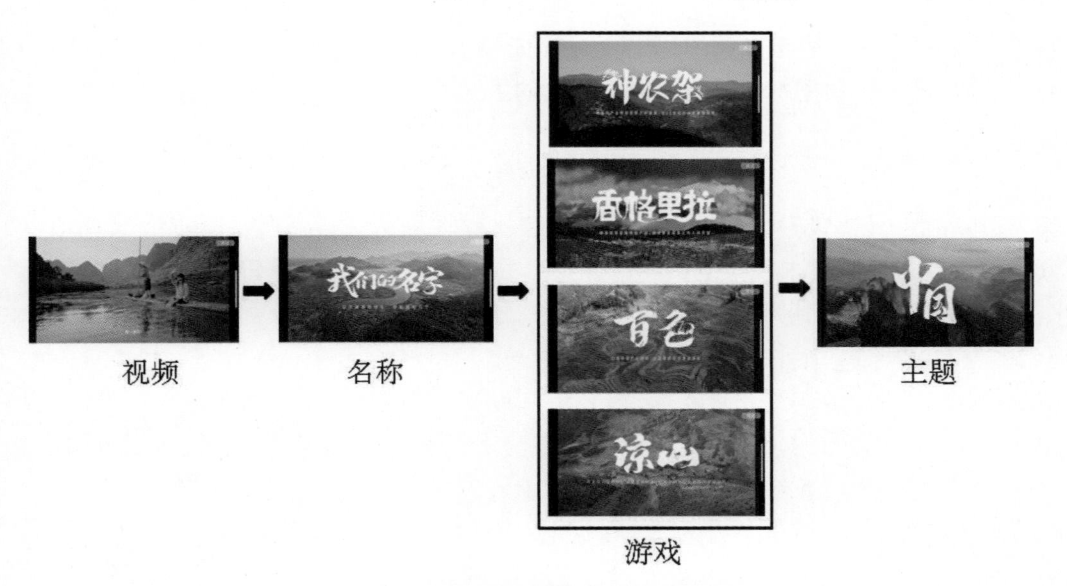

图 2.36 《我们的名字》框架结构

图 2.37 《我们的名字》分享海报

H5 从立意、创意、设计，到制作、传播，是一个一气呵成的系统工程，页面布局的合理、技术的把握、创意与文案的优化、传播的执行都不可或缺。做分页设计时要充分了解用户行为与习惯，根据不同的行业特性、活动主题、品牌调性等，选择适合的形式进行设计。

2.2.6 H5 平台的选用

H5 设计经过分析需求、策划文案、确定形式、原型设计、分页设计之后，就进入了技术实现阶段。在该阶段须选用相关 H5 平台。具体技术实现在后面章节进行介绍。本书推荐的制作平台是国内三大专业 H5 工具平台之一的木疙瘩，由北京乐享云创科技有限公司开发。Mugeda 的中文名称是木疙瘩，取名自中国的提线木偶戏，是一种古老的动画表现形式，借助这一寓意，Mugeda 致力于帮助移动设备产生交互动画产品，如图 2.38 所示。

图 2.38 木疙瘩平台

木疙瘩（Mugeda）是一款专业的 H5 制作软件，在浏览器和离线客户端都可以直接创建有丰富表现力的互动媒体形式。它为用户免费提供各种 H5 制作工具和教程，帮助用户轻松制作各种 H5 交互动画，能够为用户减少大量开发成本，在移动广告、网页休闲游戏、移动教育等领域都有广泛的应用。Mugeda 的操作界面与 Flash 非常相似，非常容易上手，能高效率低成本地完成 H5 开发和制作。

木疙瘩提供了多个操作简单功能强大的可视化编辑器，可以创建长图文、视频、交互 H5 融媒体等，并且支持将 PPT 一键转换为 H5，只需一个账号马上就可以使用。木疙瘩平台首页如图 2.39 所示。

图 2.39 木疙瘩平台首页

木疙瘩平台具有以下特点：

- 支持图文、音频、视频、直播、网页、全景、数据图表、数据库等全媒体形式；

支持触控、陀螺仪、定位、表单、投票、拍照、录音等丰富的交互行为。

- 支持基于时间轴的关键帧、滤镜、进度、变形、关联等多种专业动画模式。
- 支持团队权限管理及协同工作，支持自建团队素材库及模板库。
- 具有专业智能渲染和自动适配技术，加载速度快，跨平台兼容性好。
- 可视化界面，无代码制作，无植入广告，无导出限制，无流量限制。

木疙瘩还为客户提供了简约版和专业版两个不同的版本，前者适用于所有内容制作者，而后者则为有设计基础的内容制作者提供了更自由的创作空间。此外，产品还将分为在线版和离线版两种产品形态，无论是用浏览器直接使用，还是安装到本地使用，都能获得最佳的体验，从而照顾到了不同领域的用户需求。木疙瘩融合发布系统如图 2.40 所示。

图 2.40 木疙瘩融合发布系统

2016 年，木疙瘩学院正式成立，致力于研发和输出 H5 交互融媒体内容制作与应用课程，为新媒体、教育出版、广告宣传等行业培养实用型人才。木疙瘩学院课程已分别在木疙瘩官网、网易云课堂、腾讯课堂等在线平台输出。

2.2.7 发布推广

H5 一般可以通过三种形式在微信里发布并传播，包括通过链接发布、通过二维码发布、通过转发在微信群 / 圈传播。那怎么发布一支 H5 呢?

（1）发布流程：首先，在内容发布之前，需要先对内容进行审核，因为根据国家法律，任何用于传播的页面内容都必须通过平台审核。

在编辑界面中，点击顶部菜单中左起第二个“预览”按钮（见图 2.41）。

然后点击“分享”，再继续点击“申请审核”按钮：审核通过后的链接是永久链接，不会无缘无故打不开内容。另外，每当内容修改之后，都需要重新申请审核。整个审核的过程很快，审核成功后即可获取发布分享用的链接及二维码。一般来说，可以把链接放在微信公众号推文的“原文链接”处，但要记得提示用户，点击“阅读原文”可以查看 H5，作品推文如图 2.42 所示。

图 2.41　作品预览

图 2.42　作品推文

二维码放在推文中，是比较常见的发布形式，长按识别二维码就可以打开 H5，非常便捷。内容审核成功之后，也可以用手机扫描二维码或者将链接发到朋友群 / 圈（见图 2.43）。

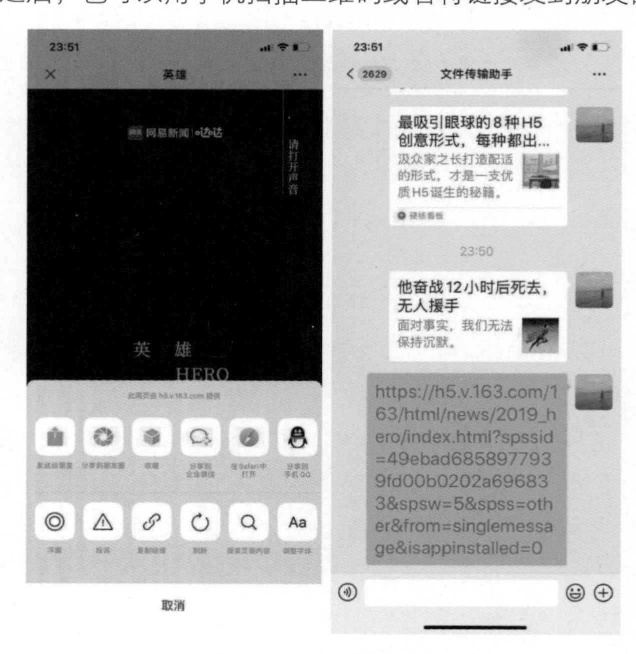

图 2.43　作品链接

（2）标题与摘要：手机微信转发必须要有标题和摘要，这是需要仔细推敲的，因为用户往往会被有趣的标题和摘要吸引。

一个好标题的力量足以改变整个局面。如果这则 H5 的标题起得很普通，用户可能不会点击阅读。BMW 是不错的，然而和我并没有什么关系，相信这会是许多人的内心独白。但“该新闻已被 BMW M 快速删除”的新闻标题会让大家忍不住想点击，毕竟好奇心谁都会有一点，H5 未开始，BMW 已经赢了一半，这就是好的转发标题的力量，如图 2.44 所示。

图 2.44　作品转发标题

（3）发布时间：用户访问高峰集中在 11:00-14:00 和 20:00-23:00，与微信公众号的阅读时间分布曲线相近似。具体的推广时间需要结合具体场景确定。在做相关的 H5 发布时间规划的时候，一定要参考相关的数据，准确地把控投放时间，选择高峰期投放，也是 H5 刷屏的关键点，如图 2.45 所示。

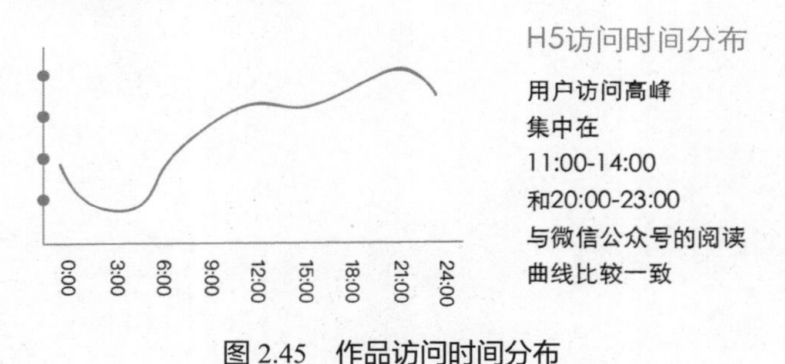

图 2.45　作品访问时间分布

一个热门事件的发生及节日的高流量，必然会给 H5 页面带来更多的主动宣传，通过热点时间的选择和转发，也能够更快地提升 H5 的刷屏率。

（4）投放渠道：基础激活点指的是品牌或者活动创意能够在社会化媒体中引爆成功，形成爆炸性话题所需要的基础曝光量，这个数据是跟随着活动、创意、文案的自传播属性的强弱动态变化的。对于 H5 来说，足量的基础曝光是刷屏的基础，如《我的年代照》H5 就得以在人民网的双微和朋友圈广告上曝光，保障了足够的基础激活，为后续的刷屏奠定了很好的流量基础。清晰地评估 H5 创意的目标和自传播属性，找准基础投放渠道激活用户，才能被大面积宣传和推广。

通过公众号的推送群发推广、微信群推广、线下二维码推广，以及 KOL 转发和投稿等都是比较常用的方式。APP 和自身公众号的推广算是比较保守的形式，前提是自身 APP

有足够大的用户群体或者自身公众号有足够多的活跃受众，否则 KOL 营销，或者找到热衷于创造与转发内容的种子用户，才是最有效的方式。

2.2.8 数据总结分析

进行数据总结分析，其作用主要体现在两方面：一是收集实时数据信息，用户可以随时掌握 H5 投放的效果，并相应地调整运营策略；二是通过对访客数据的分析，企业能更加精准地定位自己客户的需求，找到客户的偏好，为以后的活动策划提供参考。木疙瘩现在提供流量和用户提交表单数据等，供会员查看，而行为数据需要付费查看。数据分析包括传播数据、传播渠道数据和访客数据。

① 传播数据：包括访问量、浏览量、分享量、交互统计等数据，用户分析这些数据可以了解活动的整体状况。

② 传播渠道数据：包括来源统计、访问设备、地域访问量等数据，用户可以分析这些数据从而改进活动运营策略。

③ 访客数据：包括访客年龄、性别、学历、职业等身份信息，还有关于人均浏览时长的统计及新老用户比例统计。通过这些数据，用户可以更好地理解活动的目标人群。某 H5 访问数据分析如图 2.46 所示。

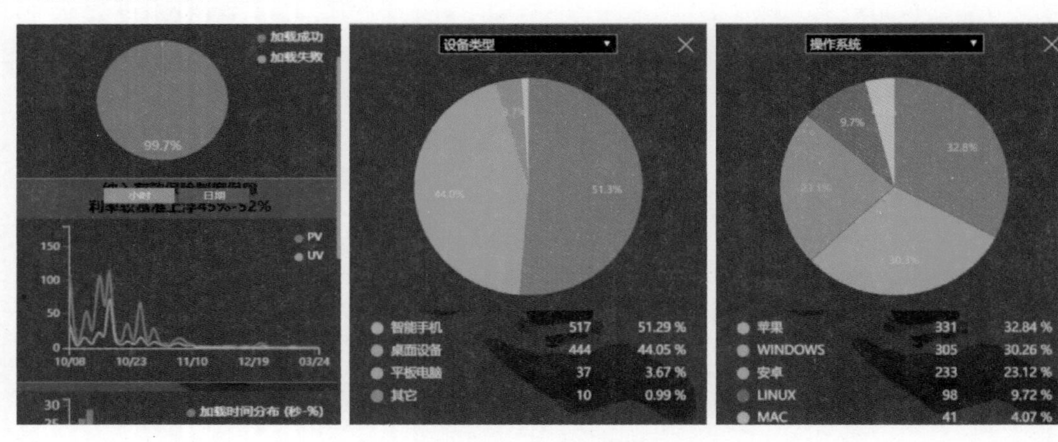

图 2.46 作品访问数据分析

2.3 设计中需要注意的事项

1. 品牌露出不明显

有的人辛辛苦苦做了一个炫酷的 H5，最后没放自己的名字或 LOGO，或者写得不起眼。这个跟考试时试卷上不写名字的性质是一样的。

目前媒体的 H5 入口一般有 APP 和微信两个渠道，应该在比较明显的位置放上这两个渠道的打开方式，这也是很重要的。因为 H5 传播量经常上百万甚至上千万，有这么多的传播量的时候转化率再低，也能给自己的 APP 及微信增粉几万甚至几十万。一般露出品牌的方法推荐以下三种形式：

- 加载（Loading）页名字与 Logo 露出。
- 专门设置更多精彩入口（有 APP 下载链接按钮与微信公众号二维码图片）。
- 版权信息页（可以放各种制作人员名字及 APP 与微信的入口）。

2. 加载速度慢

许多人加班加点做出来一个大工程，到最后一步时，发现加载时间特别长。加载时间越长，看到你 H5 内容的人也就越少了，因为许多人都在加载页面就跳转出去了。

如果不能删减更多的内容，只能尽可能地压缩素材大小，一般流畅的 H5 总体量控制在 2MB 以下，最多不要超过 5MB。

3. 提示不足，用户体验差

在做数据统计的时候，有时候会发现在某一个 H5 中，大量的用户在某一页跳出，打开之后，才发现，那一页虽然做了一个很酷炫的交互，但是大部分人都不知道，以为那就是最后一页或者是页面卡住了。我们在制作 H5 时，必须要让用户有一个很好的体验，交互要让用户有熟悉的感觉，在合适的时候就要给予用户一点提示，让他能继续下去。

为什么现在许多很流行的 H5 都是类似于群聊、朋友圈、抢票、直播之类的呢？就是因为用户之前对这个界面及操作有熟悉感，然后才会参与进去。我们在设计交互的时候，一定要考虑用户的体验，举一个很小的例子：一般我们都是从左向右划进行翻页的，为什么呢？因为大部分人都是用右手操作的。

4. 节奏太慢，不必要的内容盖掉了主体内容

这是一个人们经常犯的毛病。在制作的时候经常为了做一些炫酷的效果与动画，一不小心，这个动画做了十几秒，对于人的耐心来说，这个时间比较长，如果用户不被这个动画所吸引的话，很有可能直接就跳出了。主要内容的及时出现，会让用户停留得更久，然后筛选出有兴趣的人并转化成固定的用户。同样文字也不宜多，一个页面中放 80 个字左右即可，突出重点。

5. 设计上出现的问题

设计上经常出现的问题一般都是整个 H5 风格迥异，这个对于用户来说体验不会很好。因为整个 H5 其实体量并不是很大，需要有一个一贯性的设计风格或者思路来串起来。可以举一个具体的例子：H5 里有许多的图片，其实这些图片稍微做下处理，然后用一个统一的 UI 摆好，这样给用户带来的体验会比直接放图片上去要好很多。

6. 制作不完整，错误较多

在你认为完成一个作品的时候，一定要翻来覆去体验多次。检查下有哪些地方有体验上的问题、页面的缺失、按钮不能点等，这种问题对于一个新手来说经常出现。使用平

台工具来制作 H5 的话，错误相较于自己写的代码会大大减少，但是在制作中还是会遇到类似于行为的缺失，没有命名这样的情况。在 Debug 的过程中一定要找出问题予以精准解决。

7. 没做兼容性测试

兼容性测试其实就是拿许多台手机在不同的环境下打开这个 H5，测试这个 H5 的打开速度、性能等。使用平台工具制作的 H5，在兼容性方面已经做得很好了，但是还是会有一些类似于上面所说的因为制作者本身产生的错误出现，这时候如果时间比较紧张，最好就是试着绕开这种容易出问题的地方。例如，关掉声音的预加载，处理物体的 3D 旋转及遮罩等。

8. 内容较隐晦，表达不直观

许多 H5 的内容，让人感觉有种藏着掖着的感觉。在 H5 制作中，内容应该具体而且明显，内容的文字表达及图片表达应该符合整个 H5 内容的设计概念与思路，让人一眼就能看出这个 H5 是在说什么。在策划时，一定要想清楚自己策划中的核心亮点是什么（往往也是最具特色的交互部分），将亮点尽快展示出来，不要在这之前摆放太多非重点的信息，这是经常会犯的错误。在 H5 的设计之初，对于整个 H5 的思路与内容的表现应该有一个综合的考虑，不能因为炫酷的效果而放弃一些重要内容的表现，也不能太过于依赖文字而放弃富媒体表达的便利性。因此，我们要抓住重点，懂得取舍，简约极致。

9. 音乐音效缺失

许多 H5 忘记加入音乐和音效。对于一个富媒体内容来说，音乐和音效能给自己的作品加入更多丰富的内容，提升整个作品的档次。这个是应该切记必不可少的。

10. 发布渠道需要明确，根据不同的平台有针对性地发布

在实际设计中，许多 H5 是需要发布到媒体自己的 APP、公众号 / 域名上去的。在做这些渠道的发布之前，一定要注意以下几个雷区：

（1）APP 的浏览器内核版本、自动播放声音开关是否打开、是否支持原生视频播放代码等。

（2）公众号是否已经绑定域名，是否已经申请好接口。

（3）服务器的稳定性需要测试。

如果在 H5 平台上设计与发布的话，对于微信平台是已经经过优化的，但是对于各种各样的 APP，并不会一个一个去做针对性的兼容性优化。其实做好这些工作，以后再遇到类似的富媒体内容，就游刃有余了。

在完成以上工作后，还要注重分享的标题和描述语（分享文案）。标题和描述语（分享文案）是用户最先看到的信息，能否引诱用户点击的关键就在于这里的文案写得怎么样了。

本章小结：本章首先介绍了 H5 产品设计思路，包括明确设计目标和优秀 H5 作品需

要具备的特性，这是我们在开始一支 H5 作品设计前需要首先厘清的思路。在第二节中详细介绍了 H5 作品的设计流程，包括分析需求、确立设计目标；讲一个好故事、做好策划；选择与项目需求相对应的形式；整理需求、设计 H5 交互原型；在故事、交互逻辑都合理的基础上进行分页设计；为作品选取合适的 H5 平台；作品完成后发布推广的注意事项及作品发布后的数据总结分析。第三节主要总结了学生作品通常存在的问题，提醒学生在 H5 作品设计中需要注意的事项。通过本章节的学习，学生对 H5 作品设计会有一个全貌性的理解。

习题：

1. 举例说明什么样的 H5 是优秀的作品。
2. 简述 H5 设计流程并说明各流程要完成的目标。
3. H5 设计和发布中要注意的事项有哪些？

---

① 苏杭 . H5^{+} 营销设计手册 [M]. 北京：人民邮电出版社，2019 年 .

② 网易传媒设计中心 . H5 匠人手册 [M]. 北京：清华大学出版社，2018 年 .

③ 网易哒哒 . 网易爆款刷屏秘籍 . https://mp.weixin.qq.com，2018.

第 3 章

H5 视觉设计技巧

第 3 章微课

学习要点：视觉设计主要通过对文字、图片、插画、色彩等语言的规划、编排和优化来完成设计目标，促进传达者和受众的交流。视觉传达最早应用于商品文字广告，发展到现在随着交互产品的普及应用，大致经历了由文字→图形→色彩→动效→视频的综合演化。

无论是早期的线下实体产品还是如今的数字产品，视觉设计都发挥着重要的作用。线下实体产品通过视觉设计承担大部分的广告行为，数字产品则通过视觉设计来达到聚拢用户视觉焦点的目的，为用户创造良好的用户体验和实现产品功能传达。因此，视觉设计绝不仅仅只是盲目地设计美观功能，而是结合产品特性对色彩、文字、图形、层次、空间等要素进行优化组合，在实现基本信息传递的同时，为用户创造最优体验，最终实现或商业或公益目的。

数字产品视觉设计的价值，通过产品颜值、体验与功能三方面来体现，三者相辅相成、缺一不可，从而让我们的数字产品更好地满足用户的需求。本章主要介绍 H5 数字产品视觉设计的一些规范与设计技巧。

3.1　H5 页面设计规范

当一个产品投放给用户后，用户的行为路径是“感知-记忆-理解-行动”，因此有颜值的视觉设计就很重要。一是因为人们对喜爱的、美观的信息更愿意接受，视觉信息传播效率最高。二是相对于文字、音频等，图像化的视觉信息比其他信息更容易让人接受和记忆，科学家也已证实人的大脑处理视觉化的信息最有效率。视觉设计在产品体验上的价值，就是帮助用户获得更好的使用感受和舒适的感官体验。视觉设计通过视觉信息的合理规划、适度呈现、有序编排，使用户情感需求和使用流程得到满足，从而提升用户使用产品的愉悦度。而这个层面的需求，也受到视觉颜值价值的影响。视觉的美感，本身就是一种体验，和使用体验并不是割裂的，而且互相穿插影响。视觉设计在产品功能方面的价值就是帮助用户更好地解决问题，精准而有创新的视觉设计会让产品功能更明确更有效。移动端产品的更新迭代非常迅速，视觉设计师只有掌握更多技能，才能不断创新，满足用户的需求。数字时代的视觉设计师如图 3.1 所示。

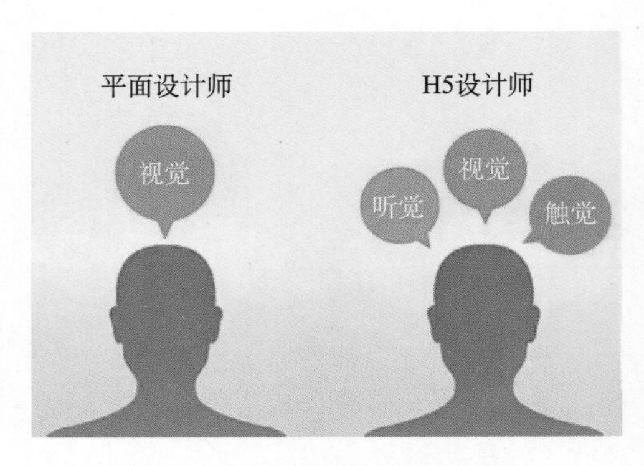

图 3.1　数字时代的视觉设计师

3.1.1　H5 页面设计尺寸

随着移动互联技术的发展，手机型号更新迭代变得越来越快捷。手机屏幕尺寸也越来越多样，例如，iPhone 手机界面尺寸如表 3.1 所示。我们在做 H5 时，什么尺寸的界面其通用性最好呢?

目前大多数 H5 编辑器，一般会采用 640px×1008px 这套尺寸。这是适配苹果 5 代手机的尺寸，但苹果 5 代屏幕尺寸是 640px×1136px，为什么会少掉 128px？那是因为 H5 一般会在微信上观看，微信页面的上方会有一个顶部导览，它是用来显示退出、跳转和姓名等信息的。不仅仅是微信，手机端的浏览器也会有不同样式的导航栏出现在屏幕的上方或下方。微信中的导航栏的高度正好是 128px，所以 H5 编辑器中采用的是 640px×1008px 作为页面的有效尺寸，例如，iPhone 手机页面区如图 3.2 所示。

表 3.1 iPhone 手机界面尺寸

机型	分辨率	状态栏高度	导航栏高度	倍率
iPhone5、5s、5c、SE	640 px×1136px	40px	88px	@2x
iPhone6、6s、7、8	750 px×1334px	40px	88px	@2x
iPhone11	828 px×1792px	88px	88px	@2x
iPhone12、Pro	1170 px×2532px	132px	132px	@3x

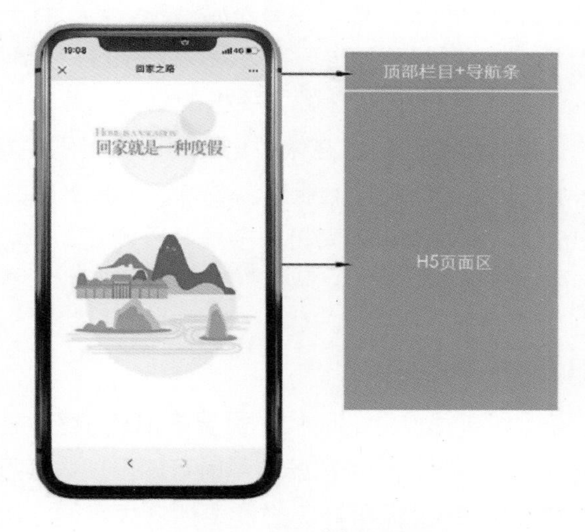

图 3.2 iPhone 手机页面区

下面介绍页面尺寸设计中的几个常用概念。

- 像素：px（pixel）的缩写，是指在由一个数字序列表示的图像中的一个最小单位，称为像素。在网页设计中经常会使用该单位。
- 像素密度：ppi（pixels per inch）准确来说是每英寸的长度上排列的像素点数量，像素密度越高，代表屏幕显示效果越精细，H5 中的图片分辨率一般用 72ppi 即可。
- 倍率：交互设计中经常说的 2 倍图、3 倍图，其实就是根据像素密度得来的。H5 中一般都做 2 倍尺寸，也就是 2 倍图（@2x），这样无论在苹果还是安卓手机上，H5 的图片显示较为清晰，同时页面加载速度也会较快。随着手机屏幕越来越大，比如 iPhone12 或更大尺寸手机，也会做 3 倍图（@3x）。

3.1.2　H5 的响应式特征

目前 H5 编辑器最主流的尺寸是 640px×1008px，但市面上最主流的手机屏幕尺寸已不是 640px×1136px，而是以 iPhone11/12 为主的更长或更宽的屏幕尺寸，并且随着智能终端的发展，主流尺寸还会继续变化。为什么我们还在使用这套尺寸呢？因为 640px×1008px 这套尺寸最大的好处在于压缩比特别高，它既能保证页面不会太大，又能保证 H5 的画面在大多数屏幕上能够显示得比较清晰。H5 网站具有页面“响应式”的自动适配能力，所以在大部分情况下页面都会自动适配满屏。

如果未来屏幕尺寸有更大变化的话，640px×1008px 这套尺寸也可能会被修改。在移动互联网中，是没有长久的标准的。虽然，H5 编辑器能自动响应不同屏幕尺寸，但在设计页面时，还要特别注意背景图的设置，要避免出现黑边、白边和错图的情况。当用户看到这些页面时，体验是非常不好的。

为避免类似情况的发生，我们的背景图通常要放出画面。这个做法类似纸质媒体设计时的“出血”设计，纸媒的“出血”一般设定为 3～5mm。在移动界面设计时，凡是靠边缘的大元素，我们也要做“出血”处理，把它往画外放出去一些。而一些比较靠边的小元素，我们则把它往页面内移动一些，尽量不要出现在边缘，以防止不同机型显示时元素不完整。

2018 年，以 iPhoneX 为主流的一批全面屏手机的出现，我们更加要注意“出血”的设置。这批手机采用的是超长屏幕，所以在做“出血”时要特别注意页面的上下部分，要多放出一部分才能确保 H5 在全面屏手机上能顶满屏幕，不会出现白边和错边。

当我们完成一个 H5 后，最好能用不同机型多做一些测试，查看一下页面是否顶满了屏幕，是否达到了最好的显示效果。

3.1.3　页面的安全区

在进行 H5 页面内容规划布局设计的时候，需要把 H5 内容放在合理的位置，不能把重要内容放在太偏下或偏上的位置，否则前端布局时可能出现内容显示不全的情况。

和纸质媒体设计一样，H5 的页面设计同样需要注意内容展示的空间感，所以我们要有“安全区”的概念，它非常类似图书设计的“版心”设计。

正常的图书设计中，每张书页的上下左右都会预留空白的空间，是页眉和页脚的位置，同时也是考虑到阅读的舒适感。同样，在设计 H5 时，“版心”也非常重要。因为手机界面的面积有限，当 H5 需要呈现大段文字时，文字内容一定要保证在安全区域，这样可以保证观看的舒适和美观。还要特别注意按钮的位置，不要太贴近屏幕边缘，同样也要保证在安全区域内。安全区的大小没有固定数值，具体的数据可根据项目来设定。但我们在设计 H5 时，必须有“安全区”的意识，如图 3.3 所示。

在设计 H5 的过程中，安全区外的内容在尺寸适配的情况下有可能会被裁掉，适配的方式分为几种。

- 全屏：将画面拉伸充满屏幕，所包含的画面全部塞进屏幕，不足的部分用背景填充。

- 宽度适配：适配宽度，上下裁切。
- 高度适配：适配高度，左右裁切。
- 边距适配：锁定物体与边的距离。

为便于设计师应用，H5工具平台会常常更新通用适配尺寸。Mugeda软件中设定，iPhoneX尺寸为竖屏320px×618px，中间320px×520px为适配其他手机的安全区。强制横屏状态分辨率为618px×320px；横屏（屏幕不锁定状态）尺寸为757px×320px，左边宽度为60px的区域为刘海安全区。即便是在1236px×640px尺寸中进行设计时其主要内容还是会在1040px×640px这个范围内的，然后做适配。

图3.3 H5安全区

3.2 H5的色彩选择

在H5作品设计中，色彩有着不可替代的作用。用户对色彩会有不同程度的理解，用户虽然没有上过色彩的相关课程，但是他们仍然能很直观地看出什么是符合他们审美的，因此色彩的选择会影响到设计页面的最终传达。

在设计过程中，如何熟练地将色彩搭配运用到设计中去，创造符合主题特色又令人赏心悦目的色彩效果，触发用户对H5的转化或分享，需要从以下几个方面满足需求点。

- 如何通过色彩气氛，营造产品调性?
- 色彩搭配和选择怎么能激发用户浏览完产品并参与转发?
- 界面信息层级如何简洁明了?

3.2.1 色彩是决定H5氛围的关键

H5是不是能给人留下深刻的印象，它给人的氛围感非常重要。如果打开H5无法感受到任何氛围，一般人都会直接关掉。反之，色彩运用到位，气氛渲染效果良好的H5，往往很容易让用户看下去。

图3.4中的这些界面在设计时，对主题做了很精准的分析，选择的色彩很好地烘托了主题氛围。第一幅界面是2020年疫情过后的第一个清明节，举国哀悼在疫情中逝去的烈士，界面用了凝重的黑白灰色调，庄严肃穆的气氛渲染，表达了全国人民对英雄的致敬。打开H5界面，用户一下就被气氛感染，心中自然就会静默、沉重。第二幅是敦煌主题的H5界面，色调选择了敦煌绚丽的壁画色彩，但因年代久远，风沙侵蚀，色调更呈现出古

朴沧桑之感。第三幅是在 2020 年抗击疫情初战告捷，武汉解封时的作品，色彩选择了烂漫的樱花色和勃然的生机绿色，营造了一幅欣欣向荣、缤纷灿烂的美好气氛。

图 3.4　**作品色调（哀思的、古朴的、烂漫的）**

在氛围的营造上，人们的感知顺序依次是色彩→图案→文字，所以色彩在氛围传达中至关重要。视觉气氛、形式感、参与感又被作为 H5 设计的基本要素，如图 3.5 所示。

图 3.5　**H5 设计要素**

良好的视觉气氛可以更好地引导用户理解你想表现的意图，每支 H5 的设计目的和内容气氛都不同，需要营造的视觉气氛也不一样，不同气氛会牵连不同元素。整个设计需要统一在完整的调性内，是理性规划与艺术创作的结合。

在调性统一上，有以下两个需要特别注意的点。

（1）统一的背景：在统一的色调和背景下，画面容易被记忆，如图 3.6 所示。

（2）成套的色彩和元素：除非特殊需求，色彩的沿用不建议过多，并应该遵守成套的原则。

H5 的画面内经常会涉及图标、文字和各种元素，它们之间的特征也应被统一。通常我们会提前设计好所有的静帧画面，并统一色调、元素和文字，即使页面数量并不多，但它仍然是一个小的视觉系统，如图 3.7 所示。

图 3.6　统一的色调

图 3.7　成套的色彩和元素

扫描二维码欣赏案例

（出品方　快手）

3.2.2　色彩的情感

文字、图形、色彩是设计最基本的三要素，其中色彩的地位是至关重要的，每一种色彩都有其主题表现与情感诉求，色彩能充分烘托和渲染画面的气氛。色彩有色相、明度、纯度三个属性，我们通过色彩的色相属性来辨别颜色的种类，通过明度属性来辨别色彩的明暗，通过纯度属性来辨别色彩的饱和度，这三个要素相互影响，相互制约，形成了不同的对比、冷暖与色调。RGB、CMYK 色相环如图 3.8 所示。

色彩感受是视觉过程中极富有张力的情绪，因为视觉对于色彩的反应是强烈而立即的。色彩可以联想、可操纵感情，每一种色彩都具有特定的象征含义，代表着特定的情感表达，种种的情绪很容易被引发出来。一个成功的设计师往往可以借助色彩来完成他对作

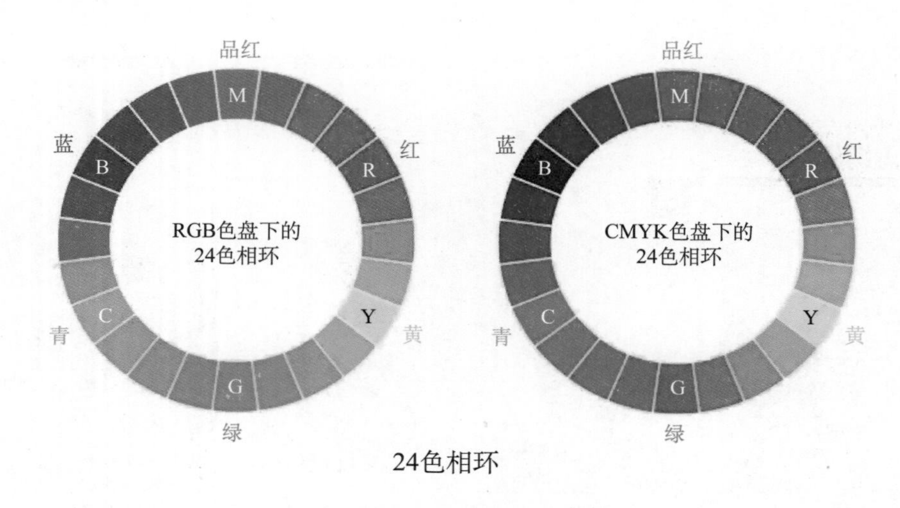

图 3.8　RGB、CMYK 色相环

品的设计表达，唤起观者心理上的审美联想，准确合理地表达视觉审美感受和心理感受。

（1）除了美学之外，色彩是情感和联想的创造者。色彩的意义会因文化和环境的不同而有所差异。表 3.2 中列出了颜色在各大洲不同的文化含义。

表 3.2　各色相在不同地域的象征性

色相	亚洲	欧洲	非洲	美洲
红色	好运、吉祥、新娘子（中国）/ 纯洁、生育、力量（印度）/ 生命（日本）	共产主义（俄罗斯）、危险、爱、圣诞节	哀悼（南非）/ 酋长（尼日利亚）	胜利（切罗基教）
桔色	圣洁（印度教）、高兴、欢喜	宗教（爱尔兰）、万圣节		万圣节
黄色	权力、专制（中国）/ 勇气（日本）/ 智慧（佛教）	皇家、皇室（爱尔兰）	哀悼（埃及）/ 繁荣（中东）/ 排名靠前的人（非洲）	
绿色	生命（和平）/ 希望（印度）/ 新生（中国、远东）/ 水恒（日本）	爱尔兰人、春天、圣诞、好运、嫉妒	腐败、药物、文化（北非）/ 希望（埃及）/ 威望（沙特）	死亡（南部）/ 钱（美国）
蓝色	哀悼（韩国）/ 长生不老（中国）/ 运动（印度）	抑郁、右翼（英国）、传统、权力、平静	保护（中东）/ 灵性（伊朗）	麻烦（切罗基教）/ 哀悼（墨西哥）/ 自由主义（美国）
紫色	祸害（韩国、泰国、中国）/ 财富（日本）/ 忧伤（印度）	专利权、哀悼	哀悼（中东）	哀悼（巴西）
白色	死亡（中国、日本）/ 丧事（印度）	婚礼、天使、医生、和平		
黑色	财富（远东）/ 邪恶（印度）/ 霉运（泰国）	死亡	死亡、丧事（中东）、睿智的（非洲）	

色相	亚洲	欧洲	非洲	美洲
棕色	土地 / 哀悼（印度）	可信赖的、健康的		不赞成

（2）色彩具有象征性，每个品牌都有自己的形象色，而设计师对于色彩的挑选和取舍，也是完成作品中的必备环节。

灰色：象征冷静、中立（如，苹果、维基百科、……）；

绿色：象征健康、生命（如，微信、星巴克、……）；

蓝色：象征可靠、力量（如，腾讯、饿了么、IBM、……）；

紫色：象征智慧、想象（如，雅虎、T-Mobile、……）；

红色：象征血气、年轻（如，可口可乐、乐高、京东、……）；

橙色：象征欢乐、信任（如，芬达、亚马逊、火狐、……）；

黄色：象征温暖、透明（如，百思买、美团、麦当劳、……）。

（3）色彩情感是人们主观的生理因素和心理因素作用的结果。也就是说，色彩情感的产生来源于设计师意图与欣赏者的感受所形成的共鸣。色彩能够帮助品牌极为简易地建立用户认知，同时色彩也能够在理解和决策阶段对用户起到一定的心理影响作用。每种颜色在我们的思维中都有自己的影响力，当人眼感知到一种颜色时，我们的大脑就会向内分泌系统发出信号，释放出负责情绪的激素，从而形成或积极或负面的情感。如红色，既代表爱、热情，又有愤怒、血腥的含义，因此，需要我们正确地使用色彩。

3.2.3 色彩的配色法

色彩的种类千变万化，每个色彩都不是孤立的，而是并存于大千世界中的。设计中如何将各种色彩组织起来，并且通过色彩之间的搭配赋予形式以鲜明的“调子”，这些都并非易事。各色系配色方法如图3.9所示。在具体的色彩使用中，可从以下几个方面去综合考虑。

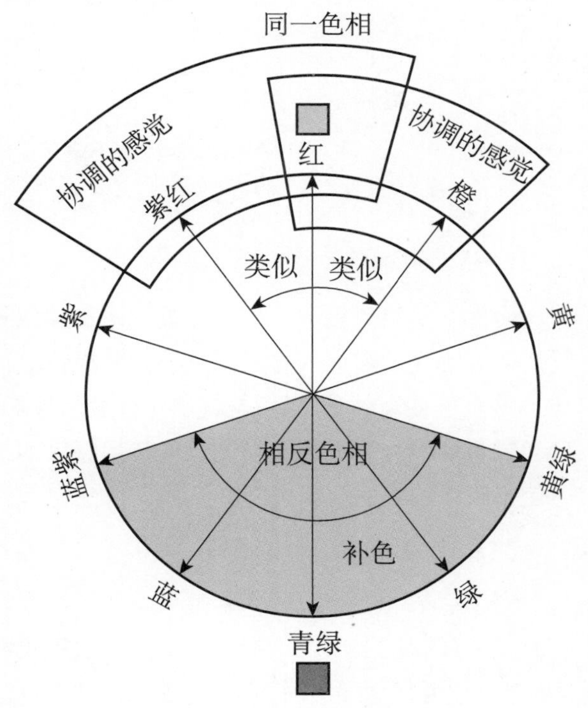

图3.9 各色系配色方法

1. 同色系配色

设计中使用同一色系的色彩，运用同色系的色彩变化来进行不同层次、虚实的色彩搭配，达到色彩上的和谐统一。这种色彩搭配的使用是比较可靠的方式，其特点是统一、柔和，最容易获取画面色彩的整体性。但由于色彩变化不大，常会令人感觉到单调、静止，所以在H5

中采用此类配色作品比较少。例如，《萌娃个展开幕了》H5，如图 3.10 所示。

图 3.10 《萌娃个展开幕了》H5

扫描二维码欣赏案例
（出品方　三元）

2. 邻近色配色

设计中使用色相环上位置邻近的两三种色彩，这些色彩之间既有共性又有区别，并通过变化其明度、纯度的方式来进行配色组合。这种配色方式既有整体色彩美感同时又具有一定的个性变化，其特点是统一、舒适、稳中有变，因此可以获得理想的配色效果。如蓝、绿两色作为邻近色，在设计中使用起来容易控制并能获得非常好的视觉效果，是设计中使用频率较高的配色方案。例如，《你的生肖之力》H5，如图 3.11 所示。

3. 对比色配色

为了追求强烈的视觉色彩关系，在配色中我们会使用对比色。对比色的对比效果会令画面产生鲜明、强烈、华丽、易于捕捉的视觉特征，强烈的效果容易使人兴奋、激动；但使用不当也会产生过分刺激、生硬粗俗的缺点。为了避免因使用不当造成的对比色彩的不协调，可以通过改善对比色双方关系的手法来进行调整，如增加无彩色系的成分、在对比色中加入色阶、调整对比色之间的面积关系、改善对比色双方的明度或纯度等方式，这样可令对比色双方更好地融合在一起。例如，《光刻之路》H5，如图 3.12 所示。

图 3.11 《你的生肖之力》H5

图 3.12 《光刻之路》H5

扫描二维码欣赏案例
（出品方 ASML）

4. 无彩色配色

无彩色系包括黑色、白色或由黑色、白色两色混合而成的深浅不同的灰色。由于无彩色系只有明度这一基本特性，因此可以和各种有彩色系搭配并获得很好的配色效果，同时黑、白、灰的使用能更好地突出有彩色系的色彩魅力。例如，清明节《悼念逝去的烈士与同胞》H5，如图 3.13 所示。

图 3.13 《悼念逝去的烈士与同胞》H5

扫描二维码欣赏案例
（出品方　今日头条）

5. 多元色配色

多元色是顺应时代发展趋势使用的一种高纯度、多彩色的色彩表现形式。这种作品的色彩表现大多常用跳跃、鲜明的色彩，用以体现年轻时尚、活力充沛的设计主题。例如，《倾心世界之旅 HG》H5，如图 3.14 所示。

图 3.14 《倾心世界之旅 HG》H5

扫描二维码欣赏案例
（出品方　荣耀）

6. 关注色彩流行趋势，在作品设计中及时引入流行色

如 2020—2021 年的 4 个色彩趋势为：霓虹渐变、轻量渐变、高饱和度色系、梦幻色 / 幻彩色系。强视觉冲击的渐变色被广泛应用在各个领域，包括宣传海报、综艺节目、游戏等，其中最为瞩目的是霓虹渐变，设计师通过将这种高饱和度的渐变色与暗色调背景结合，形成强烈的视觉冲击，突出主体，渲染氛围，使整个界面的色调更加活力化、年轻化，冲击感十足，呈现更加时尚、自由的氛围。流行色配色如图 3.15 所示。

图 3.15 流行色配色

一般界面的色彩搭配主要包括三种颜色：主色调、辅助色、点缀色，搭配比例分别为 6:3:1。即有 60% 的主色调，30% 的次要颜色，10% 的强调色。这个公式之所以有效，是因为它能创造出一种平衡感，让人的视线从一个焦点转移到下一个焦点，使用方法非常简单，又能营造舒适感，如图 3.16 所示。

图 3.16 色彩搭配比例

色彩在设计中的存在价值是无与伦比的，它具有“先于形象，大于形象”的特性。色彩的恰当运用必须体现人对色彩的情感心理与生理特点，每一种主题都必须运用符合该主题的色彩，独特的色彩运用会使画面效果出奇制胜。作品配色时也要考虑用户人群特点，针对目标人群进行配色选择。根据研究，男性、女性之间在颜色喜好上，有着明显的不同，并且随着年龄的增加而变化。男、女性色彩喜好倾向如图 3.17 所示。

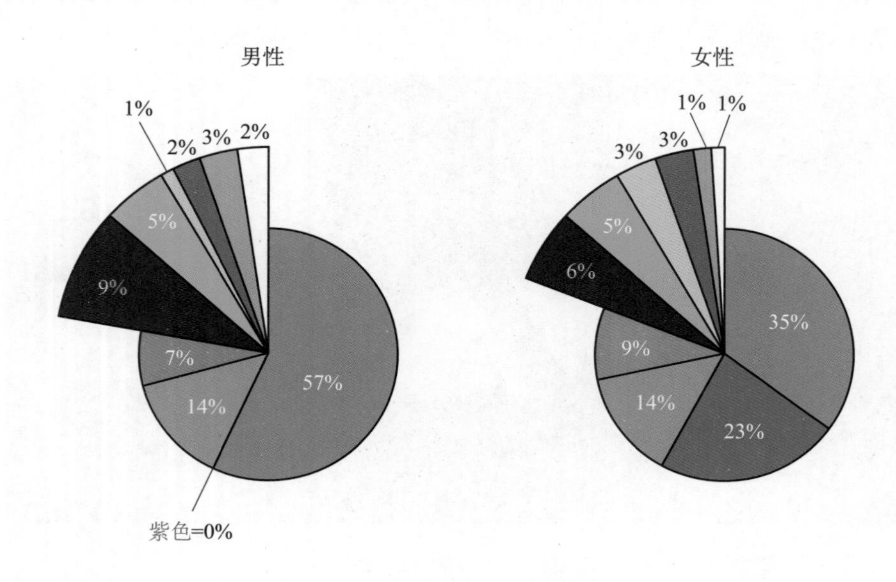

图 3.17　男、女性色彩喜好倾向

3.2.4　配色工具推荐

配色是个功夫活，需要反复练习。想要更好地掌握配色，除了多做训练、多向大师学习外，还可以借助一些实用的配色工具。通过这些工具，能比较好地做出适合主题的 H5 配色方案。

1. Adobe Color CC

Cohor CC 是 Adobe 公司为设计工作者打造的智能配色工具。虽然是 Adobe 出品的，但这确实是一款入门级的配色工具，在圈内口碑较好，可以很快在工具内找到成套配色，并直接应用到自己的作品中。

2. Behance

Behance 永远是设计师寻找灵感的最佳场所。它也有按颜色搜索的工具，所以当你想做视觉研究时，可以在网站上学习或参考其他设计师使用特定颜色的方案。

3. Kuler

Kuler 来自 Adobe 公司，它可以在桌面版的浏览器中使用。选定配色后可以立即将配色方案导出到 Photoshop 中，并在设计中使用。

4. htmlcolorcodes 中文版

这个网站就像配色领域的设计“导航”，集合了所有色彩知识和所有配色器的链接与介绍，包括教程与方法。

5. 设计导航——色彩库

这是非常实用的配色工具，该网站把平时常用的配色都做了整理和归纳，在网站中可以找到自己想要的配色，并且可以直接应用。

6. Paletton

Paletton 与 Kuler 类似，但不同的是，它不只限于 5 种色调。当你有了主色调，想要更多的色调时，Paletton 是一个有用的工具。

3.3　页面版式设计技巧

H5 界面与静态平面设计在版式上存在的差异，会对页面设计提出新的要求。

1. 画幅尺寸差异

我们使用的智能手机屏幕目前主流尺寸是 5.5 英寸，而从考量便携性的方向来说，手机屏幕也不便更大。对比平面设计常规的单页 A4 纸（接近 12 寸）来说，还不及 A4 纸的一半（见图 3.18），更别说大喷绘和海报了，这会直接影响 H5 单屏画面的呈现方式，排版不能过于复杂，元素相对平面纸媒设计要精简。

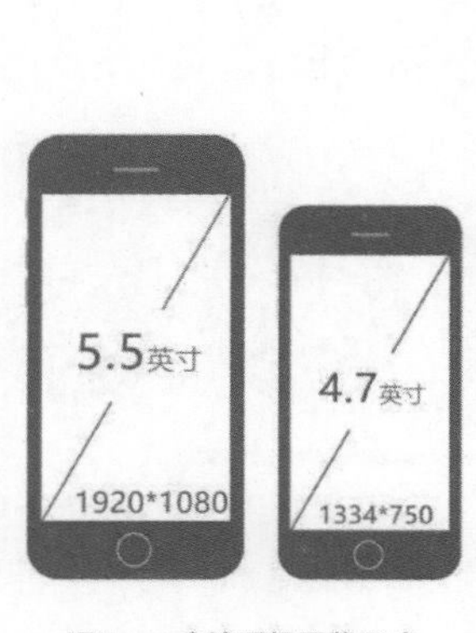

图 3.18　移动端界面与静态页面尺寸的差别

2. 阅读方式不同

不管是网页还是常规纸质媒介的设计实物，我们的阅读习惯基本上都会遵循从左及右的方式。因为手机屏幕尺寸的特性，H5 的画面常规阅读习惯却是从上及下的，并且内容带有动态性，会对视觉的牵引产生作用，这直接影响到了常规排版思路，如图 3.19 所示，阅读方式的改变和动态元素的加入是它与平面设计的第二个不同点。

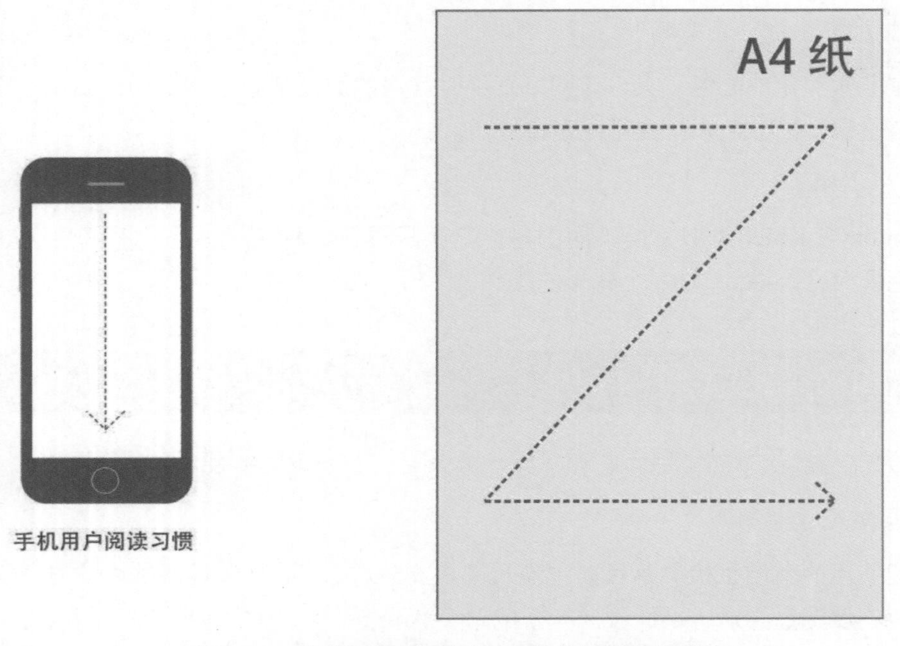

图 3.19　移动端界面与静态页面阅读视线的差别

3. 内容接收习惯不同

移动端的用户习惯和传统平面包括 Web 桌面端的用户习惯也不一样。传统阅读更倾向深度阅读，而移动端阅读利用碎片化时间，是一种浅阅读模式，在设计上应提高图版率。移动端界面与静态页面阅读模式的差别如图 3.20 所示。

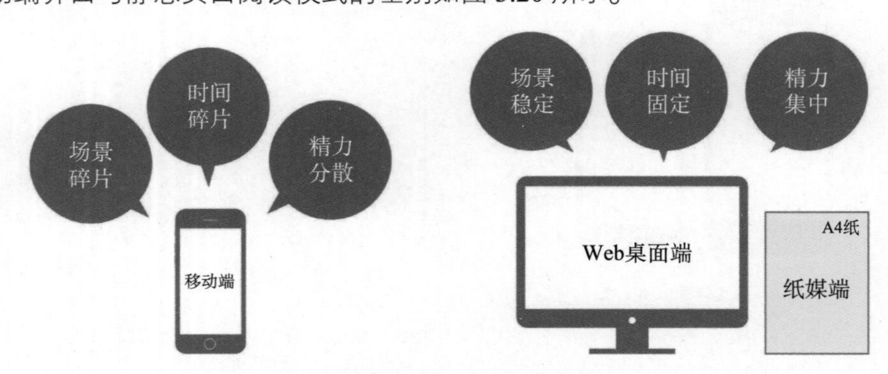

图 3.20　移动端界面与静态页面阅读模式的差别

3.3.1　创造画面焦点

由于 H5 只能在比较狭窄的手机屏幕内显示，所以适用的排版原则就要简单集中，将最想展示的元素放在画面中心位置，同时设计元素不宜过多，要保证视觉重心的突出。

视觉焦点的概念，简单来说就是让受众的视线多停留几秒的视觉元素，可以是一个道具，一个人物，一个动效，也可以简单到一块颜色等。第一时间吸引人眼球的那个元素，即和其他元素有着明显的大小、颜色、形状的对比的元素，可以称为“焦点”。能够让我们赏心悦目，吸引我们视线的视觉元素，是通过什么视觉手法塑造的呢？

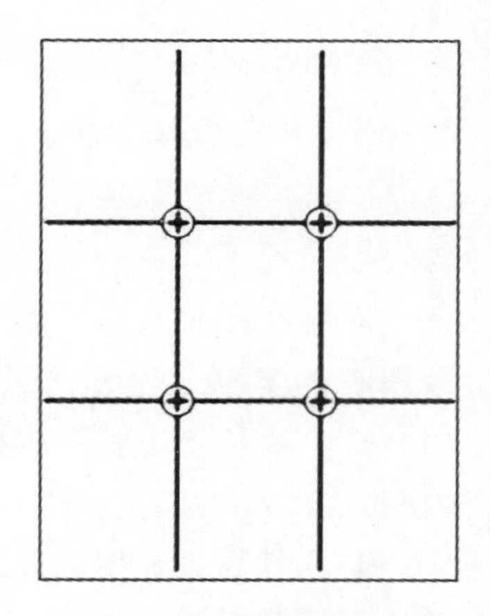

图 3.21　版式中的九宫格

九宫格构图法应该是最常见也是最基本的构图方法了。这个构图方法是把画面中的左、右、上、下四个边都三等分，然后将相对边线的点用直线连接起来，这样就形成了一个汉字的“井”，画面也就被分成了 9 个方格。构图时不要将视觉主体放在正中间，而是将其放在井字形的四个交叉点上，如图 3.21 所示。

视觉焦点还可以通过一些设计方法来表现。

1. 运用对比

根据页面内容可采用加强对比、放大或缩小某些元素处理，从而很好地吸引受众的注意力。如图 3.22 所示，将汽车的比例变得非常小，纸张的比例则显得特别大，创意类的设计采用这种反差比例的手法能较好地达到塑造视觉焦点的目的。

2. 运用破图

打破常规构图，通过叠加、穿插、出血等方式，也可以塑造视觉焦点。如图 3.23 所示，通过巨大的数字 13 占据了画面的空间，同时篮球巨星詹姆斯与数字 13 产生错位叠加的效果，用局部破图的形式塑造了视觉焦点，画面具备趣味的同时也多了互动性。

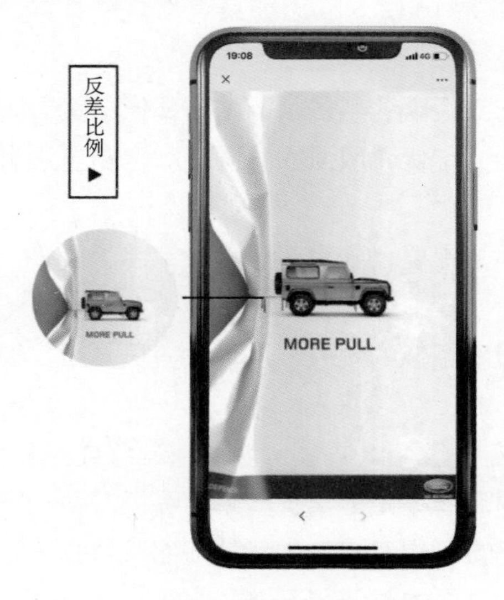

图 3.22　对比法构图

图 3.23　破图法构图

3. 运用视角

改变常规视角的表现，采取俯视、仰视，也能加强对视觉的冲击。《肖申克的救赎》主题海报采用了仰视的视角去表达，和电影主旨“有的人的羽翼是如此光辉，即使世界上最黑暗的牢狱，也无法长久地将他围困！”相通，诠释了自由崇高的概念，表达了对自由的向往与对黑暗的抗拒，如图 3.24 所示。

图 3.24　运用视角构图

H5 的页面设计中要人为地创造视觉焦点，增加画面的冲击感，从而更适合 H5 产品的浅阅读特性。焦点一定要非常醒目，画面焦点的数量也最好只有一个，以更有利于传播效果。

对于长图类 H5，画面要设计多个焦点，当用户在滑动长图时，眼睛的视线会跟随页面向下观看和移动并落在每页的焦点上。

3.3.2　页面中的图版率

在页面设计中，除了文字之外，通常都会加入图片或插图等更加直观的表现样式。这些视觉要素所占面积与整体页面之间的比率就是图版率。简单来说，图版率就是页面中图片面积的占比。这种文字和图片所占的比率，对于页面的整体效果和内容的易读性会产生巨大的影响。

当页面的整体全部都是图片的时候，图版率就是 100%。反之如果页面全是文字，图版率就是 0%。

同样设计风格下，图版率高的页面会给人热闹而活跃的感觉，而图版率低的页面则会传达出沉稳、安静的效果。提高图版率可以活跃版面，优化版面的视觉度。但完全没有文字的版面也会显得空洞，会削弱版面的视觉度。

有时在没有图像素材的情况下，因为页面性质的需要，要呈现出图版率高的效果，可以通过一些方法加以调整。

（1）通过对页面底色的调整，取得与提高图版率相似的效果，从而改变页面所呈现的视觉效果。

（2）如果素材图像尺寸小，却不想让图版率变低，可以通过色块（相近色或互补色）的延伸或是图像的重复来组织页面结构，避免素材资源不足的情况。采用和图片面积大小相同的色块可以保持界面的统一性与简洁性，使用户觉得有底色的背景和图整体是一张图片。这种重复排列、添加变化的方法能有效地避免页面的单调和无趣。

（3）合理地利用排版的节奏感及跳跃率也能间接优化页面的图版率。文字和图片的跳跃率，是指版面中最大标题和最大的图与最小正文字体和图片大小之间的比率。在版面设计中，图片或文字的跳跃率可以获得用户较高的注意力，让无趣的版面充满活力。另外，排版层次丰富，也可以区分文章的主次信息，让浏览更加轻松，并且提高版面的视觉度。

（4）增加页面中的图形也可以改善图版率低的问题。无论是数字、序号、角标、图标，甚至是视觉处理后的标题文字，都能提高页面的视觉度，并给用户留下活跃生动的印象。同时，图形作为一种更直观的传达信息的方式，也使人一眼就能快速获取信息，从效率上优于用文字表达时的逐行扫描。

3.3.3　制造画面的层次感

层次感即是在符合视觉合理性的基础上，把要强调或者要突出的主体与画面中其他元素进行区分的表达方法。通过对版面中元素的大小、远近、前后等多重关系处理，并运用色彩加以区分，可以使元素和主体在画面中具有一定的主次，人眼观看时会产生一定的视觉层次和心理变化。对设计师而言，可以通过技术手段对主体自身的层次感进行调整变化，使画面在传递的过程中更加具有视觉效果和层次变化。

H5 设计时，可以通过动效展现不同层级，排版时我们可以改变二维平面内的构图，即不限于 *X* 轴和 *Y* 轴的图片、文字平铺排列，而加入 *Z* 轴元素，增加空间感，如图 3.25 所示。

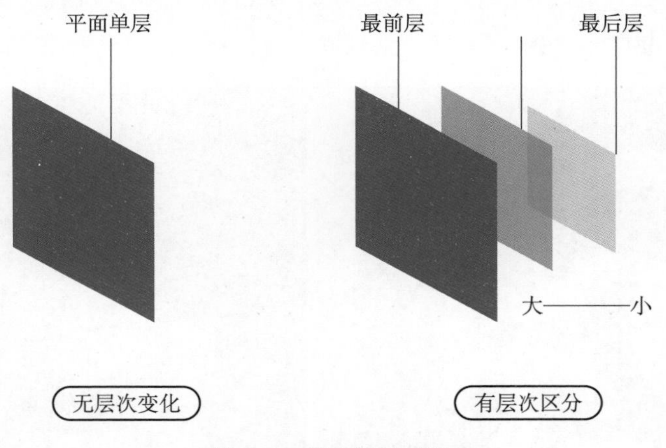

图 3.25　页面层次变化

任何一个版面或界面都存在着不同层级、不同组织结构的内容和元素，内容版面层级的设计规划原理和视觉层次的设计规划原理是一样的，具有主次之分。H5 排版设计时，设计师应该把这种客观存在的层级关系用编排的手段合理地表现出来。

在设计中通过大小对比、文字效果、色块等的方法来处理分级效果。比如哪些字应该大一些，哪些字应该小一些；哪些色块要重一些，哪些浅一些，……做好版面层级的区分，能有效提升文本、图片等元素的表现力，营造清晰明了的界面设计，可以使内容更容易阅读，如图 3.26 所示。

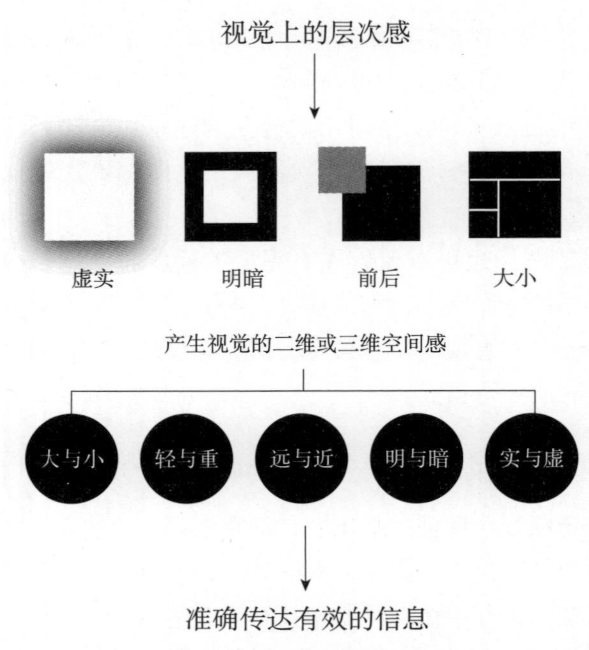

图 3.26　营造页面的层级

在使用相同元素进行编排的时候，将画面中的主体自身进行变化，也是塑造层级感的一种方法。如图 3.27 所示，左图中实心的线条没有做任何的修饰和变化，而右图则把主体处理成具有强烈层次感的形式。主体自身的变化可以为整个画面增添不少视觉效果，对于页面层次变化也是不可忽略的。

图 3.27　增强层次感

层次感的作用包括：强调重点、突出主题；提升画面的视觉表现力；丰富画面建立主次关系；平衡单调与花哨；让画面更加生动真实；多变形式，层次清晰。

H5 页面排版时，首先确定页面的视觉焦点并作为页面的视觉重心。但只有视觉重心，页面也会显得单调，所以要在页面上加上辅助部分也就是画面次要部分，使得页面变得丰富。在此基础上，进一步深化页面，为页面加上点缀部分，使画面变得更加饱满，如图 3.28 所示。

图 3.28　界面中的层次感

3.3.4　H5 页面的节奏感

一支好的 H5，不仅在单个页面上是有层次感的，浏览整支 H5 时，还需要让用户体验到每个页面的变化，这样整支 H5 就不会显得呆板和乏味了，这要求我们设计时要考虑 H5 的节奏。

什么是节奏？节奏是自然、社会和人的活动中一种与韵律结伴而行的或有规律或无规律的变化。用反复、对应等形式把各种变化因素加以组织，构成前后连贯的有序整体即节奏，节奏也是艺术设计类作品中常用的表现手段。

强调节奏在生活中屡见不鲜，有节奏感的音乐才是好音乐，有节奏感的电影才能体现剧情的跌宕起伏，H5 设计同样也需要体现作品的节奏感。H5 元素的有机组合，能够控制和调动受众的情绪，为受众构筑多彩的审美空间，得到连续畅快的感官享受。

一支 H5 怎么才能设计较好的节奏体验呢？

我们以一部 90 分钟的电影为例，每一部商业电影一般至少要给观众安插两个情节“高潮”，这样的“高潮”一般会出现在电影开始后的第 10 分钟和第 80 分钟左右。这种节奏设计能非常好地调动观众的情绪，吸引观众关注电影接下来的内容，如图 3.29 所示。

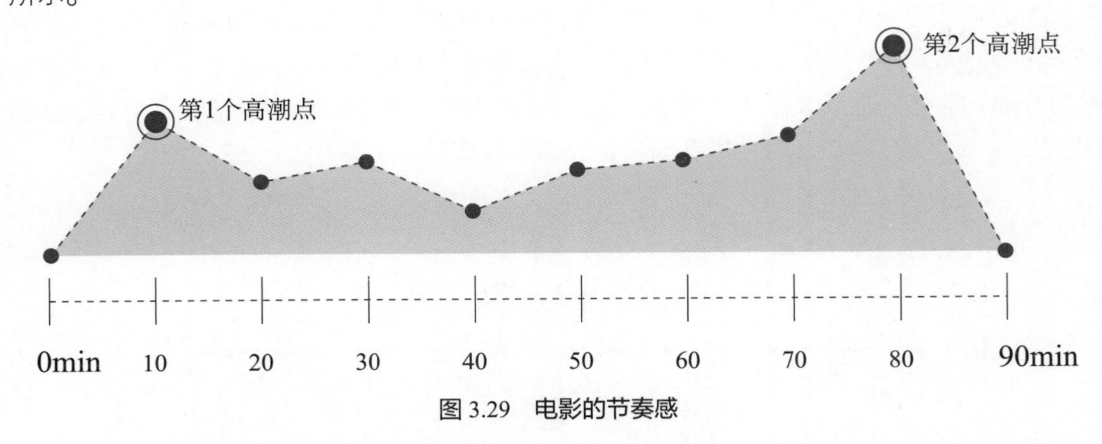

图 3.29　电影的节奏感

而一篇吸引人的文章或小说也需要有“起承转合”的结构框架，会经历叙述—产生矛盾—解决矛盾—最后收尾的过程，是一种隐形的节奏设计。那些在朋友圈刷屏的推文或小说中都有巧妙的节奏设计，而 H5 和它们一样，如图 3.30 所示。

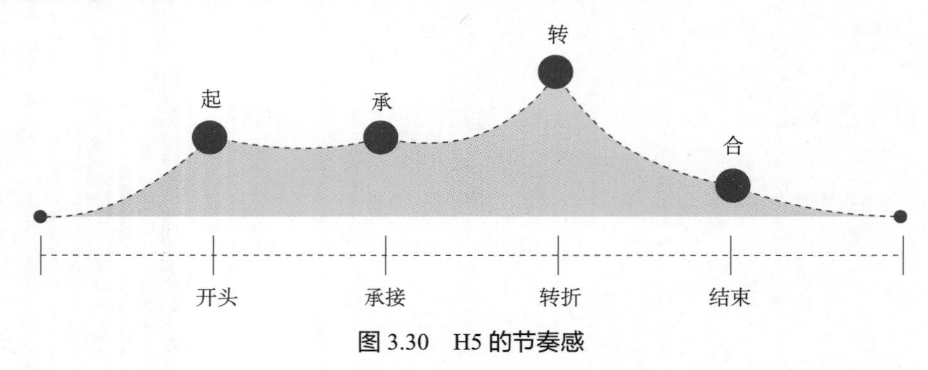

图 3.30　H5 的节奏感

如果所设计的 H5 是一组以翻页的方式来进行展示的内容，我们完全可以借鉴电影和小说的叙事方式，通过创造节奏感来达到吸引用户注意力的目的。常规的 H5 节奏，设计师会把第一页设计得很华丽，而在后续的内容制作中，像流水账一样，随着浏览页面的越来越多，这种“高起低走”的节奏会让观看者的情绪和注意力越来越低，如图 3.31 所示。

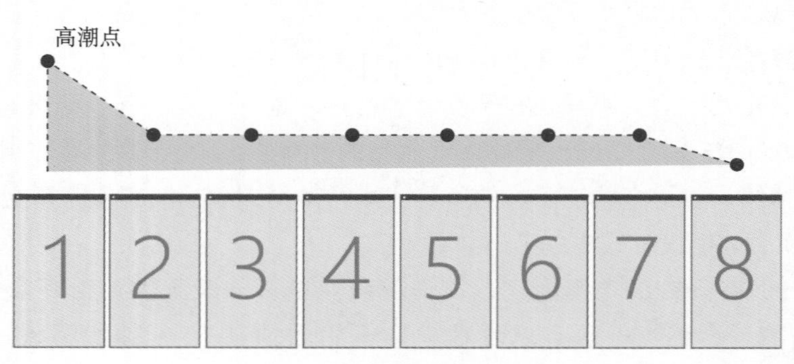

图 3.31　高开低走的节奏感

当你带入节奏感的思考后，就会把“起承转合”的设计方法运用到 H5 的设计中。第一屏设计时，只是作为引子，简单的导入，把更复杂和精致的内容放在第二屏，中间部分是对故事的叙述，最后又有一个高潮。这样 H5 的节奏，能把观看者的情绪调动起来，如图 3.32 所示。对带有叙述性的内容来说，节奏具有隐形的感染力。

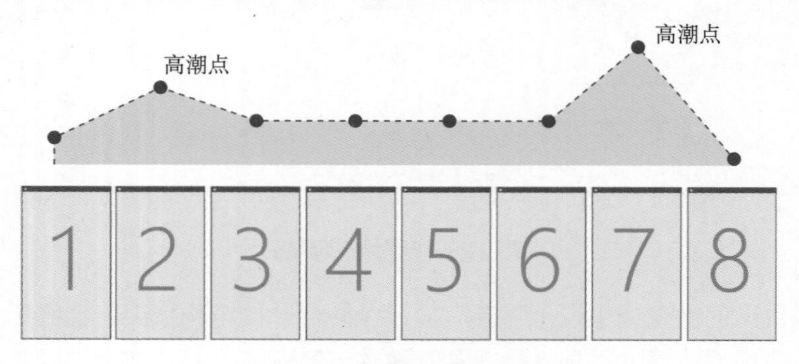

图 3.32　理想的 H5 的节奏感

H5 除了作品整体的节奏感，每个页面也有节奏，可以通过色彩、文字及图片的变化来控制页面的节奏。

（1）色彩是一种极为有用的调节节奏的工具，色彩通过色相、纯度、明度三大要素的搭配变化，不断地对观众的感官进行刺激，培养每个页面的气氛与节奏感，使观众在整体浏览中被页面吸引。

（2）文字是设计中必不可少的视觉表现元素，文字通过大小、字体、前后、风格等编排解析和传播文本的内容。合理编排的文字有力地推动了设计风格塑造及设计情感传达，不同的编排、对齐、组合等形式都会直接影响作品的展示性和节奏感。

（3）图片在设计中起着很直观的表现作用，其效果胜于文字。图片给文本提供了视觉对比，有利于吸引观众的注意力。图片不仅起着传递信息的作用，也调节着页面的活跃度，好的图片能使观众从中获得美的享受和舒适的韵律节奏。

节奏表现手段所唤起的直接效果，可以大致概括为速度、力量、紧张、松弛、宁静等。在 H5 设计中，通过各种元素的排列、色彩、大小、繁简的对比差异变化，营造或宁静或躁动的体验，调动观众的情感，让观众保持足够的阅读兴趣。节奏也可以创造一种视觉上的熟悉度，即使阅读暂停下来，再开始的时候，也可以根据节奏的规律回忆唤起阅读的内容，从而起到承上启下的作用，更好地帮助观众理解作品内容。

3.4　文字设计

文字设计包括文字排版、文案设计、字体设计、具体描述等多方因素。字体应用得好，整个画风都会改变。与杂志、海报、网页等媒介一样，H5 也是由文字和图片等基本元素构成的。字体排版极大程度影响着整个 H5 作品的视觉效果，要特别引起关注。

3.4.1　标题设计

标题是整个画面最重要的信息点，在页面中充当视觉焦点，一般以一级信息的重要性存在。标题设计在 H5 中非常重要，对初学者来说，需要在标题设计时运用一定的方法和技巧，才能做出理想的设计。

1. 标题的空间

一般而言，标题需要看上去比较醒目、字体都比较大。在移动端设计时，标题一般要设计在一个方形的区域，以适应手机相对于纸媒而言更狭长的尺寸。H5 的标题文字一般控制在 8～16 个字为最佳。字数太少会不容易做出变化，字数太多在一个方形区域又很难排版。

2. 标题的层级

在设计标题时，如果直接把标题放在方形位置，虽然醒目但往往会显得很呆板。因此，我们需要对标题做一些必要的设计。比如，可以调整标题的字间距，从而使得标题变得更醒目。也可以让主标题和副标题有一个明显的反差，比如调整主副标题文字的大小、笔画的粗细，从而在一个标题中营造视觉层次的变化，同时还可以在标题上添加一些装饰元素，比如图案、色块、装饰线条等，标题的层级就会变得更丰富，如图 3.33 所示。

图 3.33　H5 标题的处理（醒目的、变化的、有装饰的、与背景反差的）

笔画粗细的调整在塑造字体的丰富性上也起到很重要的作用。字体粗细处理原则一般为：

- 横细竖粗，横笔细竖笔粗可以在视觉上营造稳定感。
- 主粗副细，多笔画的字切记平均等粗，应主次分明，主笔粗，副笔细。
- 外粗内细，内包的字一般都以外粗内细的方法来处理。
- 疏粗密细，对疏密不均匀的组合字，需采用疏粗密细的方法做加减法，要做到密不拥挤，疏不稀薄感。

3. 标题与图形

为了让标题美观，还可以在标题设计时加入辅助图形，可以把标题中的某个文字、某个词语的信息转化成图形。这样细微的变动，就会让标题显得更加有趣和生动。

4. 标题与背景

设计好的标题直接放在背景里，如果看上去比较凌乱，可以尝试为标题增加阴影、底色或投影，这样可以让标题与背景产生距离，从而和背景分离。也可以为背景图加一个透明蒙版，使得背景更为统一和整体，从而使得标题更为突出和醒目。

3.4.2　正文设计

作为移动端产品，H5 在正文设计时，不建议堆砌大量文字，但需要文字传达的信息，还是要清晰地展现出来，才能带给用户舒适的阅读体验。

1. 文字排版

为满足用户碎片化的阅读方式，H5 要尽量避免过多文字的堆砌。当内容无法删减，我们能做的就是通过工整的版式，让阅读更轻松。比如，通过断句、分行的方法，让文本段落看上去更优雅，如图 3.34 所示。

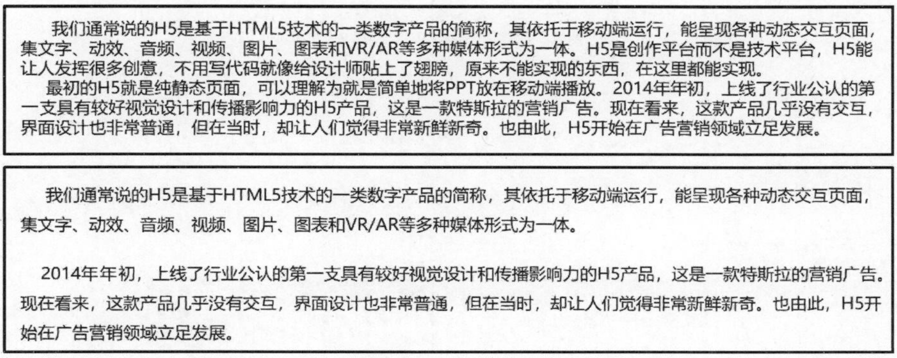

我们通常说的H5是基于HTML5技术的一类数字产品的简称，其依托于移动端运行，能呈现各种动态交互页面，集文字、动效、音频、视频、图片、图表和VR/AR等多种媒体形式为一体。H5是创作平台而不是技术平台，H5能让人发挥很多创意，不用写代码就像给设计师贴上了翅膀，原来不能实现的东西，在这里都能实现。
最初的H5就是纯静态页面，可以理解为就是简单地将PPT放在移动端播放。2014年年初，上线了行业公认的第一支具有较好视觉设计和传播影响力的H5产品，这是一款特斯拉的营销广告。现在看来，这款产品几乎没有交互，界面设计也非常普通，但在当时，却让人们觉得非常新鲜新奇。也由此，H5开始在广告营销领域立足发展。

我们通常说的H5是基于HTML5技术的一类数字产品的简称，其依托于移动端运行，能呈现各种动态交互页面，集文字、动效、音频、视频、图片、图表和VR/AR等多种媒体形式为一体。

2014年年初，上线了行业公认的第一支具有较好视觉设计和传播影响力的H5产品，这是一款特斯拉的营销广告。现在看来，这款产品几乎没有交互，界面设计也非常普通，但在当时，却让人们觉得非常新鲜新奇。也由此，H5开始在广告营销领域立足发展。

图 3.34　段落排版格式

页面的文字量一定要尽量压缩。当文字太多时，应尽量删减，如果无法删减，一般需要将文字分散到更多的页面中去，这样更方便阅读和观看。如果有特别多的内容要展示，而且真的无法删减的话，建议将文章单独做成一篇适合阅读的外链文章。例如，一篇公众号的微信推文，通过 H5 外链去看。

2. 字体和字型

字体过大会显得粗糙，建议可选择带有衬线的字体，令文本质感更佳，如图 3.35 所示。

普通的Mugeda平台

有衬线的Mugeda平台

图 3.35　无衬线字体和有衬线字体

在 H5 中除了标题类文本外，其他内容的字号更小一点，会显得更精致和高品味一些，前提是足以辨认。不管文字量的多少，H5 正文的文字最好用同一个字号。字号大小一般在 14～20px 之间，Mugeda 编辑器中正文建议字号设为 18px，行距为 1.5 倍，效果如图 3.36 所示。每行文字量控制在 20～28 个字时，内容阅读起来是比较合适的，用户的阅读体验也是比较舒适的。

Mugeda是专业级HTML5交互动画内容制作云平台，拥有业界最为强大的动画编辑能力和最为自由的创作空间。你的创作灵感像梦一样自由，Mugeda帮你把它完美的实现！

Mugeda是专业级HTML5交互动画内容制作云平台，拥有业界最为强大的动画编辑能力和最为自由的创作空间。你的创作灵感像梦一样自由，Mugeda帮你把它完美的实现！

图 3.36　字号与行距

同一个 H5 内千万别使用超过 3 种字体，字体风格要统一，如图 3.37 所示，一个界面上不要一会用卡通手绘字体，一会又用毛笔字体……

图 3.37　字体风格

古典风、山水风、中国风的 H5 设计，主标题选择线条更流畅平滑的手写字体，能更贴合画面意境，如图 3.38 所示。

图 3.38　中文手写体样式

用大字海报的形式来呈现信息，利用 H5 的图层关系让图文元素前后穿插，也会得到非常不错的排版效果，如图 3.39 所示。

图 3.39　海报字体样式

字体大致分为三大类：印刷体、手写体和装饰体。我们常见的英文字体 Times、Times NewRoma 及中文字体中的方正大标宋等字体就属于衬线字，而像 Arial、helvetica、方正兰亭黑体、方正大黑体等就属于无衬线字。

在选择 H5 字体时，衬线字的装饰性比较好，风格也相对强烈，但如果文字字号较小的话，会导致文字辨识度变低，影响阅读。因此，在做文字标题和一些单纯装饰性文字的时候，可以按照风格适当选择衬线字。但需要注意的是，在做文字标题的时候，因为内容较为主要，则不建议使用一些太复杂的衬线字体。

每一种字体，至少都有一种适合自己的最佳状态，这个状态包括字体的字号和消除锯齿的选项。其中，在 Photoshop CS6 之前的版本中消除锯齿选项一般分为：无、锐利、犀利、浑厚、平滑，而 CS6 之后，增加了 window 和 window LCD 两项，在最佳状态下是最清晰的，锯齿也是最少的。而字体在不合适的状态下，文字的外观与易读性都会受到一定的影响，可以通过对文字进行缩放找到最佳状态。

在文字排版时我们需要注意：

- 文字周围不宜有过多的装饰，以免导致画面过于复杂，影响阅读。
- 文字呈现位置不宜空间过于狭窄。
- 文字与背景需有较强的对比度，否则易读性就会受到很大的影响。当文字过多或文字过小时，用户阅读文字觉得很困难，甚至会直接忽略掉文字。

H5 文字排版要点总结为：精炼的文字；合理布局和优化文字排版方式；舒适的行距

间隔；选用适合的字体；处于最佳状态，平顺无锯齿的文字。

3. 字体色彩的选择

正文字体最好不要使用彩色，一般选用没有色相的黑、白、灰，它们比较容易和背景搭配。当页面采用的是深色背景时，我们可以使用白色的正文；当页面采用的是浅色背景时，我们可以使用黑色或灰色的正文。

在 H5 配色中，要符合用户碎片化的阅读习惯和 H5 社交化传播特性，强化色彩的作用，一般要注意以下几个原则。

- 对比：通过有效地使用对比可以使内容更加清晰从而让阅读变得轻松。好的对比，一般会采用色彩的两极，如白与黑、淡蓝与深蓝、高亮与低亮，如图 3.40 所示。

图 3.40　字体对比样式

- 界面中的明与暗：在一些情况下，需要根据品牌或可用性来权衡 UI 的明暗。当外界环境变得昏暗时，界面可以自动切换到暗色的阅读模式，如图 3.41 所示。

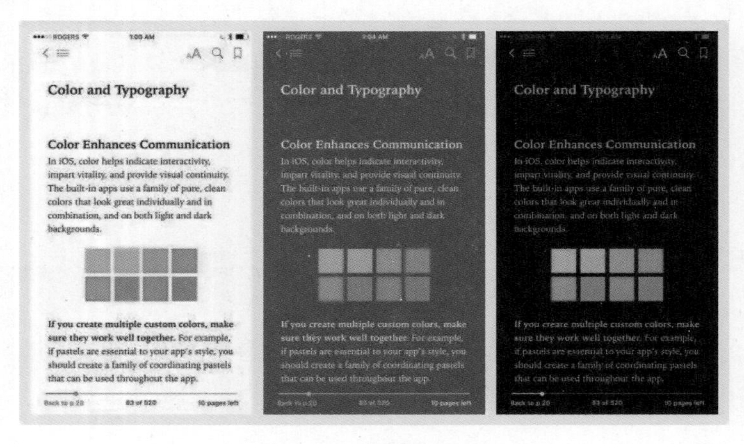

图 3.41　界面明度样式

- 明亮界面的配色原则：内容应该比背景明亮。通过亮度的对比，可以使想要突出的内容轮廓更加清晰易读。
- 不要过度使用颜色。颜色总可以抓住人们的视线，但过度使用会让人们忽视主体内容。因此，仅在需要进行突出提示的地方，如重要的按钮及需要突出的状态时使用颜色。避免使用平均的白色，90%～100% 的白色最为适中，如图 3.42 所示。

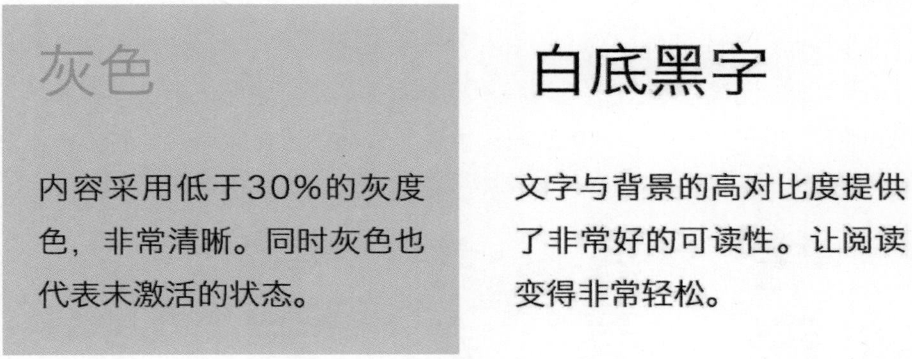

灰色

内容采用低于30%的灰度色，非常清晰。同时灰色也代表未激活的状态。

白底黑字

文字与背景的高对比度提供了非常好的可读性。让阅读变得非常轻松。

图 3.42　字体明度对比

- 暗色界面的配色原则：不要使用纯黑，那样很难看到细节，另外与白色的对比会显得对比度过高。如果你必须要使用黑色，那么请选择使用暗灰作为替代，这样可以消除过高的对比度。当使用蓝色时要避免同时使用同明度的灰色，深蓝与蓝色更相配。

4. 字体的装饰

正文字体的装饰不必过分抢眼和繁复，要能起到较好的辅助作用，同时不会干扰阅读就可。在字体选用上，尽量少使用花哨的、复杂的字体，特殊字体、宋体等有衬线字体也不太适用正文字体。一般苹果丽黑、微软雅黑、思源黑体和兰亭黑体这些字体设计比较简约，又有粗、中、细等各种款式，是成套的、成系统的，比较适合作为正文字体。

5. 文字动效

动效无高低贵贱之分，合适就好。在不是很确定的情况下，建议尽量少用左飞入或右飞入这种跳跃性很大的动效。如果字符较多，为使用户获得较好的阅读效果，也建议少用动效甚至不用动效。

- 基础动效，渐现、弹入、放大、缩小、飞入等这些动效都归为基础文字动效。基础文字动效可以直接用木疙瘩编辑器自带的动效或动画组件实现。
- 打字机动效，打字机动效是经典的文字动效，各平台资源库里都有成熟的模板。
- SVG 路径动画，SVG 动画具有轻巧、超强显示等优点，也常应用在文字路径动画上，使得视觉灵动或者酷炫。可以使用软件绘制矢量图，然后导入到木疙瘩编辑器中进行相应动效设置。

- 序列帧动画 /gif 动画，稍微复杂的文字动效，比如闪电字、水波字等，大部分是序列帧动画 /gif 动画。对于这类稍复杂的文字动效，大家可以在 AE、PS 等软件里先设计好，然后导出为序列帧或者 gif 动画，最后插到木疙瘩编辑器。序列帧动画相对 gif 动画，具有可交互和加载效率高的优点。

6. 文字的节奏感

在视觉设计中，文字往往能成为设计作品的焦点，也是视觉传达最直接的方式。通过文字的大小、明暗、粗细、疏密、主从等对比、排列，形成文字的节奏与韵律。而文字的节奏如果和整支 H5 的节奏是协调的，将大大提升作品的整体效果。同时，不同字体本身所传达的节奏也不相同，所以要为作品找到节奏调和的文字，如图 3.43 所示。

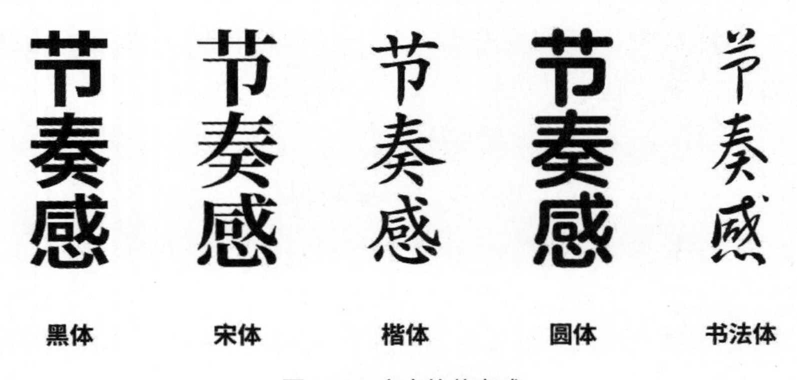

图 3.43　文字的节奏感

本章小结： 本章主要介绍了 H5 融媒体产品视觉设计的一些规范与设计技巧。首先介绍 H5 页面的设计尺寸、响应式特征、建立页面的安全区理念等。在 H5 色彩设计部分，介绍了色彩的氛围营造、色彩的情感表现、色彩的配色方法及色彩配色工具的推荐。在页面版式设计技巧部分，分析了移动端设计与静态纸媒设计的差别，以及在移动端版式设计中如何创造画面焦点、图版率的概念、画面的层次感、画面的节奏感等。最后部分，介绍了 H5 中的文字设计，包括标题、正文、字体的色彩和动效及字体的节奏感等视觉元素的设计。通过本章学习，学生开启了完成一支优秀 H5 作品的良好开端。

习题：

1. 简述像素、像素密度及倍率的定义。
2. 当 H5 主题确定后，应该从哪几个维度进行色彩配色？
3. H5 设计中如何来营造画面焦点、画面的图版率、画面的层次感和节奏感？

---

① 苏杭 . H5 移动营销设计宝典 [M]. 北京：清华大学出版社，2017 年 .

② 转自微信公众号，作者小呆、H5 设计中的节奏感，2018 年 .

第 4 章

交互、动效、动画与声音的设计

第 4 章微课

学习要点：不同于传统互联网产品“有用—能用—好用”的评价体系，融媒体产品用户从使用开始，就对产品体验非常重视。也就是说相比其他类型的互联网产品，融媒体产品用户会更多地在无明显任务或目的时去体验产品。融媒体产品的设计初衷就是通过为用户创造或独特、或惊喜、或快乐的体验历程，吸引用户的注意力与参与性，通过用户社交分享从而形成传播裂变，因此融媒体产品的用户体验成为产品设计的重要评价标准。

“用户体验”这个词最早被广泛认知是在20世纪90年代中期，由设计师唐纳德·诺曼（Donald Norman）提出。它被定义为“一个良好的产品能同时增强用户心灵和思想的感受，使用户拥有愉悦的感觉去欣赏、使用和拥有它”。

对融媒体产品而言，要加强用户体验的满足感，不仅要遵循通用的用户体验原则，如有用性、效率性、易学性、容错性、吸引力等，更需要在交互、动效、动画、音效等细节设计上，精益求精、独具匠心，才能在纷繁杂乱的产品海洋中脱颖而出，打动用户。

4.1 产品中的交互设计

20世纪80年代中期，比尔·莫格里奇（Bill Moggridge）和比尔·韦普朗克（Bill Verplank）着手设计了第一台笔记本电脑GRiD Compass。他们为自己所做的工作创造了“交互设计”一词。

百度百科的解释为“交互设计是定义、设计人造系统的行为的设计领域，它定义了两个或多个互动的个体之间交流的内容和结构，使之互相配合，共同达成某种目的。”通过交互，用户不仅可以获得相关资讯、信息或服务，用户与用户之间或用户与产品之间也能相互交流与互动，从而碰撞出更多的创意、思想和需求等。交互设计在数字内容产品中不仅提升了效率与易用性，更为用户提供了快乐和有趣。交互设计与UI设计的区别，如表4.1所示。

表4.1 交互设计与UI设计的区别

对比内容	交互设计	UI设计
关注点	用户体验、心理层面	
关键词	用户、解决问题、爱、心理学、成就、目标、便捷、情绪、效率、访谈、数据	导航、菜单、列表、弹窗、文本、图标、颜色、渐变、按钮、不透明度、投影
产出	流程图、信息架构、原型图等	界面设计稿、设计规范等
界面	界面上的内容、跳转逻辑	界面的样式、跳转效果
需要技能	沟通、分析、逻辑思维等	配色、排版、设计规范等

我们在本章提到的交互设计指人与终端有了接触并产生操作、互动的整个合集。交互设计师的工作是在理解用户的期望、需求、动机和使用情境的基础上，充分了解商业、技术及行业的机会、需求和制约，并以上述知识为规划要素来创造产品，让产品的形式、内容、行为可用、易用，令人满意，无论是经济上还是技术上均切实可行。交互设计力求让各个层面的用户以最低的学习成本学会如何使用产品，并获得顺畅、愉悦的使用体验。

在一个产品启动后，交互设计师首先要协同产品经理确定目标，包括产品目标、设计目标和体验目标。产品目标通常指通过需求或者功能的设计，达到某些业务的目的。设计目标是在产品目标的基础上，按照用户现阶段的经历，设计用户能够接受的产品形式。体验目标指在设计目标的基础上，用户通过使用该产品，所获得的感受总和。

交互设计师可通过用户体验地图、用户画像、用户调研（线上、线下、电话调研等），来了解用户真正的需求。

通过用户调研，需要解决以下几个问题，从而得出设计策略。

- 你的目标用户是谁？你的设计是为谁而设计的？
- 你可以为用户解决什么问题？
- 有哪些策略可以帮用户解决这些问题？

例如，调研后某游戏的视觉设计策略，如图 4.1 所示。

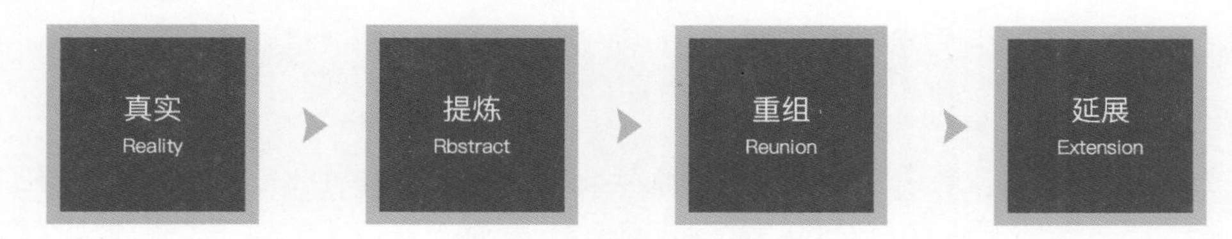

图 4.1　某游戏的视觉设计策略

互联网产品的设计不是单纯地造物，需要更多地关心人与产品、系统、环境的关系。通俗地说交互设计师的工作就是处理现实生活中，人与外界（如手机、PC、平板电脑、智能手表、VR 眼镜、汽车智能显示屏、无人车、自助快递机等）在一定场景下操作而发生的连锁反应，因此交互设计师必须全面了解目标用户。

每个产品面对的目标用户都是不一样的，设计师在设计的时候需要思考产品（APP、小程序、H5、PC 的 Web 页面等）针对的是哪些用户，然后分析目标用户，了解他们使用产品的习惯，站在他们的角度去思考。当有了这样的思维后，接下来就要解决任何一个用户在面对一款产品时的 3 个问题，如图 4.2 所示。

图 4.2　产品设计思路

要解决上面的问题，一般会通过绘制交互稿来完成流程。交互稿的绘制会经历草稿、初稿、成稿三个阶段，软件可以选择 Axure、Sketch、XD、墨刀、Protopie 等。一般而言 Sketch/Axure 使用得最多，两者各有优势。Axure 版本更新比较快，支持多种快捷键操作、样式编辑丰富、页面布局也比较简洁美观，支持高保真原型制作，网上也有很多项目的原型分享、组件库分享，对于项目的原型制作效率提高很有帮助。而 Sketch 插件多，软件运行快，可以直接与其他动效软件协同制作高保真原型，其缺点是只支持 Mac。XD 作为 Adobe 家族软件，是原型软件界一颗冉冉新星，原型功能越来越完善，线上可用的组件和插件资源也越来越多，相信未来也会成为像 PS、AI 一样强大的工具。界面制作与 PS、AI 类似，源文件可直接导入使用。

4.1.1 H5 中的交互设计

H5 作为移动端高效、即时、传播广的融媒体类产品，交互设计时要注意符合移动端的交互原则。首先要降低阅读门槛，减少认知成本，同时也要在设计上注意简化页面层级，使 H5 结构扁平化。

结构扁平化是交互设计在移动端上常用的手段，任务层级越浅的 H5，反而越能引导用户看到更多内容。H5 页面层级减少，交互步骤也会减少，无疑会让用户的使用效率提高。移动端由于设备本身的限制，没有足够的空间来展示路径。如果没有清晰的层级关系，或者需要进入层级更深的页面才能找到用户想要的信息，会让用户迷失方向，其解决措施有以下几个。

1. 内容并列

内容并列可以减少层级，设置导航可以实现内容切换，在页面中设置带有引导的提示按钮，如“下一步”提示用户 H5 进程。腾讯公益《小朋友画廊》就属于左右滑动切换，手指滑动即可选择不同画作（见图 4.3）。网友每购买一幅这些小朋友的画作，就会向募捐机构捐一份钱。根据官网数据显示，仅半天时间一共有 581 万人参与捐款，共筹得 1502 万元。

图 4.3 《小朋友画廊》H5

腾讯大数据显示，大多数用户习惯滑动切换，放置在左边的按钮点击率较低。

2. 浮层弹窗和模态页面

浮层弹窗和模态页面设计在移动端也大量被使用，这种交互方式能够简化产品结构的层级，因为浮层弹窗和模态页面设计不能算打开一个新页面，而只是在当前页面展示额外内容。例如，《闻声识改革》H5 如图 4.4 所示。

图 4.4 《闻声识改革》H5

扫描二维码欣赏案例
（出品方 快手 × 央视新闻）

点击中心图片即可弹出半透明模态化的介绍信息页面，既展示了内容详情，又没有打开新页面增加层级。

3. 减少点击

比起“点击”的交互手势，“长按”一镜到底方式操作更简单。用户可以通过长按按钮来控制阅读节奏，大量丰富的内容只通过一个按钮便能轻松展示。例如，《40 年光阴的故事》H5，如图 4.5 所示。

图 4.5 《40 年光阴的故事》H5

扫描二维码欣赏案例
（出品方 人民日报 × 有道）

影响用户看完 H5 的因素太多了，如外在的流量、硬件设备和内在的内容质量等，但优秀的交互设计在很大程度上决定了用户的观看体验。

对于 H5 而言，简单不需思考的交互操作是基本的要求，炫酷好玩的交互是必不可少的加分项，我们把交互拆解为以下三个方面：

（1）操作指引动效。首页的 H5 主题交代清楚之后，首要的就是引导用户去下一步的标签选择页面，所以按钮一定要在最舒适的点击位置，且有最明显的操作提示，按钮呼吸缩放动画提示是一个不错的选择。

（2）交互转场动效。界面转场元素的连贯性和界面元素的进出场动画，能让界面更加流畅连贯，操作体验感更佳。

（3）标签选择页标签翻动动效。标签选择页是整个产品最核心的交互部分，在满足易用性的基本操作交互要求上，还需要增加一定的操作趣味性，给用户带来惊喜的交互动效，比如标签 3D 景深旋转翻动操作方式，点击选择趣味动态反馈。

4.1.2　H5 交互方式

最初的 H5 展现形式，很像手机上的 PPT，只支持点击、滑动这些基础手势操作，以内容展示为主，交互形式为辅。随着 H5 产品的爆发，H5 的玩法有了质的突破，不仅交互形式超多，形式与内容也越来越紧密结合，产生“1+1 大于 2”的效果。下面介绍 H5 交互手势。

1. 点击交互

点击是最常见的手势之一，可以用在页面转场上。这种交互手势，一般需要设置点击引导。引导可以作为注释帮助用户理解 H5，让用户跟着 H5 的思路行动，推动剧情发展。与主题相符的个性化的引导设计，能快速将用户带入情境。点击手势也常用在测试类 H5 上，网易哒哒的《测测你的哲学气质》，用户点击屏幕选择不同选项，可生成专属测试结果，如图 4.6 所示。

图 4.6　点击交互案例——《测测你的哲学气质》

扫描二维码欣赏案例
（出品方　网易新闻）

《带上“希望的种子”去北京》H5，把信息装在行李箱中，用户点击行李箱可以查看每个人大代表提出的建议，如图 4.7 所示。

2. 连击交互

连击交互主要应用在游戏类 H5 中。连击屏幕的节奏感比较强，关联点击次数与积分

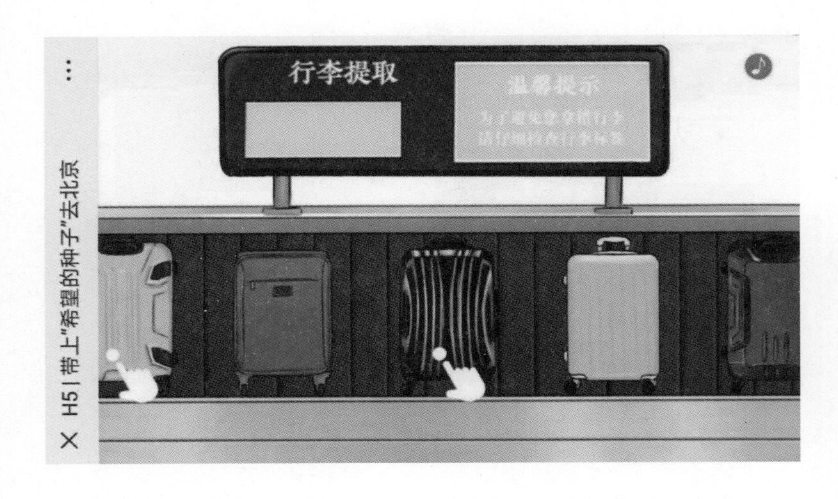

扫描二维码欣赏案例

图 4.7 《带上“希望的种子”去北京》H5 界面　　　（出品方　湖南省委宣传部）

排名，则会带有竞技性，能刺激分享、吸引更多人参与。这种单一的交互方式操作比较简单，所以会搭配限时、限次等玩法。

网易新闻的《漫威电影十周年》H5 设计了一个“揍”灭霸的环节，用户需要猛点屏幕，记录 10 秒内“揍”灭霸的次数。10 秒结束后，用户可看到连击的次数和自己全网排名，如图 4.8 所示。

图 4.8　连击交互案例——《漫威电影十周年》

扫描二维码欣赏案例
（出品方　网易新闻）

《穿越中国 70 年》H5 是网易哒哒出品的一支“庆祝新中国成立 70 周年”的视频类 H5。其中“为祖国点赞”环节需要用户连击屏幕，每点击一次记为一分。连击时产生的爱心特效会变色，画面给用户以新鲜感。点赞创意来自短视频点赞，交互手势是用户熟悉的形式，有利于带动为祖国“打 call”的积极情绪，增强体验感和沉浸感。用户浏览 H5 后纷纷感叹“如果奇迹有颜色，那一定是中国红！”，如图 4.9 所示。

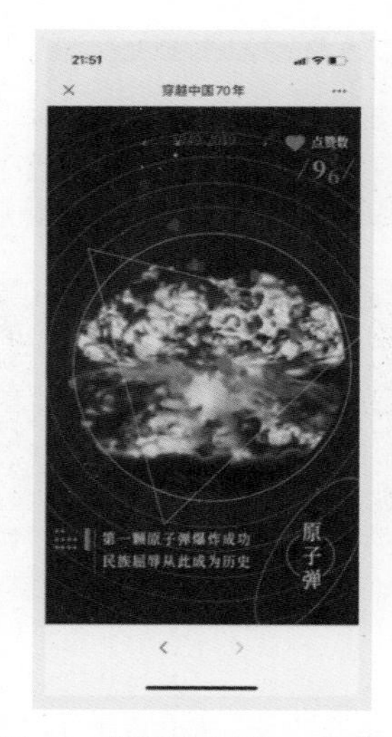

图 4.9 《穿越中国 70 年》H5

3. 长按交互

长按交互需要用户根据引导，长时间接触 H5 页面中的某处按钮，保证画面的连续播放和顺利转场。由于长按需要用户的手指保持静止的停顿状态，用户可能会感到无聊乏味。在设计时，一般会给予用户播放进度、时长等参考。长按交互常用于一镜到底形式的 H5，往往考验故事的衔接和镜头的转换，运用得当可以带给用户很好的体验，让用户精神更加集中，从而提升完播率。

《1 分钟漫游港珠澳大桥》H5 通过长按前进方式，展示港珠澳大桥的风景。为了不让用户感到无聊，H5 每隔一段距离会显示“走过”的公里数，提示播放进度，如图 4.10 所示。

图 4.10　长按交互案例——《1 分钟漫游珠港澳大桥》H5

扫描二维码欣赏案例

（出品方　网易新闻）

4. 长图视差交互

长图视差交互常搭配滑动手势进行，带动 H5 连贯播放。视差动画由于运动速率与主视觉画面不同，空间层次感更加鲜明。这可以增加画面的新鲜感，缓解高密度内容带来的视觉疲劳，同时可以减少阅读长图文时的乏味，从画面效果上辅助 H5 流畅转场。

网易哒哒的《自白》利用这种方式，向下滑动推进故事剧情，把主人公的变化呈现给用户。该 H5 借用滑动手势控制故事的播放，让用户更有参与感，如图 4.11 所示。

图 4.11　长图视差交互案例——《自白》H5

扫描二维码欣赏案例
（出品方　网易哒哒）

5. 拖曳交互

拖曳交互区别于滑动交互，需要按着屏幕不松手，从一个点拖到另一个点，移动速度由用户控制，适合图片展示类或叙事类的策划专题。

网易新闻的《睡姿大比拼》H5 利用了骨骼动画技术，用户可以拖动小人的四肢，DIY 自己在床上的睡姿。除了可以选择场景、人物外貌外，H5 还提供床上的小物件做搭配，放大或缩小后用来布置卧室，如图 4.12 所示。

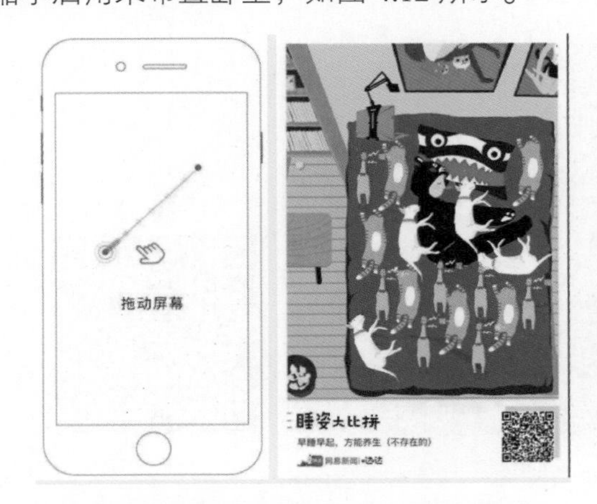

图 4.12　拖曳交互案例——《睡姿大比拼》

扫描二维码欣赏案例
（出品方　网易新闻）

6. 双指缩放交互

双指缩放交互需要用户两只手指同时接触屏幕，比如滑动屏幕放大或缩小某物，也常用于画面转场。这种交互方式对手势的微操作有要求，玩法有些复杂。但互动性比单指点击、滑动更强，也更具趣味性。双指缩放的交互案例如图 4.13 所示。在 H5 中，也有一种较常见的回答问题的方式，也会用到拖曳与双指缩放交互手势并用的场景。

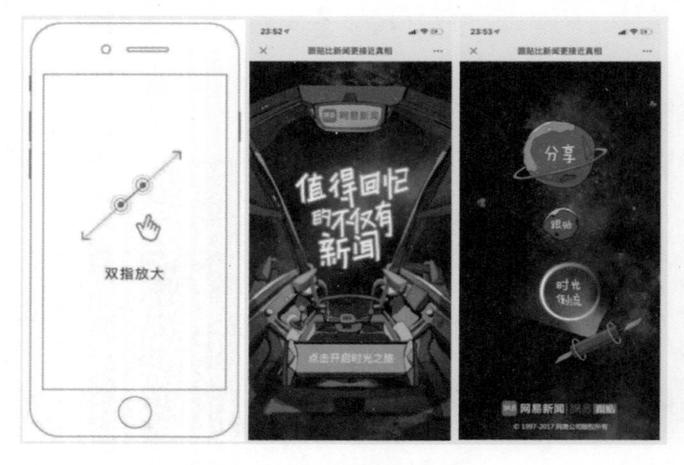

图 4.13　双指缩放交互案例

扫描二维码欣赏案例
（出品方　网易新闻）

7. 语音交互

除了触觉交互，还有听觉交互、声音交互方式等交互方式，大多与录音有关，按照 H5 引导录一段话，DIY 生成专属音频。

网易云音乐的《有故事的声活单曲》，就是让用户录音，讲出自己的故事，创建录音文件，录音结束后，配上文案生成定制海报，如图 4.14 所示。

图 4.14　语音交互案例——《有故事的声活单曲》H5

伴随智能语音技术的不断普及和成熟，用“声音”进行人机交互的手段在很大程度上解放了用户的身体，为 H5 产品的用户体验创造一个全新入口，属于一种易用性和情感化设计并举的交互手段。《云游敦煌》是首个集探索、游览、保护敦煌石窟艺术功能于一体的微信小程序，通过“新文创”模式，为敦煌文化的数字内容创新做出了重要探索。其中 5 幅敦煌经典壁画以动画剧形式首映，用户可参与其中为角色配音并生成新的故事内容，进一步拉近了敦煌文化与公众，尤其是青少年群体之间的距离，如图 4.15 所示。

图 4.15 《云游敦煌》语音交互案例

8. 书写交互

书写交互是自由度较高的互动方式，用户可以根据提示自由创作文字、图画。通过绘画创作出来的形象个性鲜明，也是用户情绪的体现。面对自己绘制的角色，用户也能更用心地投入到 H5 中，流失率往往不高。这些形象虽然线条有些粗糙，运动起来与背景不一定完全协调，但是因为是原创角色，用户对画面的包容性也更强。

人民日报和有道词典的《以你之名，守护汉字》H5 可以输入自己的名字，找到需要自己守护的濒危汉字。H5 测试生成的都是日常很少用到的生僻字，主题"守护"汉字，既可以让用户认识这些濒危汉字，也能够给予用户一种使命感，将汉字主动分享传播，如图 4.15 所示。

图 4.15　书写交互案例——《以你之名，守护汉字》H5

扫描二维码欣赏案例
（出品方　人民日报）

9. 重力交互

模拟现成的物理规律能大大降低理解门槛，还能为策划增添趣味性。手机的更新迭代在硬件上给出了很多技术发挥的可能性，巧妙运用重力感应、陀螺仪、速度加速器等技术可以创新 H5 玩法，增加代入感。摇晃手机时，H5 会自动判断手机倾斜的角度。由于技术性比较强，所以重力交互常用在某个特定页面。

网易新闻的《时空恋爱事务所》就是利用手机重力传感器，摇晃手机唤醒主人公，开始剧情的。

图 4.16　重力交互案例——《时空恋爱事务所》H5

10. 3D 空间交互

3D 空间交互主要利用 3D 技术，搭建立体化场景，突破画面扁平化的限制，强调层次感及还原用户的临场感，用 H5 玩起来更加真实。但这种交互方式在开发设计环节难度较大，考虑到用户的使用习惯，3D 交互的玩法也比较单一，常搭配点击、滑动等基础手势操作，3D 作为 H5 亮点出现。

《龙猫线上扭蛋机今日营业！》H5 中将“扭蛋机”“金币”等元素 3D 化，原本正常比例的动漫人物 Q 版化。扭扭蛋是一个动态的过程，如果使用二维平面形象，互动的效果并不明显。3D 物体强调了用户的临场感，还原扭扭蛋未知的趣味性，用 H5 玩起来更加真实，如图 4.17 所示。

图 4.17　3D 空间交互案例——《龙猫线上扭蛋机今日营业！》H5

11. 全景交互

在 360° 全景形式中，用户可以上下、左右滑动。这种 H5 以类 VR 的形式承载整个画面的交互，更注重 H5 场景的设计，空间立体感比较强，要求画面 360° 边界衔接流畅。不过由于加载内容较多，H5 体量较大，很可能会出现播放时画面卡顿等问题。

网易新闻的《一廿间，二十载》H5 呈现全景向的场景，向用户介绍网易 20 周年的发展历史，用户可以 360° 旋转手机，查看全景画面，沉浸于 H5 营造的虚拟场景中，如图 4.18 所示。

图 4.18　全景交互案例——《一廿间，二十载》H5

12. 双屏交互

通过手机与其他媒介（PC、电视、户外屏幕、电影屏幕等）产生交互并获得新体验，是一种比较有意思的创新交互形式。

奔驰公司推出的《鹊桥会　爱更多》H5 采用华丽而又梦幻的画面，模拟喜鹊搭桥，并结合摇一摇这个功能，通过两个手机之间的配合，画面中一只喜鹊从一个手机到另一个手机，感觉那只喜鹊真的是飞过去的，当两个手机合并的时候，一座鹊桥就搭建完成了，并出现唯美的爱心画面，最后出现在车的后备箱中的都是玫瑰花，很浪漫的一次互动，如图 4.19 所示。

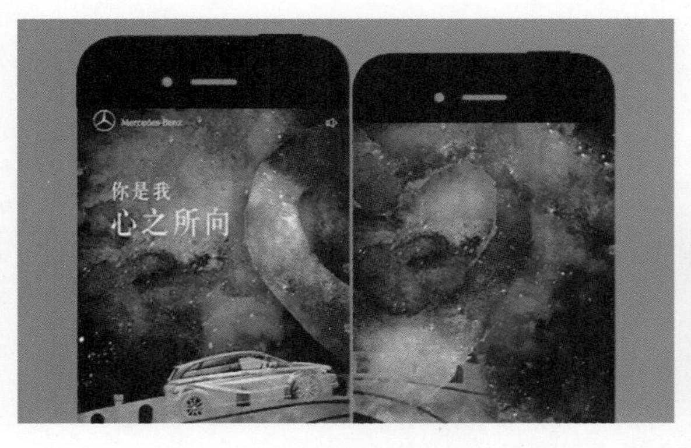

图 4.19　双屏交互案例——《鹊桥会　爱更多》H5

4.1.3 H5 交互设计注意事项

H5 设计时要注意符合移动端的交互原则，减少用户认知成本，让信息能够更清晰地在手机页面中呈现出来，以保证用户阅读时的流畅感与完播率，因此，通常要注意以下几个方面。

1. 单页面操作单一化

单页面操作单一化是指减少用户在单页上完成的任务数量。如果想保证 H5 的完播率，就需要用户快速地完成对 H5 的浏览，不能让用户有丝毫的迟疑而放弃阅读。每一个页面只让用户有唯一的操作，这样能减少用户认知，加快阅读速度。常见的测试类 H5 采用的都是这种套路，每道题目占据一个页面，每次只需要一次点击即可完成操作。

2. 多页面操作一致化

多页面操作一致化，即在每个环节统一操作形式，便于用户记忆。尼尔森的“十大可用性原则”是产品设计与用户体验设计的重要参考标准，其中“一致性原则即同一用语，功能、操作保持一致”。操作的一致性不只在产品设计中有指导意义，在 H5 设计中同样适用。

腾讯大数据显示，用户习惯沿用上一屏学习到的操作行为，如果页面中操作不同，需要给用户明确的提示。

3. 拟物化设计减少用户认知成本

直接进入游戏或许不会有惊喜，添加拟物化元素会让 H5 看起来“立体”很多。拟物化的开始和各环节按钮，会提升用户对产品的接纳。如打开信件才能阅读 H5 内容，接受邀请才能进入正式剧情。

4. 利用手机传感器，结合硬件技术让交互更自然

模拟现成的客观物理规律能大大降低用户认知，还能为策划增添趣味性。手机在硬件上给出了很多技术发挥的可能性，活用重力感应、陀螺仪、速度加速器等硬件设备可以创新 H5 玩法，增加用户的代入感。

腾讯大数据显示，输入行为或者复杂交互行为会导致用户流失。因此设计 H5 时，不要一味追求炫酷，而忽略了用户体验及对产品的认知。

4.2 何为动效

动效设计，顾名思义即动态效果的设计，即产品界面上所有运动的效果，也可以视其为界面设计与动态设计的结合。简单来说，动效是元素的位移、姿态、大小和可见度等随时间变化的表现。在 Material Design 设计规范中，将动效设计命名为“Animation”，意思是动画、活泼的意思。好的动效设计可以帮助引导、取悦用户，减少等待焦虑，是拉近用户与产品之间距离的有效手段。随着动效设计在 H5 融媒体产品中应用的普及，动效设计

由早期的“魅力型因素”逐渐成为“必要型因素”，越来越多的公司和团队已经意识到动效在产品用户体验中的重要性。

用户在使用一款产品时，都希望能有良好的使用体验。出色的动效，可以使页面之间的联系更加紧密，整体体验更加流畅，减少用户的负面情绪。同时，也可以增加产品的趣味性与品牌特色，让用户产生兴趣并提高品牌的认知度。

因为手机屏幕普遍较小，在内容承载上远远无法像大尺寸画面那样可以创造视觉冲击力。所以，我们需要借助动效来优化内容，一方面多维度的信息需要动效串联，利用它的优势来提升内容表现力。另一方面，利用它在时间维度上的变化来让内容更有条理和秩序。动效、颜色和图形的作用如图 4.20 所示。

图 4.20　动效、颜色和图形的作用

“任何动效的主要任务都是向用户阐释产品的逻辑。”任何动效其实都是为产品所服务的。动效在产品设计中需要完成自己存在的使命，每一帧动效都得有它的道理，那样的动效设计才算是成功的。在动效设计中切忌为了炫而炫，为了动效而动效。

动效对于产品设计的作用可以归纳为传递层级信息、传递状态信息、使等待不枯燥、使变化不生硬、使反馈不单调、使体验有情感、使用户更愉悦、提示隐藏信息功能。

4.2.1　动效的分类

动效的种类并没有明确的界限，根据其作用大致可以分为 3 类。

1. 功能性动效

此类动效一般用于产品设计，通过动态图形向用户传递信息，其中加载 / 刷新和进度条应该是我们平时接触最多也是最早的动效了，此类动效最开始只是为了告知用户产品的页面状态。

随着社会上产品数量的快速增长及竞争日益激烈，产品的有趣和差异化显得愈发重要，于是便看到越来越多的产品将自己的品牌因素融入动效当中，设计也越来越生动有趣。除了加载、刷新和进度外，功能型动效还被广泛地运用在产品的其他各种状态当中，如信息报错、二维码扫描等。虽然具体表现不同，但都是通过动态形式帮助用户理解和使用产品的。此类动效的具体功能和要求是：

- 过渡。通过过渡动画，表达界面之间的空间与层级关系，并且可以跨界面传递信息。
- 层级。从父界面进入子界面，需要抬升子元素的“海拔”高度，并展开至整个屏幕，反之亦然。

- 秩序。即多个相似元素的秩序排列。动画的设计要有先后秩序，起到引导视线的作用。
- 统一。相似元素的运动，要符合统一的规律。
- 细节。通过图标的变化和一些细节的微妙变化，达到令人愉悦的效果。

动效并不是天马行空，所有的动效都与用户的动作和元素的反馈有着直接的关系，恰当的动效会让反馈更容易被用户理解和接受。

2. 转场类动效

转场类动效应用在转场切换场景中，动效展示面积大，持续时间短，一般充当视觉过渡的线索。这类动效的目的是描述场景的过渡和空间变化，让用户认知自己当下所处的状态，也让用户清晰场景是如何转变的，在设计转场动效时我们要注意以下几点。

- 转场时间要快：对于翻页类 H5，我们习惯设置一个 0.5 秒左右的转场时间，如果转场太慢，上一个页面的体验感很可能会因为转场太慢而被消耗掉，会出现“断片”导致体验不流畅。
- 引导过渡自然：转场过渡起到承上启下的作用，用户一定要能看到并理解上一个页面是如何消失的，下一个页面如何出现，虽然只是一瞬间，也不能让观者感到困惑。就像在 iOS 系统中主界面与 APP 文件夹切换时就用到了“神器移动”的转场过渡，快速而且简练。
- 转场动效形式要与内容相符：目前我们能实现的转场动效已经有很多了，而采用哪种形式却要根据具体内容特征来确定，如果把握不好形式，那么中性的转场最为合适，也就是常规的 H5 翻页。目前常见的转场动效形式如图 4.21 所示。

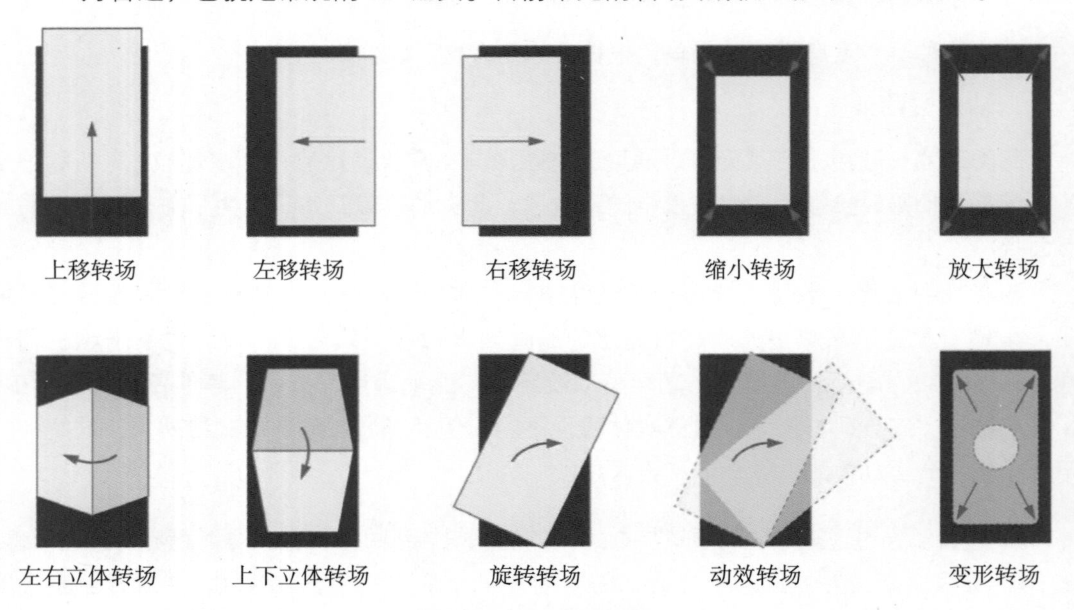

图 4.21　转场动效形式

4.2.2 动效设计原则

- 材质：给用户展示界面元素是由什么构成的，轻盈的还是笨重的？死板的还是灵活的？平面的还是多维度的？你需要让用户对界面元素的交互模式有个基本的认识。
- 运动轨迹：你需要阐明运动的自然属性。一般地，显示没有生命的机械物体的运动轨迹通常都是直线，而有生命的物体则拥有更为复杂和非直线性的运动轨迹。
- 时间：在设计动效时，时间是最有争议的和最重要的考虑因素之一。在现实世界中，物体并不遵守直线运动规则，因为它们需要时间来加速或者减速，使用曲线运动规则会让元素的移动变得更加自然。
- 聚焦动效：要让用户的注意力集中于屏幕的某一特定区域。例如，闪烁的图标更容易吸引用户的注意，用户会知道按提示去点击。这种动效常用于有较多细节和元素的界面中，将特殊元素与其他元素区别开。
- 跟随和重叠：物体不会迅速地停止或者开始移动，每个运动都可以被拆解为每个部分按照各自速率移动的细小动作。例如，当你扔个球，在球出手后，你的手也依然在移动。跟随就是一个动作的结束部分。而重叠则是在第一个动作结束前第二个动作的开始部分。处理好跟随和重叠原则可以吸引用户的注意力，因为两个动作之间并没有一段静止期。
- 次要动效：次要动效原则类似于跟随和重叠原则。简要地讲，主要动效要伴随次要动效。次要动效要使画面更加生动，但如果出现问题会引起用户不必要的分神。
- 缓入/缓出：缓入/缓出是动效设计的基础原则。虽然易于理解，但却常常容易被忽略。缓入/缓出原则是来自于现实世界中物体不可能立刻开始或者立刻停止运动的事实。任何物体都需要一定的时间用来加速或者减速。当你使用缓入/缓出原则来设计动效时，将会呈现出非常真实的运动模式。
- 预期：预期原则适用于提示性视觉元素。在动效展现之前，我们给用户一点时间让他们预测一些要发生的事情。完成预期动效其中一种方法就是使用缓入原则。物体朝特定方向移动也可以给出预期视觉提示。例如，一叠卡片出现在屏幕上，可以让这叠卡片最上面的一张卡片倾斜，那么用户就可以推测出这些卡片的移动方向。

图 4.22 动效类型演示

- 韵律：动效中的韵律和音乐与舞蹈中的韵律有着同样的功能，它使动效结构化。使用韵律可以使动效更加自然。

动效类型演示如图 4.22 所示。

4.2.3 动效设计中要注意的事项

1. 动效的发起与结束

好的动效设计就是一个视觉线索，你不会看到元素无规律地出现和消失，它能够让人清晰地理解动作发生的前后关系，元素是如何出现的，后来又是如何消失的，元素怎么从一个图形变成了另外一个图形，而理解这个过程是动效设计的关键点，如图 4.23 所示。

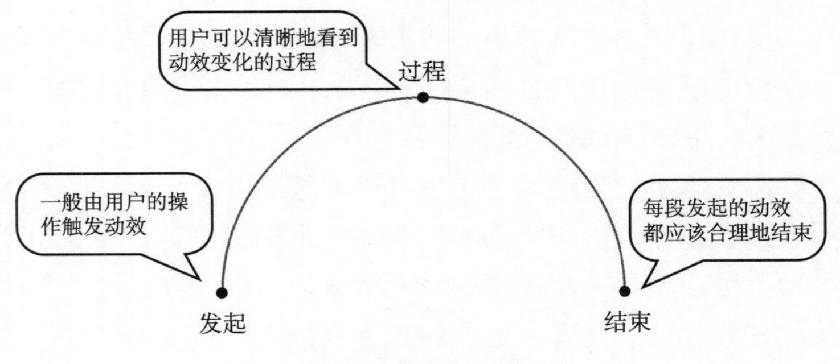

图 4.23　动效过程

2. 有交互的动效更有感染力

就像两个人交谈，你每次抛出的观点，都能得到对方的反馈，往往有质量的聊天会持续很久。人的注意力因为有效的反馈而被牢牢抓住！这也是为什么游戏让人爱不释手，就像“俄罗斯方块”“贪吃蛇”这种消除类游戏，你每次操作的反馈都非常直接和清晰，即便内容非常简单。如果动效的发生都能通过用户的交互来实现，那么用户的注意力也将会被大大提升。除了常规的点击和操作，用户的一切交互行为都应该有动效呼应，当用户操作有相应反馈、不同动作可以激发不同响应时，用户也就更明白自己在做什么，注意力也更容易集中。动效形式为图 4.24 所示。

图 4.24　动效形式

3. 好的动效都有情感

情绪往往来源于人们对世界的不同感受，当我们把机器与现实世界相比较时，机器死板、僵化的硬伤就变得特别明显。就像是手机屏幕上的动态效果，如果只是为运动而运动，那么一切的设计就会毫无生气。而在动效设计上讲情感，就能激起用户更多现实世界的体验共鸣。

如果动效能让人联想到现实世界，那么它看上去会非常自然而舒适。如果它让人联想不到任何东西，这就意味着它没有任何情感，像是冰冷的机器。现实世界中所有运动都会受物理法则的影响，汽车刹车时人因为惯性会突然前移、物体下落时因为加速度会越来越快、皮球打在地上因为材质和重力又会连续地反弹，而不同物体又因为质量和材质会呈现不同的运动方式……这种现实生活中常见的规律需要重新解读和分析，它需要设计师通过方法将它重新植入到动效中，而好的动效设计实际是在抽象现实世界中的具体运动过程。

扫描二维码欣赏球的运动轨迹

几乎所有的动效都可以在现实世界中找到对应的运动参考。H5 中的动效越细腻，设计出的内容就越能给人带来共鸣和舒适感。对于现实世界运动的思考和观察，有助于你更好地表达动效。而在技术领域，这种情感的思考被归纳成了缓动函数，它同样也是对惯性、加速度、重力、材质、环境等因素的归纳。

4.3　动画与视频的融合

随着 H5 产品创作越来越丰富，动画和视频的应用也越来越多样化，H5 的创作大有动画化和场景视频化的趋势，表现形式主要是全屏动画或图片轮播。

全屏动画有什么优势？把动态变换的场景占满手机整屏，再配上与情节环环相扣的音效，让观众把所有的注意力放在内容上，叙事空间极大。一不留神，用户就掉进了创作者设计的故事里。动画在故事表达上有比较好的优势，可以一气呵成，在用户没来得及反应之前，通过简单的交互让用户完全代入到故事里，伴随故事情节进入尾声，一屏广告静静地跃然屏幕。只要视频长度合理，H5 的体验就不会轻易被中断，用户一般只需要盯着手机看，整个体验流畅而完整。同样如果在网页中缓存一连串的图片序列帧，连续播放，也能达到流动的视觉效果，同时还可以制造一系列个性化的用户体验。比如提前制作一些抠除部分图像的轮播图片，然后通过提取用户社交网站头像，把这些头像嵌入图片被抠除的部分，在 H5 中连续播放时用户会惊喜地发现自己也出现在了视频里，这样的生成效果，真实感极强，也很容易唤起用户的参与感。

传统的 H5 制作想要有绚酷的“特效”，就必须对交互进行多层次、多元素、多媒体的设计，成本高昂，而且对手机的软硬件配置要求也相对较高，设计的元素和环节越多，越可能影响流畅性和用户体验。动画、视频的穿插设计弥补了 H5 技术上的不足，它包含的语言、画面、色彩、互动体验、声效、模拟交互等都可以提前设计包装，虽然用户点击互动频次降低，但是互动的效果不差，在视频插入的前后保证 H5 原有的交互特性，在视频播放过程中，依靠动作模拟，依然能够实现复杂的、炫酷的展现效果。

目前视频的呈现有垂直视频（就是能竖着手机观看的全屏视频），也有横屏视频（就是横着手机观看的全屏视频），竖屏视频更是近期 H5 的一个主流方向，尤其是移动端短视频、拍客、直播等火热的当下，视频“竖着拍、竖着看”已成为影像呈现的新潮流。

案例分析：《欢乐麻将》是一部很有趣的泥塑定格动画 H5，作品采用说唱形式、动感很强，能很好地吸引大家的注意力。这种形式也很容易被年轻人所接受，因为够潮、够有趣、有韵律感，朗朗上口。整支作品虽然没有交互，但动画表现很好地把腾讯“欢乐麻将”介绍给了大众，如图 4.25 所示。

图 4.25 《欢乐麻将》H5 界面

扫描二维码欣赏案例
（出品方腾讯）

案例分析：人民日报在“两会”期间推出的首部闪卡 H5《史上最牛团队这样创业》，将中国共产党比喻成一个创业团队，把中国共产党的“创业史”以酷炫的快闪形式呈现出来，文字配上昂扬的音乐背景，快闪的页面伴随鼓声夺屏而出，短短的一分多钟时间，带领用户回顾历史、展望未来。这种“燃爆”的形式和节奏拉近了党媒与年轻网友的距离，短短几天产品曝光量超过 3000 万。H5 信息传播集纳了“碎片化”“短视频”“专业视角”及高频图片，这种方式能缓解审美疲劳，带来强烈的视觉冲击，将时事类政经资讯、严肃类政史信息进行焕然一新的呈现，如图 4.26 所示。

案例分析：《雍正去哪了》H5 是一支以模拟角色扮演的游戏类动画 H5，以主人公“太监小盛子”寻找偷溜出宫的“雍正皇帝”为游戏线索。点击左右按钮控制人物移动，遇到不同的人要回答不同的问题，考验玩家对民间文化艺术知识的了解程度，最后引出对

“中国守艺人”的活动宣传。通过推出这样一个活动，引起人们对传统工艺的重视，也让关注中国传统文化的人有一个详细了解活动的机会，如图 4.27 所示。

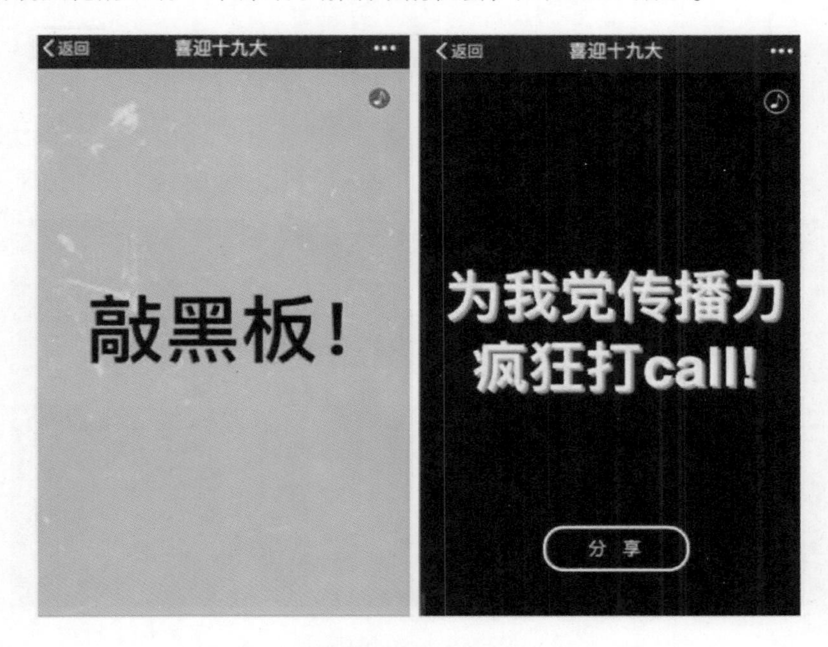

图 4.26 《史上最牛团队这样创业》H5 界面

图 4.27 《雍正去哪了》H5 界面

扫描二维码欣赏案例
（出品方网易）

4.3.1　H5 中动画形式

当我们开始一支 H5 动画设计时，首先要对用户的需求进行解读，明确哪些方面是应该深入研究的，哪些内容是要简单了解的，之后需要考虑更多的是，如何以最合适的形式，深入浅出的方法向受众传达目标。

1. GIF 动画

GIF 动画多用于辅助性动效，像是场景内的小道具、加载的 Loading 导航条等，一些比较小的元素，通常会采用这种方法来设计。它的优点在于技术含量低，而且效果相对比较丰富。其缺点是体积较大、失真率高，而且 GIF 动画是定型的，不可以进行操控，如图 4.28 所示。

图 4.28　GIF 动画

2. 帧动画 / 序列帧动画

序列帧动画的原理更类似影像的呈现原理，常规的视频播放速度是每秒 24 帧，实际上就是在 1 秒钟内播放 24 张连续的图片，在不同的领域对图片的要求数量也不同，带有高速摄影的视频播放速度需要达到 48 帧 / 秒，一般的动画帧数也要达到 14～18 才能流畅地播放。而帧动画和 GIF 动画一样是一组图片，但不同点在于它的运动是由代码编辑的，播放的快慢是可以用代码来操控的。

帧动画的好处是，可以对动画进行快慢、停顿、播放等带有交互性的操作，很多 H5 复杂炫酷的主视觉，就是借助帧动画来实现的。而其弊端在于：如果动画面积过大，或过于复杂，整个页面的体量可能会非常糟糕，会影响到加载和体验的流畅度。例如，《我们之间就一个字》界面 H5，如图 4.29 所示。

3. 视频类动画

这类 H5 具有非常强的迷惑性，可以给人比较强烈的感染力！而大部分案例实际是给视频套了一个 H5 的外壳，在体验过程中可以加入简单交互，增加作品的趣味性。这些视频往往是专为手机屏幕设计的，采用微视频的呈现方式，便于用户观看。

扫描二维码欣赏案例
（出品方中国平安）

例如，中国平安扶贫记录视频 H5《我们的名字》，将扶贫过的地区的景色、人文特点、扶贫产业融合到一起，展现中国

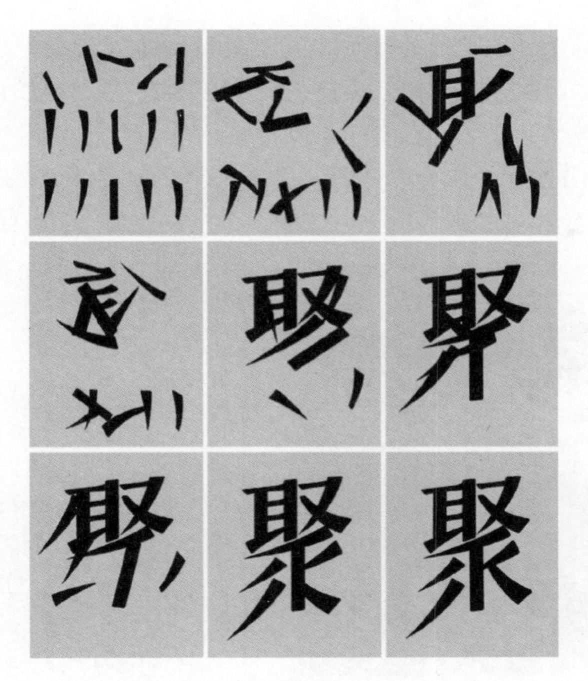

图 4.29 《我们之间就一个字》H5 界面

描二维码欣赏案例
（出品方大众点评）

平安对祖国建设和社会发展做出的贡献，增强用户对品牌的好感度。

4. 代码级动画

这部分动画主要是由前端工程师来实现的，设计师需要将演示 Demo（或视频）和元素提供给前端工程师并协同他们完成最后效果，设计师虽不需写代码，但仍需要对实现方式有大致了解。动画设计时，当用户用手去操作时，如果能够使界面的动态走向更贴合手指运动，就能营造出更好的情绪体验。动效实现工具如图 4.30 所示。

图 4.30　动效实现工具

5. 全线性动画

全线性动画可以理解为动画连续，几乎不间断播放，像视频一样流畅细腻。智能手机的操控种类繁多，如方向传感器、加速传感器、重力感应器、震动感应器、环境光感应器、距离感应器、GPS、摄像头、话筒、VR/AR 等，它们都可以和动效结合从而带来更有情感的体验。目前已经有很多“玩法”被开发出来，比如多屏互动、屏幕指纹识别、利用话筒感应吹气、利用陀螺仪的全景等。

案例分析： 这支 H5 是腾讯 UP 大会的宣传作品，塑造出了一种宽广、素雅、幽静的整体感受，该作品也被很多人推崇为 H5 中的动画片。《生命之下，想象之上》H5 如图 4.31 所示。

图 4.31 《生命之下，想象之上》H5 界面

扫描二维码欣赏案例
（出品方腾讯）

4.3.2 视频动画注意事项

视频类 H5 作为 H5 的一个分类，因为表现方式比较多变，被广大品牌方普遍采用。但在视频类 H5 设计时，要注意一些事项，避免不必要的错误。

（1）让用户可以操控视频播放，有选择权。出品方要让用户知道你在放的是视频，要让他们有关闭和跳出的选择权，比如在视频中加入“跳过”按钮，这样的设计会让不喜欢视频内容的用户可直接跳转到落地页，看到品牌最终要展示的关键信息，方便用户的同时还能增加关键信息的点开率。

（2）让视频和 H5 有更好的结合，让 H5 的技术与视频有更多的交集和贯穿。充分利用 H5 强交互特性，通过视频的多元表现，来更好地展示品牌内容，而不是无谓地消耗用户的流量。

（3）内置 H5 视频不能太长。H5 用户点开内容时，并不知道这是视频，他们都是被标题或者朋友圈转发所吸引的，而点开 H5 的环境也比较复杂，可能是在户外，也可能是在等车，还可能是在工作，都是非常碎片化的时间，所以不适合较长的视频表现。在讲清楚内容的前提下，视频越短越好。

（4）H5 视频要求节奏紧凑、内容清晰、对比强烈的表现风格。用户观看常规的广告片时，不会太在意节奏和调性，但是移动端不同，移动端利用的是用户的碎片化时间，用户在这样的环境下，对产品就要求节奏快、内容短、情节紧凑，快速看完，视频类 H5 设计要充分考虑用户的需求。

4.4　背景音效

卡车倒车时发出的“哔哔”声是为了警告别人，水壶烧开时发出的哨子声是为了提醒主人水已烧开，而精心设计的宝马车门关闭时发出的声音则是工程技术的象征。随着数字世界的不断发展，一条短信的提示音会引起人们对通知的注意。

声音是人体感官中很重要的组成部分，也应该是产品用户体验中的一个方面，但很容易被忽略。“音效”，顾名思义就是声音的效果，它需要利用听觉来达到增强体感、空间、场景、意境的目的。在 H5 产品中，恰当地使用音效可以大大强化用户感官体验。因为我们与交互设备没有直接的感官感知互动能力，因此音效和画面动态就成了我们与交互设备的沟通方式。在用户与产品交互过程中，每发生一个对用户有用的事件，就必须有音效反馈，只有这样用户体验才会有强烈的对话感“哦，它是有生命的……”，这是产品的完整体验。

好的音效能带给人符合用户预期的体验，表达明确且准确的意义和情绪，良好的声效感官体验（悦耳度、声响、时长）。

智慧的音效设计不仅仅是创造高品质的声音，而要知道用户在什么时候需要这个声音。声音是我们对世界和周围环境的认知不可或缺的一部分，当设计师在数字空间中创造体验时，声音不应被忽视。

4.4.1　H5 音效设计技巧

每个声音必须有一个明确的目的，配合界面达到预期的功能。声音是一个非常强大的工具，当给予其应有的地位，可以完善 H5 整体设计，强化产品调性，并提高用户体验和完播率。有经验的设计师看到画面就会想到对应的音效，这是长久积累设计经验的结果，但对初学者来说，音效设计需要注意以下几个方面。

1. 合理的音效

简单地说，能够被“忽略”的音效，往往是合理的音效，说明声音和画面是吻合的、不突兀的。在 H5 设计中，尽量不要使用歌曲作为背景音乐或音效。为了让歌曲好听，一首歌的节奏会非常复杂，携带的信息量非常大。H5 界面每个人浏览时间不同，常规的歌曲是无法和具体页面内容做搭配的，会造成混乱的浏览效果。在 H5 背景音乐中应使用没有人声的音乐。

2. 恰当的音效

为 H5 选择恰当的音效，既是为了保证作品调性的一致性，也是为了更好地体现作品的特征，从而吸引用户。如要表现未来感的 H5，就要设计基于现实听觉的超现实音效；表现怀旧情绪的 H5，就要选用有年代感的、缓慢特征的音乐。H5 背景音乐的时长一般控制在 30 秒左右（20～45 秒），循环播放即可。这样既能控制作品文件的体量，也可以让页面的氛围和画面保持一致。而一个过渡或微交互的音效的持续时间则不应该超过 0.3 秒。

3. 加入“淡入”与“淡出”效果

设计 H5 音效时，要注意加入过渡效果，主要指声音的“淡入”与“淡出”。因为音效是裁剪过的，所以在循环播放时过渡会不自然，加入“淡入”和“淡出”效果后，能让音乐循环播放过渡更加平滑和舒适。

4. 学会采集音效

素材库里没有的特殊音效，需要我们自己采集。声音采集前后最好预留 2 秒左右的时间，方便后期裁剪和修改。

4.3.2 音画对位关系

在音效设计中，有一个非常重要的概念来自视听蒙太奇，即音画对位，也称声画同步，这是我们常用的表现手法。那么什么是声画同步呢？声画同步指声音和画面应该具备照应关系，画面中的每一个动作都有一个音效作为照应，而这样的照应关系会让人有更强的参与感，会让内容变得更加生动。例如，《戏精宿舍翻翻看》H5，如图 4.32 所示。

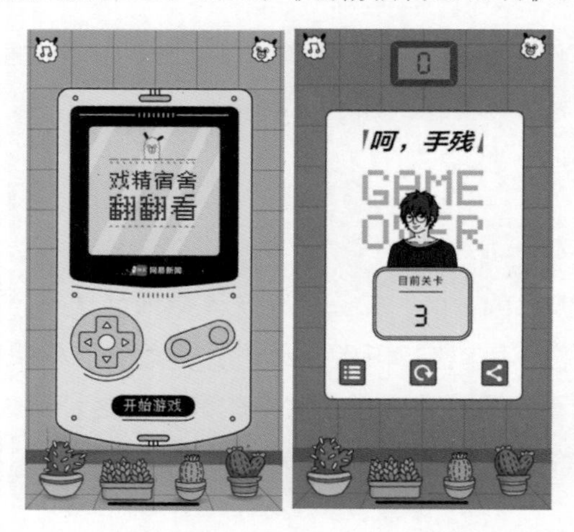

图 4.32 音画对位 H5 案例——《戏精宿舍翻翻看》H5

而除了声画同步，还有声画不同步的音效制作技巧，即声画错位的表现样式。

4.4.3 H5 音效注意事项

音效设计作为 H5 设计中必不可少的一个要素，在设计细节上需要更多从用户浏览体验出发，以提升用户体验为目标。

（1）考虑到用户使用场景的多样性，介绍类 H5 如果要添加背景音乐，尽量不要选择太粗暴的音乐。音乐最好有一点循序渐进的效果，并给用户预留时间在骚扰别人之前可以关闭，或者在开始时的状态是关闭状态。但做游戏 H5 页面的时候，音乐可以没有关闭和开启按钮，因为用户对接下来发生的事是有预知的。每一页音乐按钮应尽量放置在明显位置，或者用其他页面元素去替代音乐符号作为按钮，这些都能提升用户体验，音效按钮设计如图 4.34 所示。

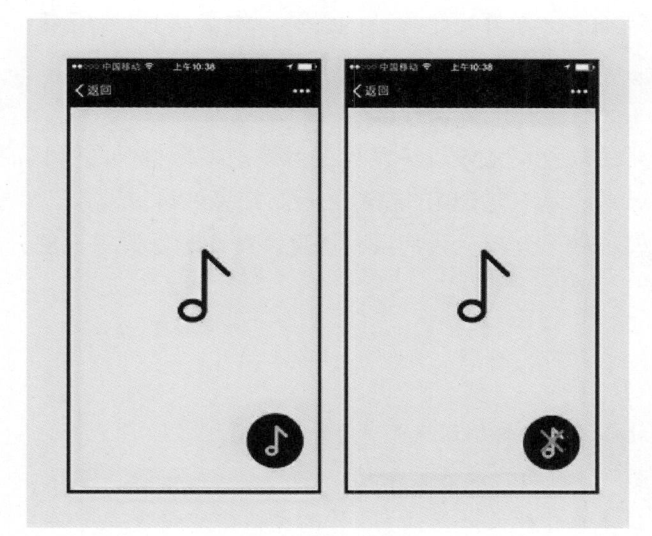

图 4.33　音效按钮设计

（2）为了加载速度，文件大小尽量控制在 100KB 以内最佳，可以用 Adobe Audition 等软件来压缩。作为无限循环的背景音乐，截取时一定要注意头尾要连接得上。

H5 不仅要有声音和画面的呈现，还要有交互功能，比传统的媒介方式更为立体。如果不同的点击可以触发不同的声效，加上设计得当，H5 画面将更有代入感。所以想要做出好的 H5 产品，千万不能忽视声音的搭配，声音有时比画面更重要。但配乐的前提是不能干扰画面，听觉信息不要干扰视觉感受。例如，《地球最美》H5 界面，如图 4.34 所示。

图 4.34 《地球最美》H5 界面

扫描二维码欣赏案例
（出品方腾讯）

本章小结：用户体验是一支优秀的H5作品的重要评价标准之一，这就要求从交互、动效、动画、音效等细节上做好每个环节的设计。本章从H5交互着手，对比了交互设计和视觉设计的差异，介绍了H5交互设计的特点、类别及主要形式，并对交互设计中需要注意的事项也进行了分析。在动效设计部分，对动效的功能、分类、设计原则等都做了详细介绍，可以帮助学生规避动效设计中常见的问题。本章也介绍了目前H5中常用的动画和视频的表现样式，这也是H5发展的趋势之一。在音效设计部分，对音效设计技巧、H5音效设计中的注意事项做了介绍。我们只有认真、严谨地做好每一部分的设计，才能设计一支理想的H5作品。

习题：

1. 简述交互设计在H5中的作用及形式。
2. 怎样才能让H5中的动效设计更生动？
3. 举例说明什么样的音效设计能让H5作品整体完成度更高。

---

① 李四达 . 交互与服务设计 [M]. 北京：清华大学出版社，2017 年 .
② 网易哒哒 . 网易爆款 H5 的交互玩法大合集 . 网页，2020 年 .
③ 苏杭 . H5 营销设计手册 [M]. 北京：人民邮电出版社，2019 年 .
④ Here180 . 移动 UI 动效设计 [M]. 北京：电子工业出版社，2018 年 .

第 5 章

木疙瘩平台基础功能及详解

第 5 章微课

学习要点：Mugeda 木疙瘩作为一款最早开发的 H5 交互设计软件平台，在新媒体及数字教育出版领域被大量使用。在 Mugeda 中，所有的操作都是一套可视化系统，而且软件的 UI 界面对于设计师来说非常友好，特别是具有视频、Flash 类似软件使用经验的人更易上手。

Mugeda 支持非常多的交互手段，相互组合可以实现无限的创意效果。它同时也提供了丰富的内容创作工具套件，将许多原本需要复杂代码才能制作的内容变得十分简单。

本章主要介绍 Mugeda 的基础功能工具套件，这将有助于学生们更好地学习、了解这款软件平台。

软件操作视频 1

5.1 界面

登录 Mugeda 网站，一般要求使用 Chrome 浏览器，在地址栏中输入网址 http://www.mugeda.com，可以打开 Mugeda 的登录页，注册账号后即可使用了，如图 5.1 所示。

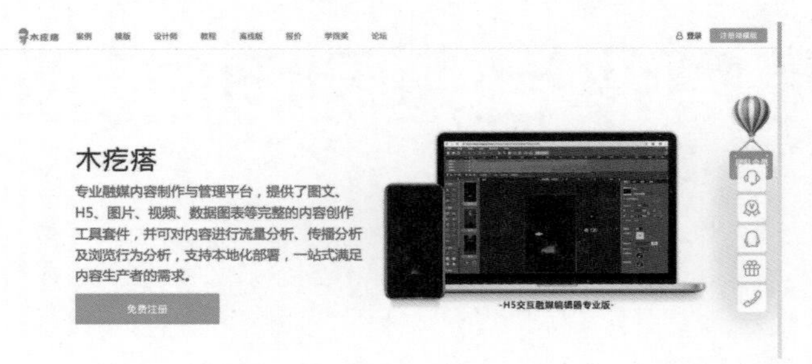

图 5.1　Mugeda 登录页

Mugeda 平台提供一站式生产长图文、网页专题、交互 H5 动画内容，全场景对图片、视频、图表素材进行编辑、导出等操作，并可对内容进行流量分析、传播分析及浏览行为分析，支持本地化部署，一站式满足内容生产者的需求。Mugeda 平台首页，如图 5.2 所示。其他作品的类型都比较简单，大家可以自行学习，本章介绍的是 H5 专业版的软件使用方法。

图 5.2　Mugeda 平台首页

登录注册完毕后，可以进入到“我的作品”页面（见图 5.3）。这里可以看到账号的一些基本资料及以往制作过的作品。点击“新建”按钮，可以新建新的作品。

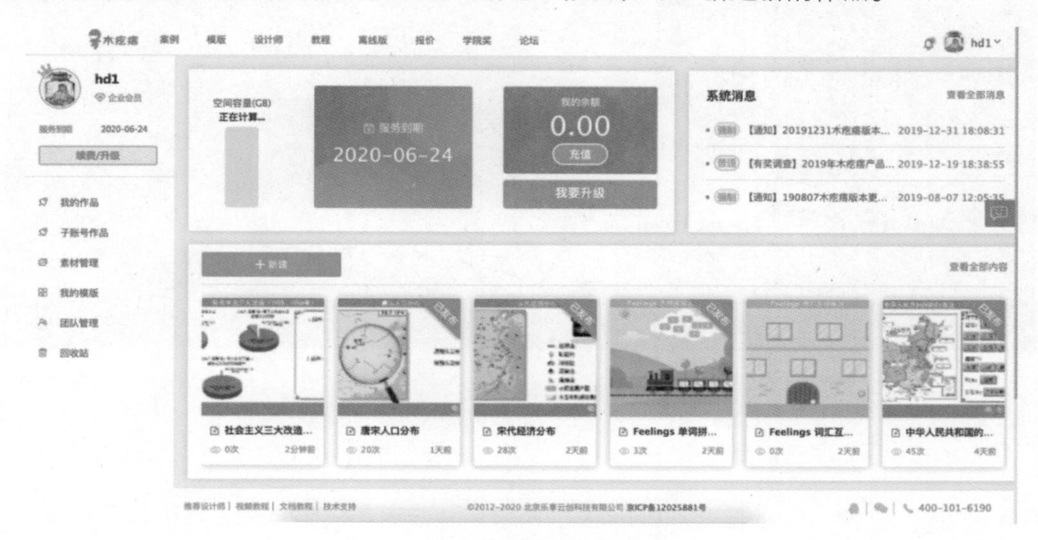

图 5.3 “我的作品”页面

5.1.1 舞台

打开软件后，就进入了如图 5.4 所示的编辑器界面，中间的白色区域即舞台，可以在舞台上添加素材，并可以通过时间轴来控制素材。

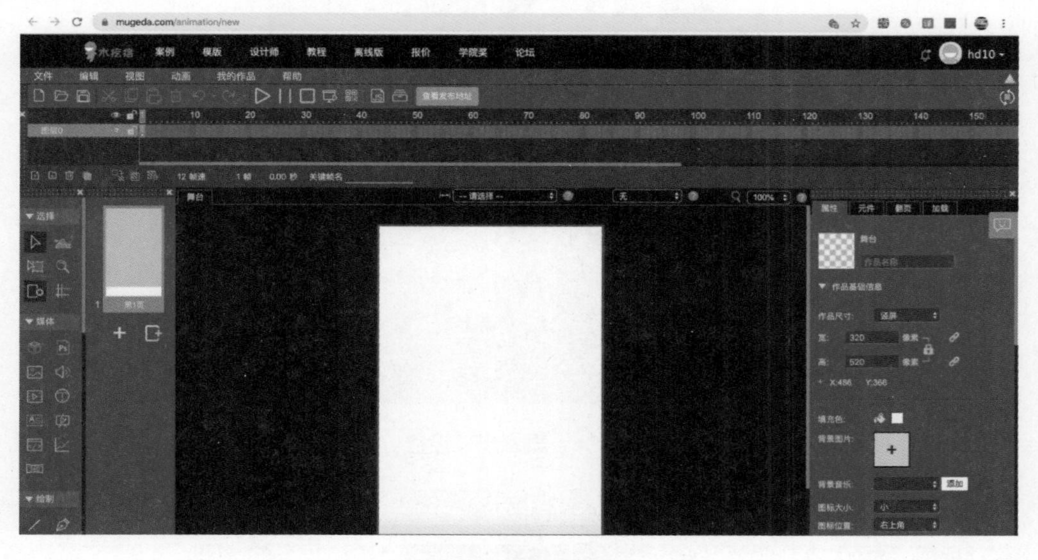

图 5.4 编辑器界面

作品就是舞台上的素材所表现的内容，舞台上素材的位置就是作品最后所见即所得的样子。图 5.5 即为一个完整作品的舞台截图，在手机上的显示即为红框范围内的灰色线内的内容。

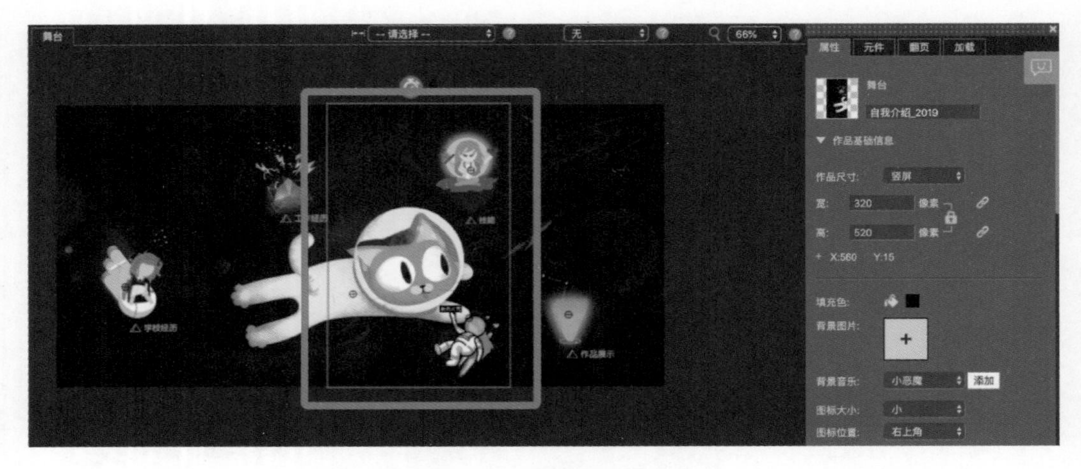

图 5.5 作品舞台界面

舞台的大小及比例在右侧的属性栏可以调整，一般我们推荐使用的比例有以下几个。

- 320px×520px: iPhone5～iPhone8 的手机尺寸及同年代大部分安卓机尺寸。
- 320px×618px: iPhoneX 以及 XR 的手机尺寸及同年代大部分安卓机尺寸。
- 1280px×720px: PC 宽屏尺寸。
- 1024px×768px: PC 普屏尺寸也可以作为 iPad 尺寸（见图 5.6）。

图 5.6 舞台尺寸设置

在舞台上方有三个工具菜单，如图 5.7 所示。

图 5.7 工具菜单

（1）第一个工具下拉菜单的作用是：调整适配方式（见图 5.8），目前有以下几种适配方式可选。

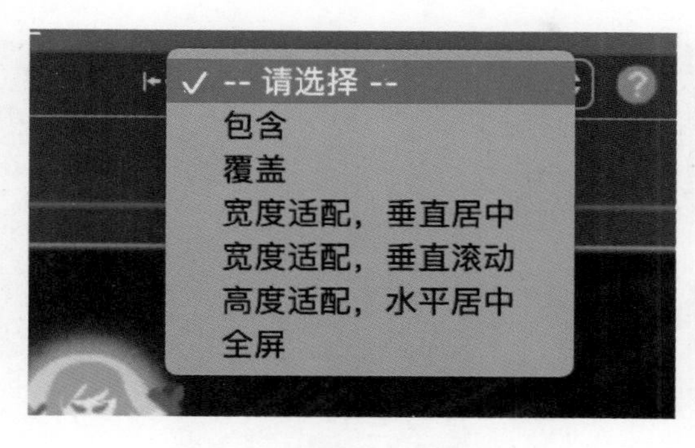

图 5.8　调整适配方法界面

- 包含：作品永远包含在终端显示范围内，无论终端的比例及尺寸如何变化，不足的部分会用底色填充。
- 覆盖：作品不会理会终端的比例及尺寸变化，直接会覆盖上去，多余的部分会直接被裁切，不足的部分会用底色填充。
- 宽度适配，垂直居中：作品大小会适配终端的宽度，保持作品的比例不变，高度不足的部分会被底色填充，多余的部分会被裁切。
- 宽度适配，垂直滚动：作品大小会适配终端的宽度，保持作品的比例不变，高度多余部分可以滚动观看。
- 高度适配，水平居中：作品大小会适配终端的高度，保持作品的比例不变，宽度不足的部分会被底色填充，多余的部分会被裁切。
- 全屏：作品会自动拉伸以适应终端的宽高比，在尺寸不符的终端上则会造成变形。

如图 5.9 所示，6 张图即为不同适配模式下，1280px×720px 的作品在 iPhone X 手机微信上的截屏，从左至右依次为“包含”“覆盖”“宽度适配，垂直居中”“宽度适配，垂直滚动”“高度适配，水平居中”“全屏”，根据需要，舞台可以选择不同的尺寸并配以不同的适配方式。

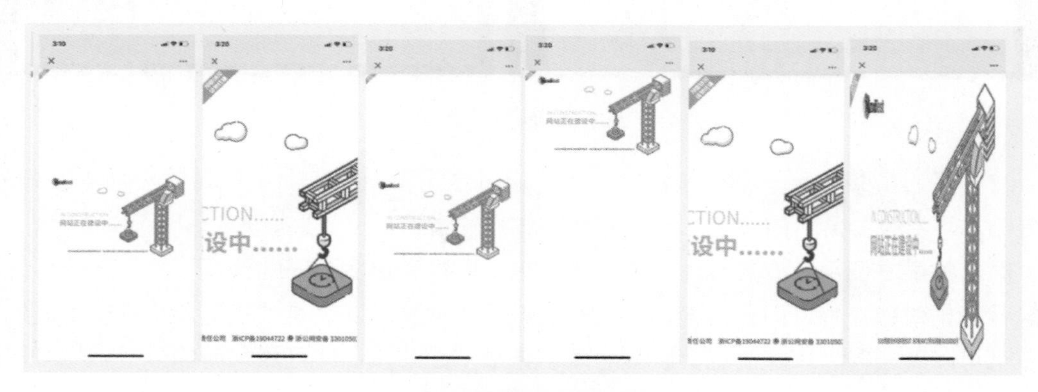

图 5.9　调整适配方法界面

（2）第二个工具菜单用于设置设备类型（见图 5.10），Mugeda 提供了一些不同的机型可供选择。

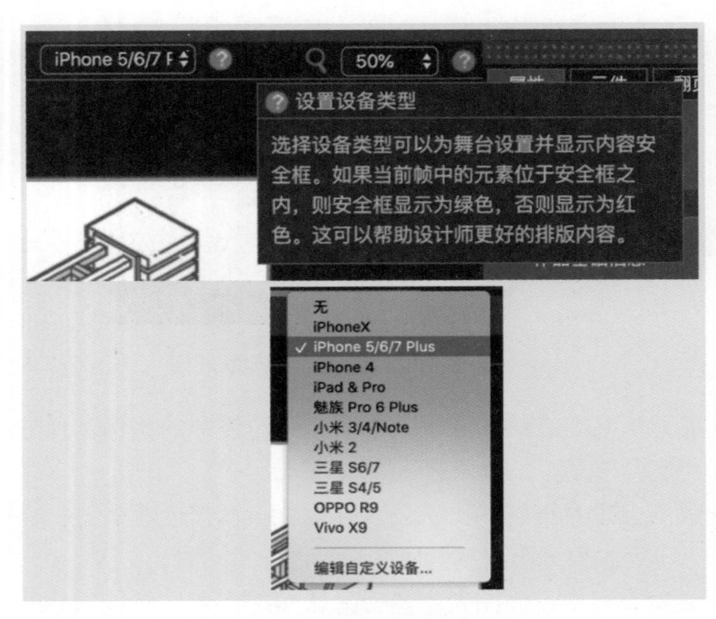

图 5.10　选择设备类型界面

选择设备之后舞台会根据选择的适配类型在舞台上加入一个安全框，如果舞台有内容被裁切，安全框会显示红色。舞台所有内容都在安全框内，安全框显示绿色，如图 5.11 所示。这个安全框的用途类似于参考线，不会影响作品最终的呈现效果。

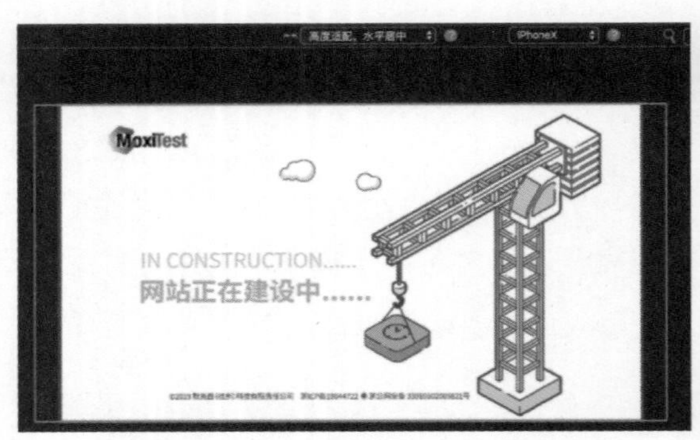

图 5.11　安全框界面

（3）第三个菜单用于缩放舞台的大小，通过这个菜单可以对编辑器的舞台进行缩放。舞台缩放不会改变舞台的尺寸，也不会影响作品的最终呈现效果。

舞台的最右侧用于设置分页。一个作品中，可以有很多不同的分页，分页与分页之间的内容是相对独立的，而分页与分页之间的过渡切换也可以在属性栏中调整许多不同的效果，也可以通过行为来控制翻页跳转。点击分页下面的按钮即可添加新的分页，也可以选择模板来新建分页。

在舞台属性栏中，可以自定义 HTML 分享信息界面（见图 5.12），通过对这个信息的修改，可以定义微信朋友圈的转发标题、描述、缩略图等信息。

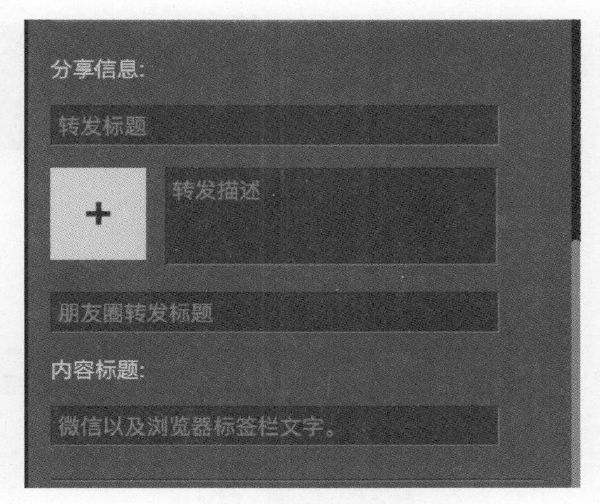

图 5.12　分享信息界面

5.1.2　时间轴

在了解舞台后，制作动画及交互的另一个重要部分就是时间轴。如果你拥有 Flash 及视频剪辑经验的则对此很眼熟，通过时间轴，我们可以控制舞台在不同的时间点上呈现不同的内容，时间轴界面如图 5.13 所示。

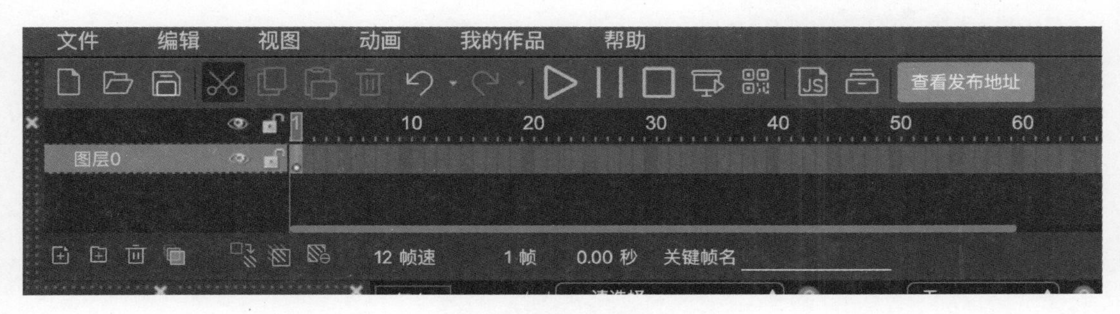

图 5.13　时间轴界面

时间轴分以下几个区域。

1. 图层操作区

在这里有一些常用的图层功能，如修改图层名字，对图层进行隐藏、锁定操作，添加图层、添加图层夹、删除图层、洋葱皮功能（叠加观察动画前后帧）等。通过对图层进行命名、分类，可以将很复杂的作品的逻辑关系整理得干净清楚，方便以后修改。遮罩工具包括转化当前图层为遮罩、添加当前图层到遮罩内、隐藏遮罩等。

2. 时间轴线

时间轴线使用帧来表示时间，默认为每秒 12 帧。轴线上面的数字即为帧数。通过在时间轴上右击可以进行各种帧操作，这是 Mugeda 最常用的功能之一。在时间轴下方，会显示帧信息，从左至右分别为帧速、帧号、折算成时间、关键帧名。帧速默认为每秒 12 帧，可以在舞台属性中调整。帧号即为这一帧的编号，在许多交互行为中可以添加帧号来进行跳转，折算成时间即顾名思义当前帧在作品中是多少秒（见图 5.14）。只有关键帧才能命名，帧命名后在许多交互行为中可以添加帧名称来进行跳转。

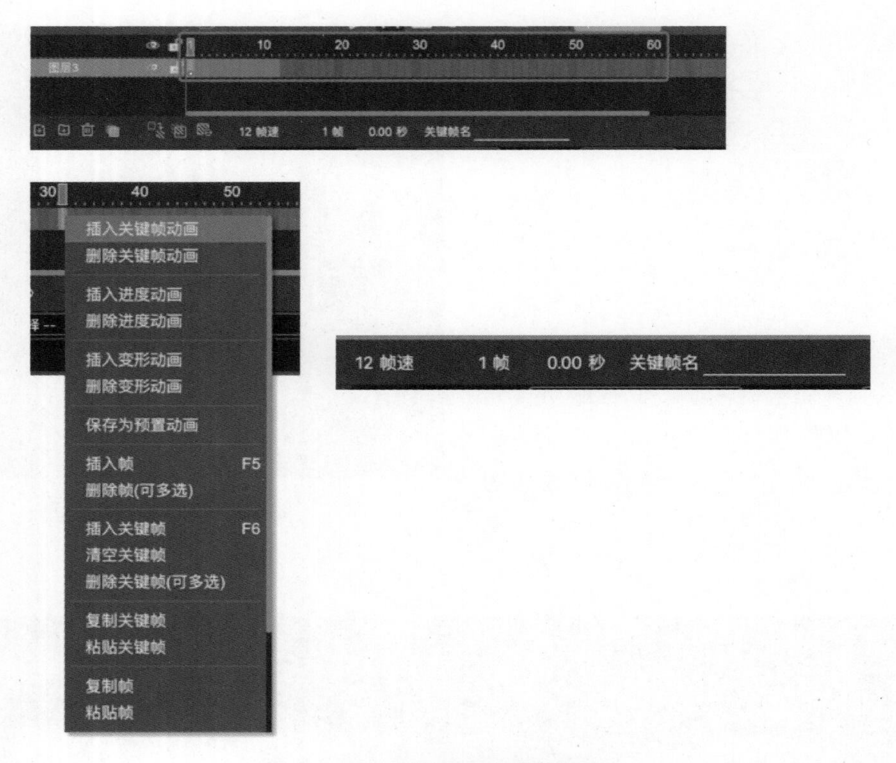

图 5.14　时间轴帧的设置界面

5.1.3　工具栏

工具栏分布在舞台的上方及左边，这里仅介绍工具栏的基本名称，具体的使用办法将在第 6 章中详解。工具栏分成以下几个部分。

1. 页头标签工具栏

页头标签工具栏提供了 6 个标签，各自的功能介绍如下。

- 文件：对整个作品进行整体的管理。
- 编辑：对选中的素材进行编辑操作。
- 视图：调整 Mugeda 编辑器视图，包括调用参考线及改变工具栏位置等。
- 动画：对选中的帧动画进行编辑操作。
- 我的作品：跳转至“我的作品”页面，查看之前做过的作品。
- 帮助：获取帮助。

2. 页头快捷工具栏

页头快捷工具栏可以实现一些常用功能的快捷操作，如新建作品、打开以前作品、保存；对选中素材进行剪切、复制、粘贴、删除等；撤销操作、恢复操作；帧动画在舞台上预览、播放、暂停、停止；在编辑器内预览作品、使用二维码预览作品；脚本编辑器、素材管理器，可以查看作品用的素材类型及名称、快速定位；发布作品，获得可以正常观看的作品二维码及链接。

3. 侧边工具栏

侧边工具栏可以快速调用各种工具及预置功能模块。

（1）选择工具栏。使用工具栏中的每个工具时会有提示，其中快捷键分别是默认选择工具，快捷键 V；节点选择工具，快捷键 A；变形选择工具，快捷键 Q；缩放比例，快捷键 Z；显示物体快捷工具栏（点击侧边工具栏中的按钮就可调用），参考辅助线（点击侧边工具栏中的按钮即可调用）。

（2）媒体工具栏。利用媒体工具栏内的工具可以导入多种格式文件，如素材库，快捷键 S，打开账号的素材库，可以调用图片、声音、视频、元件、字体等素材；导入 PSD 源文件，快捷键 D；导入图片、声音、视频；文字工具，快捷键 T；文本段落工具；幻灯片工具、网页工具、可视化图表工具、虚拟现实工具。

（3）绘制工具栏。此处可以使用绘制工具在舞台上画出矢量图形，如直线工具与钢笔工具，绘制完成后还可以使用节点选择工具（快捷键 A）来调整节点；预置 4 种图形工具。

（4）预置考题工具。预置考题工具可以使用以下 4 种工具预设考题，并得出总分数：单选题与多选题、填空题、拖动选择题、总分计算。

（5）预置控件工具栏。预置控件工具栏是后期使用比较频繁的高级功能，具有如下控件和工具：擦玻璃控件；点赞控件、投票控件、计数器控件、排行榜控件、抽奖控件；画图工具，在舞台上生成供用户使用的画板；连线工具，预设的连线选择判断；拖动工具，预设的拖动选择判断；定时器、随机数、陀螺仪，可以获取手机的三种倾斜角度。

（6）表单工具栏。利用表单工具栏可以创建一个自定义表单，并可通过提交表单行为在后台收集数据，如填空、单选、多选、下拉菜单、预置表单。

（7）微信工具栏。微信工具栏可以调用 4 种微信的预置接口与用户互动，如获取用户微信头像、获取用户微信名、用户上传定制图片、控制录音及播放录音等。

5.1.4　属性栏

舞台的右侧为属性栏。在舞台上每个不同的物体，都拥有自己的属性，我们可以在这里给每个物体调整自己的属性。属性栏也有一些公用的标签，可以用来设置和调整一些全局的内容，比如翻页效果、加载页效果等。

（1）在属性栏中，可以修改舞台中物体的属性，基础属性是每一个物体都有的属性，比如长、宽、透明度等。通过高级属性设置，可以给物体添加预置动画、滤镜及动作行为。通过专有属性设置，可以对该类型物体的特有属性进行修改调整，如图 5.15 所示。

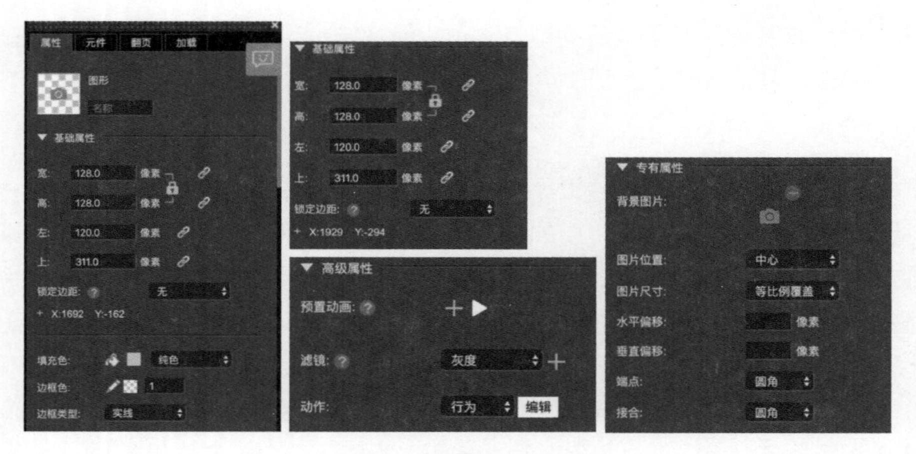

图 5.15 **属性栏界面**

（2）利用元件标签可以查看导入作品的媒体素材，如声音、视频及元件，并可以对它们进行如下操作。

- 左边：新建元件、复制元件、新建素材文件夹、上传素材、下载素材、加入元件库等。
- 右边：将素材放入舞台中央、重命名素材、删除素材等。

（3）利用翻页标签可以设置页与页之间的翻页动画效果及交互方式。

（4）利用加载标签可以设置加载页的形式。

5.1.5 发布

作品做好后，需要发布到服务器才能正常使用。一般情况下，在保存以后，点击页头快捷工具栏中的“查看发布地址”按钮，可以进入发布界面。第一次发布会自动生成发布地址及二维码。以后修改的作品，在保存后，需要点击“重新发布”按钮才能重新发布。重新发布后，地址不变。作品发布界面如图 5.16 所示。

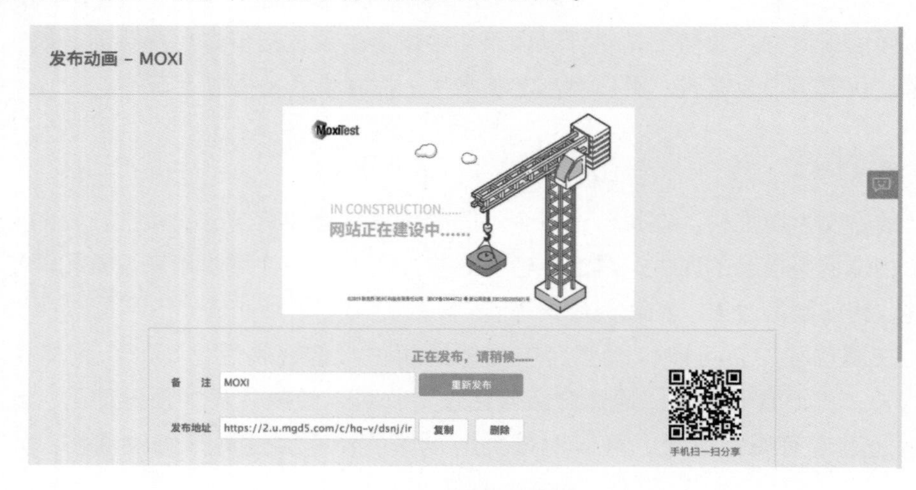

图 5.16 **作品发布界面**

如果需要使用自己的服务器及域名，可以在保存后点击菜单栏中的“文件”→“导出”→“导出 HTML 动画包”命令即可。导出后会下载一个压缩包文件，解压缩后上传到自己服务器即可使用服务器对应的域名地址打开。

Mugeda 也提供收费的绑定公众号及自定义域名服务，可以将作品直接发布到自己的域名上。作品定制服务界面，如图 5.17 所示。

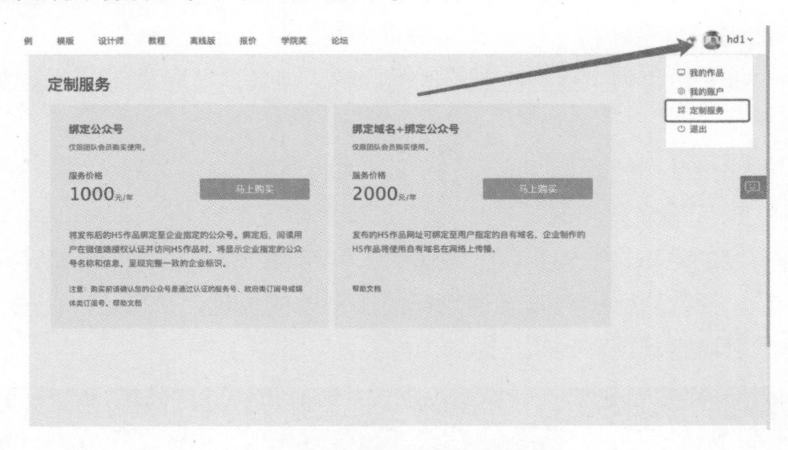

图 5.17 作品定制服务界面

在调用微信接口时会提示“XXX 需要获取你的个人信息”，默认情况下使用 Mugeda 制作的内容会弹出提示“Mugeda 需要获取你的个人信息”。使用绑定公众号功能后，弹出来的窗口即为绑定的公众号需要获取你的个人信息，一般只有企业用户需要使用这个功能。

5.1.6 数据统计

当创建好一个作品后，可以在作品列表栏中选择查看统计数据。点击“统计”按钮之后，就可以进入统计页面。通过该统计页面，可以获得非常详细的作品数据，包括浏览量、用户数及分时、分层的图表等。也可以从这里进入“用户数据”菜单，来获取作品中表单提交的信息，还可以通过付费的内容分析获取该作品的数据报表。作品统计界面如图 5.18 所示。

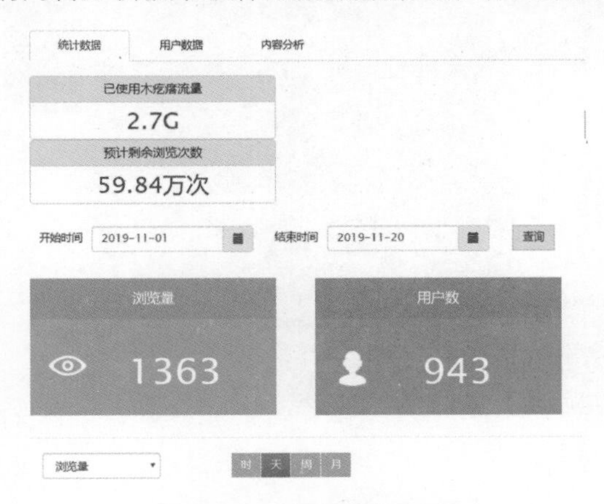

图 5.18 作品统计界面

5.2 动画基础功能

软件操作视频 2

木疙瘩平台提供了多种动画效果，其中关键帧动画可以实现常见的动画效果，比如位移、大小、旋转、透明度改变等；变形动画可以实现形状的改变和颜色过渡的动画效果；进度动画可以实现进度走势效果，图表走势图和打字机效果用进度动画来做则比较理想；逐帧动画是在时间轴的每帧上逐帧绘制不同的内容，使其连续播放而成动画的。

5.2.1 时间轴是什么

顾名思义，时间轴就是用来控制时间的工具，如图 5.19 所示。时间轴的主体部分是一个表示时间长度的轴。这个轴将我们习惯的以秒计时的方式改为了以帧计时，默认情况下，1 秒 =12 帧。黄色的标签可以通过鼠标的点击改变位置，来确定时间轴上的帧位置，并同时在舞台上可以直观地看到帧里面的内容。

图 5.19　时间轴界面

有小圆点的帧就是关键帧，右击时间轴上的相应位置，可以插入帧或者插入关键帧。插入帧可以给这个关键帧增加相应的帧数来扩充它的时间，如果想给这个关键帧做一个 1 秒钟的动画，那么就需要在 12 帧的位置插入关键帧，如图 5.20 所示。

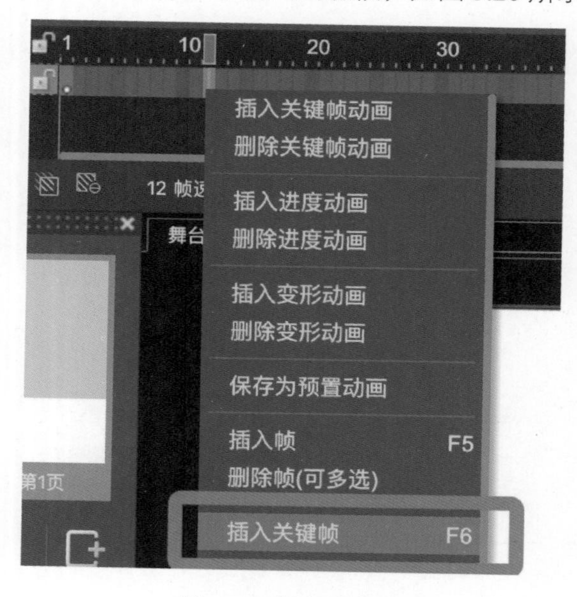

图 5.20　插入关键帧

插入关键帧可以生成一个新的关键帧。如果在一个动画上插入关键帧，那么可以改变动画在这个时间点的状态，关键帧与关键帧之间会自动地补齐动画。如果在时间轴空白处插入关键帧，那么在这个位置会生成一个新的关键帧，并自动补齐前面缺失的帧。如果这个操作是在普通的帧上的，那么会从这一点开始将这个帧变成没有关系的两段，这两段可以进行不同的操作而互不影响。可以从关键帧的不同颜色、不同状态来知道时间轴上帧中的内容。

5.2.2　通过时间轴制作简单的动画

时间轴动画是 Mugeda 动画的最基本也是最常用的形式。添加时间轴动画十分简单，在时间轴的帧上右击即可添加三种不同的时间轴动画形式（关键帧动画、进度动画、变形动画），变成动画帧。关键帧动画界面如图 5.21 所示。可以通过改变动画帧上不同的关键帧上内容的属性，关键帧与关键帧之间就会自动生成动画。

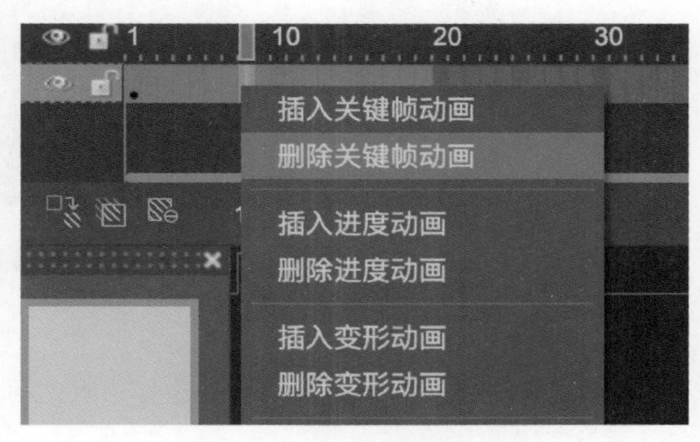

图 5.21　关键帧动画界面

1. 关键帧动画

关键帧动画是 Mugeda 最简单也是最常用的动画形式，接下来我们做一个小动画来举例说明制作关键帧动画的步骤。

（1）首先用绘制工具在第一帧的舞台上画一个圆，如图 5.22 所示。

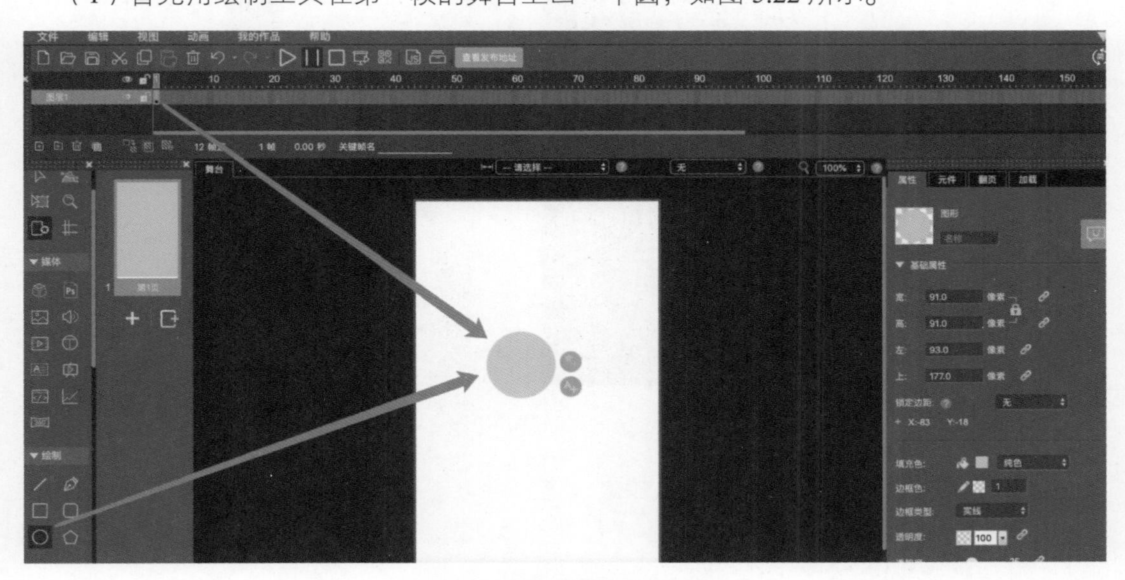

图 5.22　制作关键帧动画界面

（2）然后给时间轴添加足够的帧，假设想要动画持续 3 秒，那么在 36 帧的位置点右击，在弹出的快捷菜单中选择“插入帧”，如图 5.23 所示。

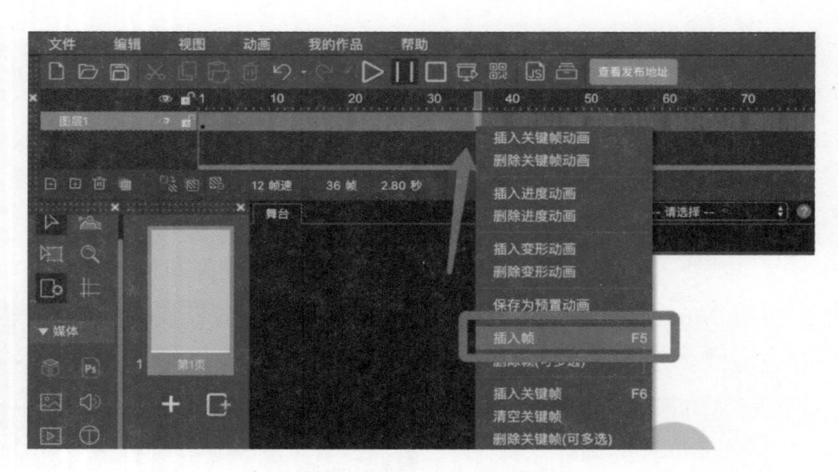

图 5.23　36 帧插入帧界面

（3）再在帧上右击，在弹出的快捷菜单中选择“插入关键帧动画”，我们可以看到动画帧的颜色变成了绿色，并且自动生成了一个红色的关键帧。选择这个红色的关键帧，然后移动圆在舞台上的位置，如图 5.24 所示。这样我们就得到了一个圆的运动小动画，可以点击预览查看效果。

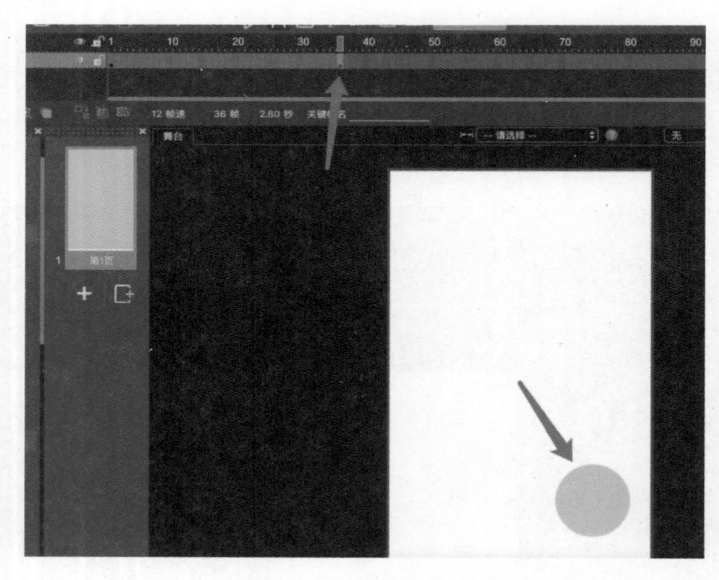

图 5.24　移动圆的位置

（4）可以在动画帧的不同位置添加更多的关键帧。调整每个关键帧的舞台上圆的位置、大小、透明度等的属性，可以得到更加复杂的动画。无论多么复杂的动画，都是这样一步步开始做起来的。

2. 进度动画

利用进度动画可以让我们很省力地设计图形生长及打字机这两种动画效果，但进度动画的作用物体仅限于 Mugeda 上绘制的图形及 Mugeda 上添加的文字。

（1）首先在第一帧上用钢笔工具绘制一个图形，如图 5.25 所示。

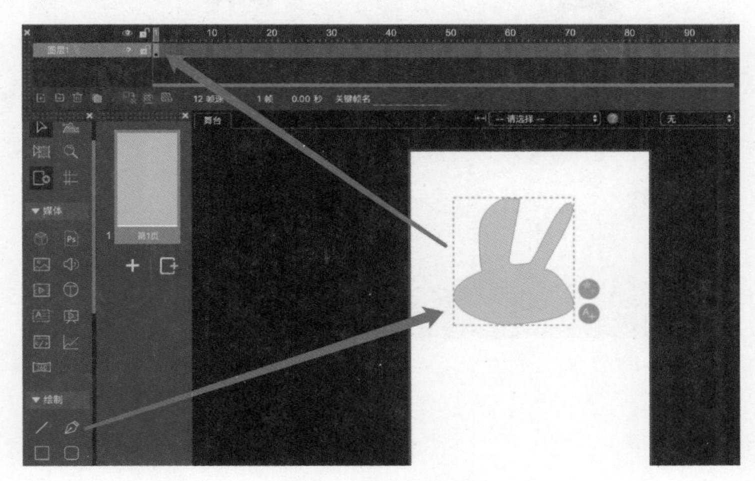

图 5.25　进度动画制作

（2）然后可以调整这个图形的属性，去掉它的填充色，让它变成线稿，并同时在时间轴上给这个关键帧再添加 3 秒钟的帧，如图 5.26 所示。

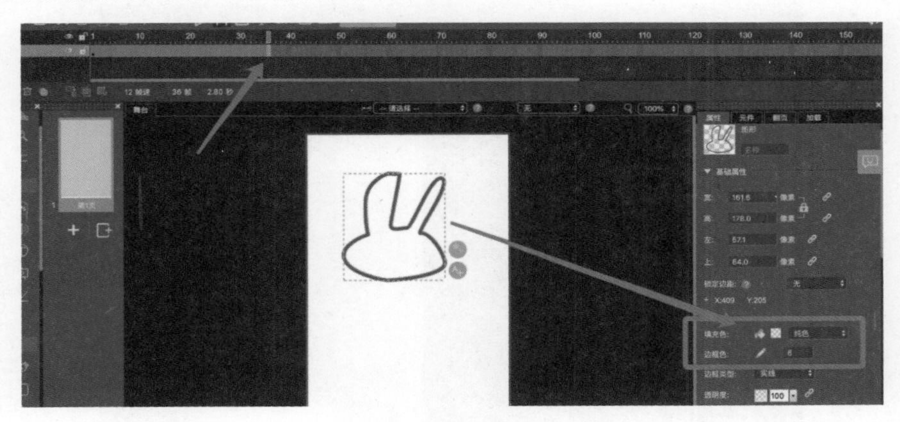

图 5.26　添加帧

（3）接着在帧区域上直接右击，在弹出的快捷菜单中选择“插入进度动画”，动画就做好了，如图 5.27 所示。此时进度动画的颜色是紫色。我们预览一下，可以看到这个图形的边缘线会自动生长出来。

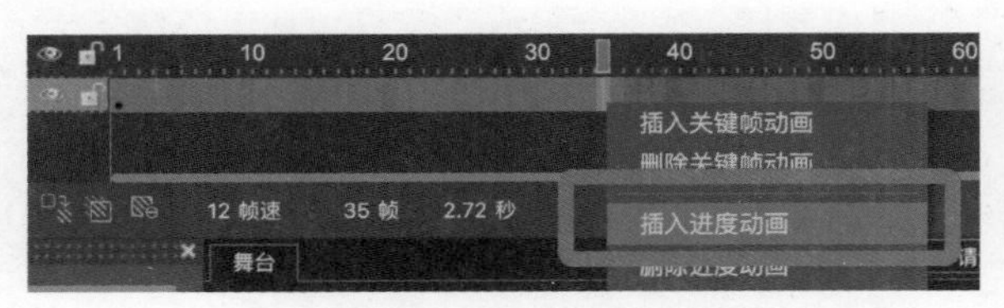

图 5.27　插入进度动画

如果舞台上的元素是文字元素，那么就会变成打字机效果，如图 5.28 所示。

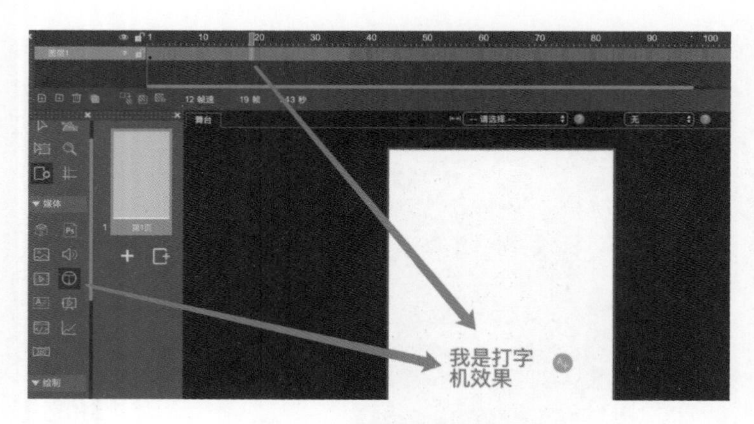

图 5.28　打字机效果动画

3. 变形动画

变形动画可以让在 Mugeda 中绘制的图形具有变形变色的效果，它的使用方式类似于关键帧动画，但可以通过节点工具调整点的位置来变形及通过颜色工具调整颜色来变色。首先在第一帧中用钢笔绘制一个图形，如图 5.29 所示。

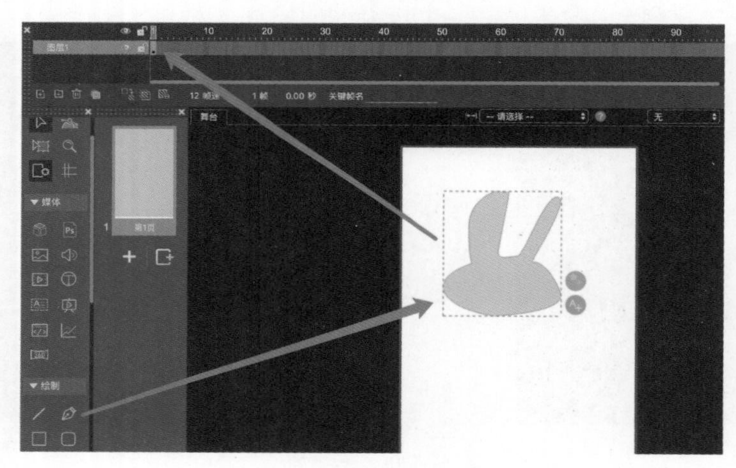

图 5.29　变形动画制作

然后，添加足够的帧，右击，在弹出的快捷菜单中选择“插入变形动画”，如图 5.30 所示。

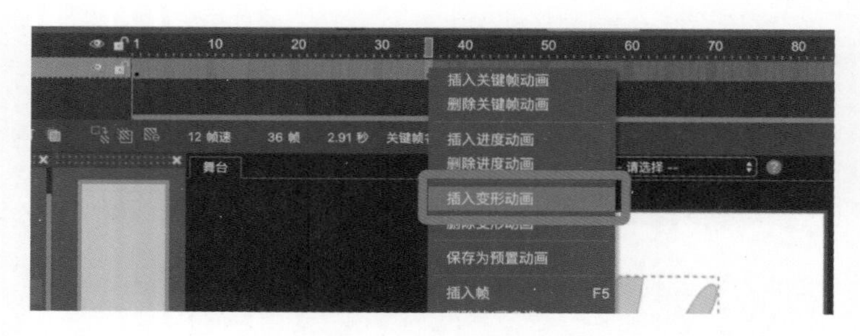

图 5.30　插入变形动画

这时，它生成了一个红色的关键帧，然后选中这个关键帧，在舞台上用节点工具调整我们刚才的图形，如图 5.31 所示，调整完后可以预览效果。我们也可以通过改变它的颜色，来设计自动变色的动画。

图 5.31　预览变形动画

5.2.3　元件的概念及运用

在 Mugeda 中还有一个很重要的概念，即元件。我们可以这样来比喻，整个舞台就是一个大房间，可以做动画、做交互等。元件就是这个大房间里的小房间，这个小房间里能做的事情也是一样的，如图 5.32 所示。

右侧工具栏中有个元件库，元件库中可以看到当前作品下的所有元件及音频、视频文件。新建元件可以从舞台上点击想要转换成元件的物体，然后选择“转换为元件”，如图 5.33 所示，这个物体的属性就变成了元件。

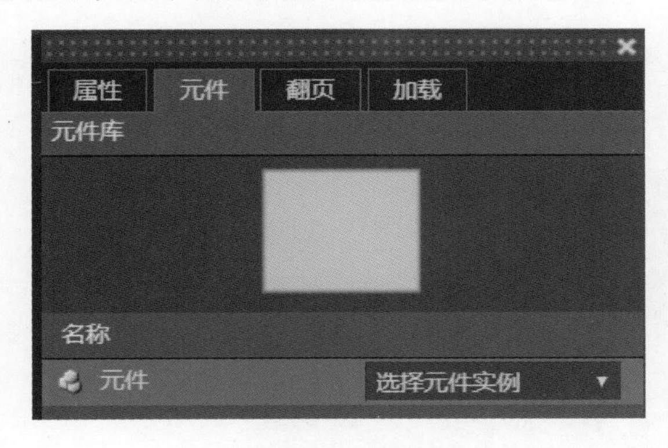

图 5.32　元件界面

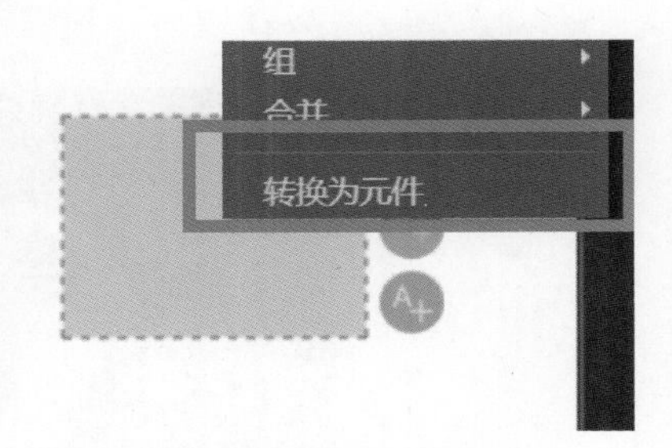

图 5.33　转换元件界面

双击这个物体就进入了元件的舞台，可以在这里添加图层、动画、行为等操作，如图 5.34 所示。

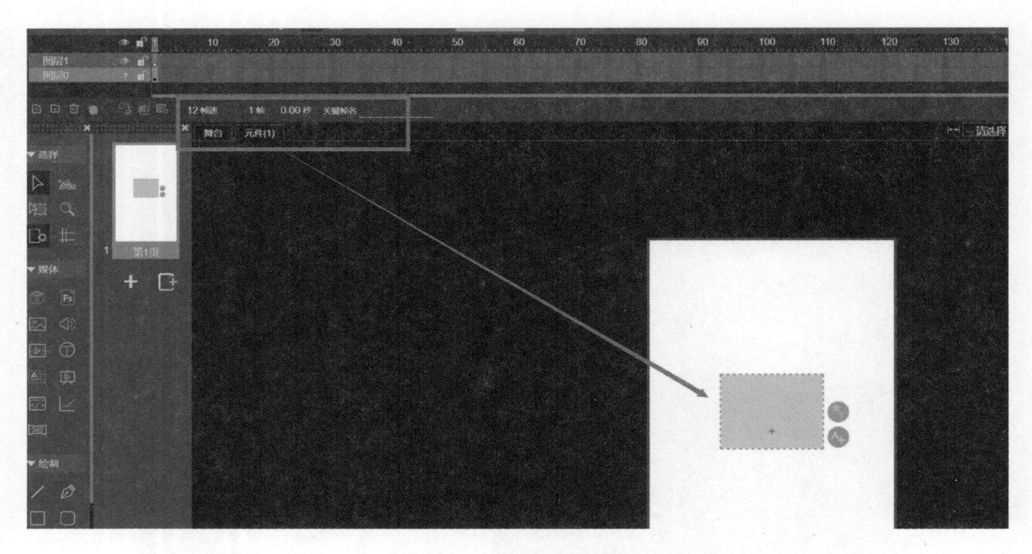

图 5.34　对元件操作界面

给这个元件添加上动画，然后点击“舞台”标签（见图 5.35），就可以离开元件内部，回到整个舞台上来。然后，我们可以继续在舞台上对元件进行操作，如添加动画等。

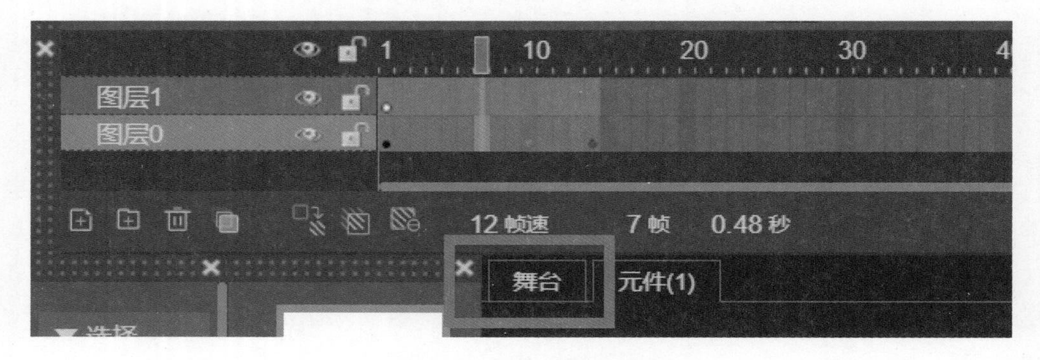

图 5.35　对舞台操作界面

为了更直观地说明元件动画的意义，我们在这里再举一个小例子：利用元件动画制作足球滚动的效果。首先在舞台上放置一个足球，并将它转换为元件，如图 5.36 所示。

图 5.36　将元素转换为元件界面

在这个足球的元件中，我们为它加入一个动画，如旋转 360°，如图 5.37 所示。

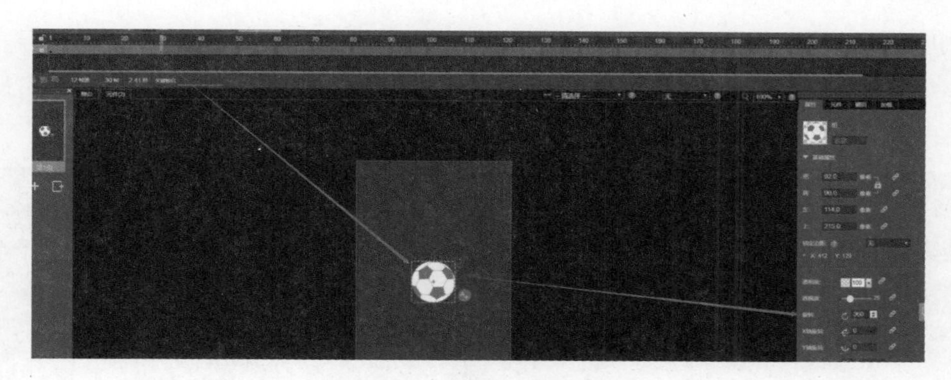

图 5.37　在元件中嵌入动画

我们回到舞台上进行预览，这个足球会一直转。我们可以给这个足球元件添加动画，让它在舞台的不同位置移动。添加了动画后，足球元件会自动变成一个组。之后预览一下，我们就可以看到足球碰撞的动画就制作完成了，如图 5.38 所示。

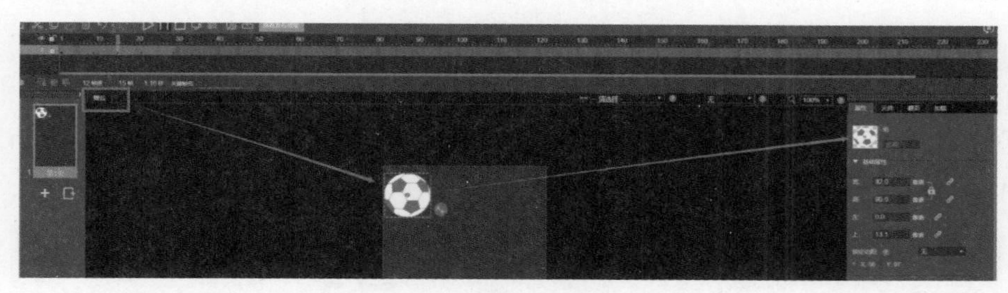

图 5.38　添加动画

5.2.4　预置动画

预置动画是 Mugeda 里最简单的动画形式，使用非常方便。我们可以在任何没有加动画的物体右边可以找到预置动画的按钮，点击为物体添加不同的动画，预置动画就添加完成了，类似于 PPT 一样，如图 5.39 所示。

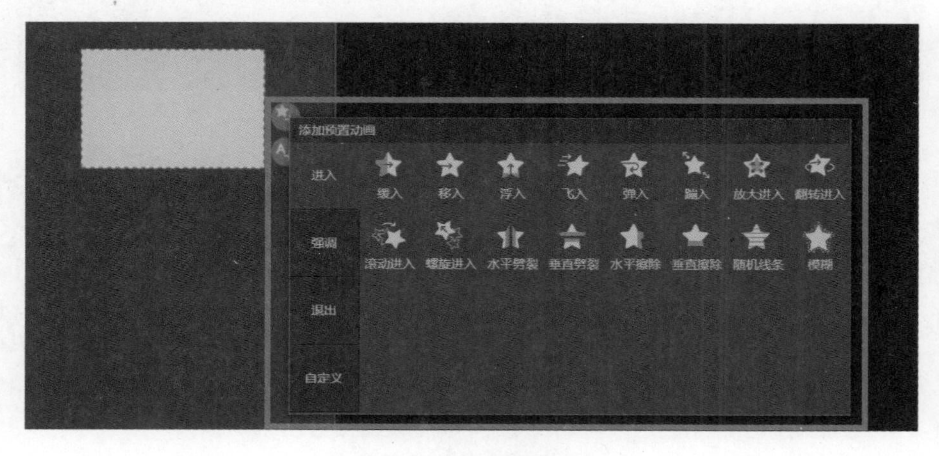

图 5.39　预置动画界面

添加了预置动画后，动画进度条会变为蓝色，物体右边会出现对应的动画图标。在物体的高级属性内也可以看到相应的预置动画的设置选项，如图 5.40 所示。添加完预置动画后，点击蓝色的预置动画图标，可以调整动画选项。

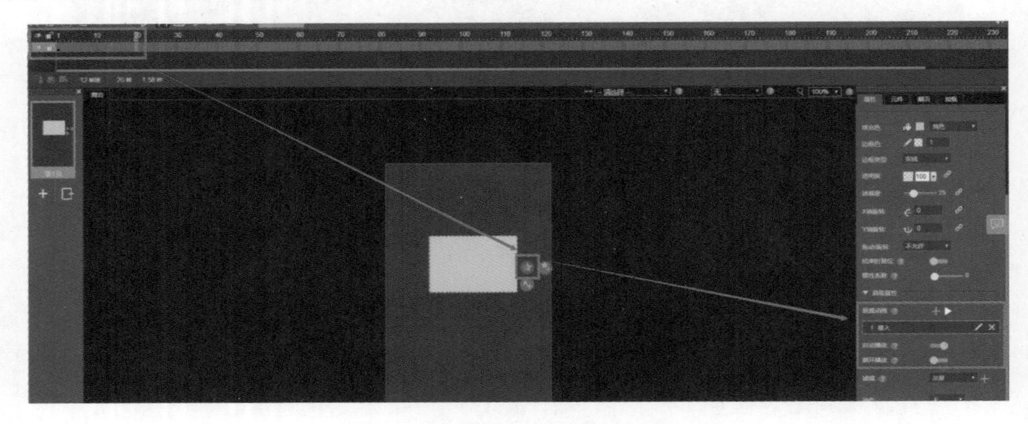

图 5.40　调整预置动画设置

也可以自定义预置动画，只需要在时间轴上选中一个已经做好的动画段落，然后再右击，在弹出的快捷菜单中选择“保存为预置动画”，就能在以后方便使用这个动画效果，如图 5.41 所示。

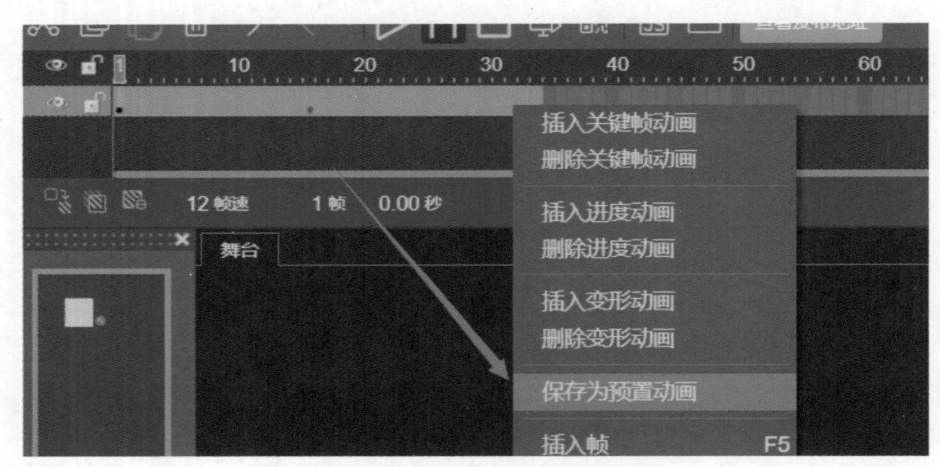

图 5.41　保存预置动画

5.3　交互的基础功能

软件操作视频 3

上一节学习了在 Mugeda 中制作动画的方法。在这一节中，我们将学习交互的基础功能，利用它我们可以做出来丰富的具有创意的交互效果。Mugeda 的交互功能充分考虑了没有编程基础的设计人员的习惯，可视化的界面是十分简单而且功能强大的。

5.3.1　行为

行为是 Mugeda 中交互的最基础功能，可以为每一个物体添加无数个行为并组合成特定的交互方式。行为的添加有以下两种方式：

- 在每一个物体右边有一个添加行为的快捷图标，点击一下便可弹出该物体的行为控制框，如图 5.42 所示。

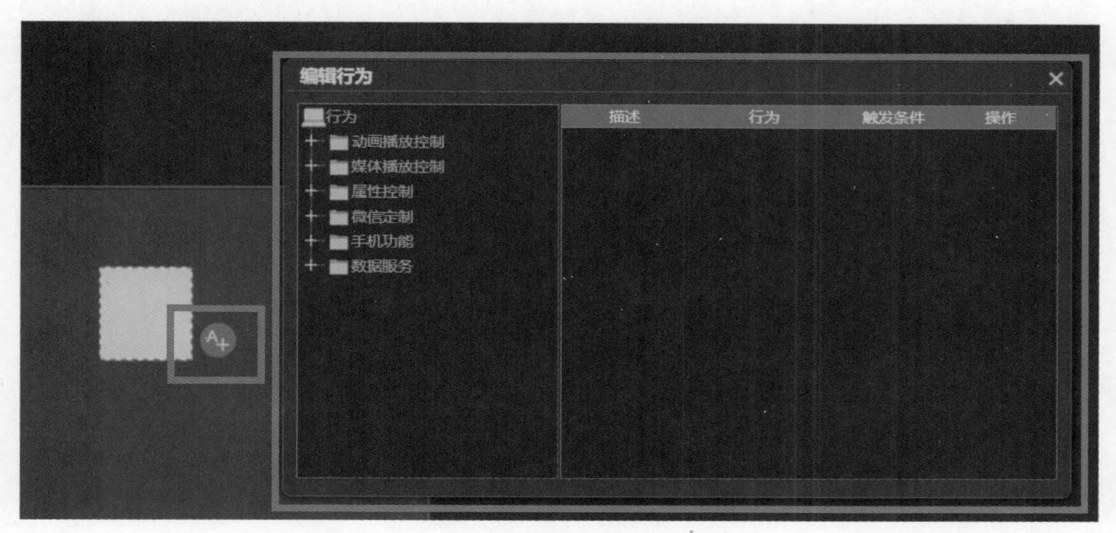

图 5.42　添加行为界面

- 在每一个物体的属性栏的最下方，有一个动作属性，点击动作属性的菜单，可以调出行为控制框，如图 5.43 所示。

添加好行为后，可以看到物体右边的快捷图标会有为这个物体添加的行为，如图 5.44 所示。行为由行为本身及触发条件组成，行为本身就是这个行为所做的交互动作，后面会有每个交互动作的功能介绍。触发条件是指触发这个行为的动作，比如上面的行为，就是通过点击触发的暂停行为。那么这个行为的功能就是点击——暂停，十分简单直观。

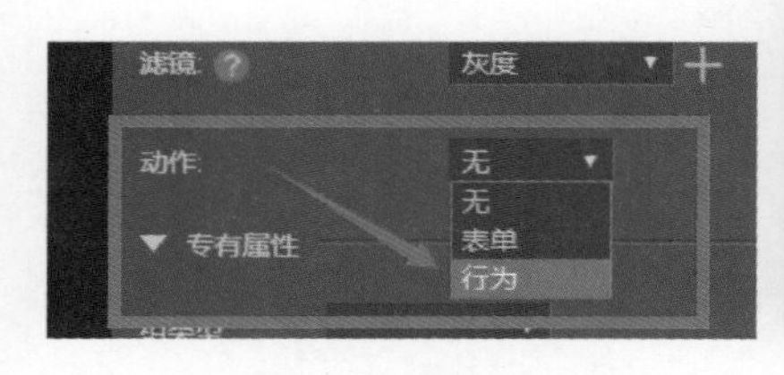

图 5.43　行为控制框

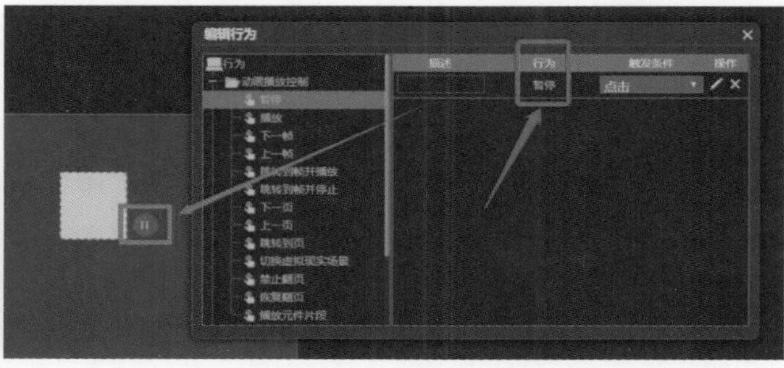

图 5.44　添加行为后指示

也可以通过操作菜单中的铅笔图标，打开行为的参数栏，每个行为的参数栏都是不一样的，如图 5.45 所示，可以设置不同的参数及执行条件来达到更加精细化的交互效果。

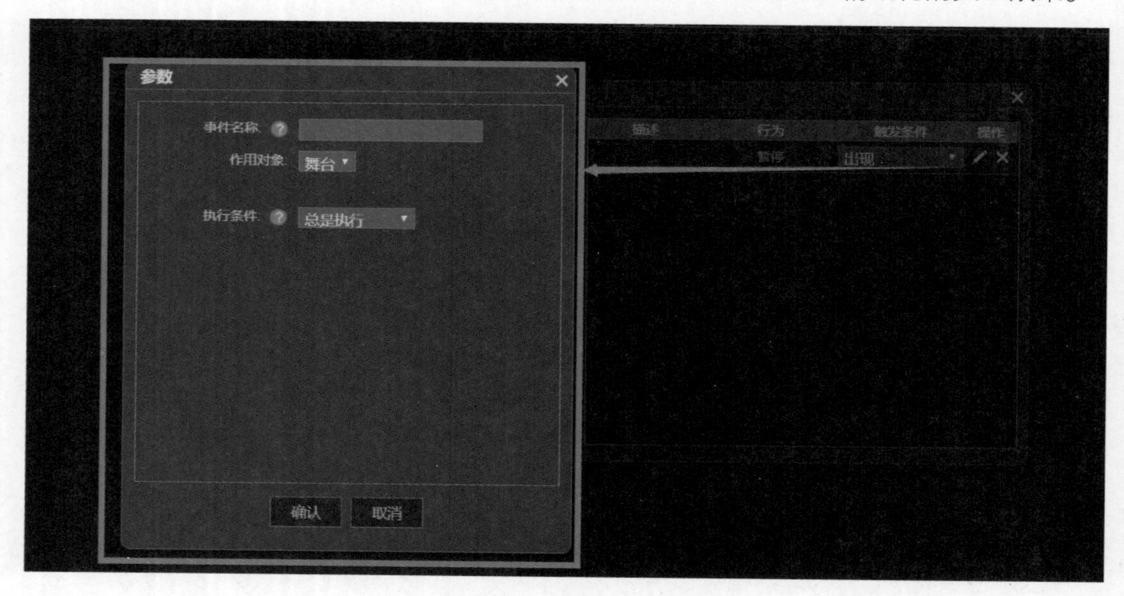

图 5.45　行为参数设置

接下来，介绍 Mugeda 丰富的行为菜单，以及它们可以执行的操作。

1. 播放控制

播放控制分为动画播放控制和媒体播放控制，如图 5.46 所示。动画播放控制的行为用来控制作品中制作的时间轴动画、分页动画。媒体播放控制用来控制作品中导入的多媒体内容（声音、视频）。

图 5.46　播放控制行为

动画播放控制又分为时间轴动画控制和分页动画控制。

（1）时间轴动画控制行为有暂停、播放、上一帧、下一帧、跳转到帧并播放、跳转到帧并停止、播放元件片段。

暂停行为可以通过指定作用对象来暂停时间轴上的各类动画，当作用对象为舞台时，暂停舞台的动画，如图 5.47 所示。作用对象也可以为已经命名的预置动画及元件动画，行为会作用于对应的预置动画或者元件动画上。

当动画暂停后，就可以通过播放行为来继续播放动画了，类似于暂停的行为，播放行为也可以指定各类动画作为作用对象。上一帧与下一帧的行为可以控制作用对象的动画跳到上一帧或者下一帧并且暂停。

跳转到帧并播放和跳转到帧并停止是必须要设置参数的行为，通过这两个行为可以实现时间轴动画的更精细的控制，它的作用对象仅限于舞台和元件，如图 5.48 所示。

图 5.47　暂停设置

图 5.48　行为参数设置

我们可以通过设置帧号或者帧名称的参数（不可同时设置，有冲突）来控制作用对象跳转到某一个位置。如图 5.49 所示，该设置可以理解为点击这个物体界面跳转到舞台的 13 帧并停止。

小技巧：我们可以利用分号（；）来分隔数字，例如，1；3；5；7，这样的数组填入帧号这一栏，就会随机在数组中间进行跳转。

播放元件片段这个行为可以控制元件来播放某一段动画，参数可以选择某一个元件实例、是否循环及在这个元件里动画的起始帧及结束帧来播放这一部分的动画，如图 5.50 所示。

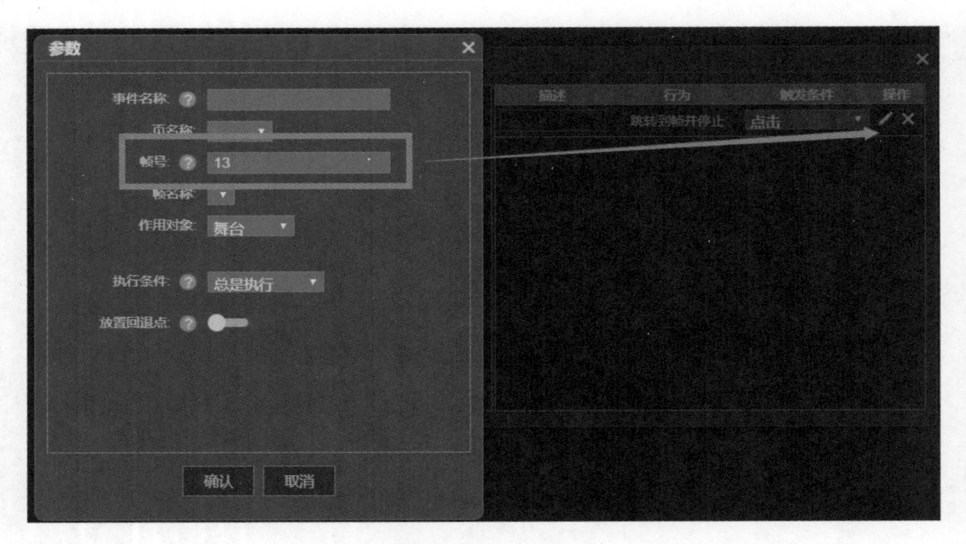

图 5.49　帧号设置

图 5.50　元件行为设置

如果想在不同的条件下播放元件的前后两段动画（第 1～25 帧，第 25～37 帧），就可以通过这个行为来实现，如图 5.51 所示。

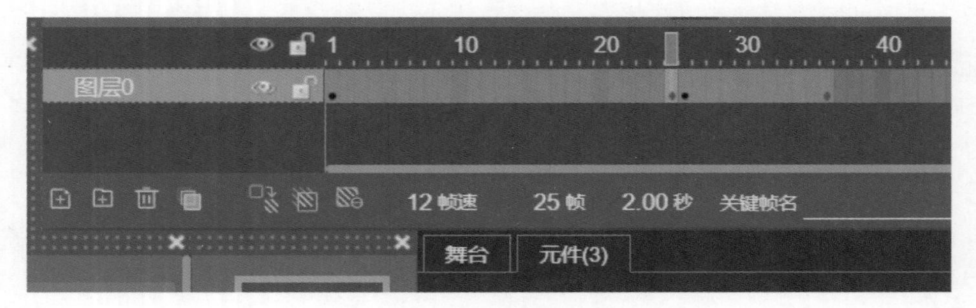

图 5.51　按帧号选择行为设置

（2）分页动画控制的行为可以用来控制作品中不同页面的跳转、翻页，由上一页、下一页、跳转到页、禁止翻页及恢复翻页这 5 种行为组成。上一页和下一页的行为十分简单，触发条件为往上翻页或者往下翻页，除了执行条件也没有其他参数可以设置。

利用跳转到页行为可以更加方便地控制页面的跳转，它可以设置参数跳转到第几页及翻页的动画效果。

在默认状态下，如果作品里有多个页面，那么在任何地方都可以通过全局的上下或者左右滑动来翻页。如果我们想控制作品的翻页行为，那么就需要用到禁止翻页和恢复翻页这两个行为，如图 5.52 所示。

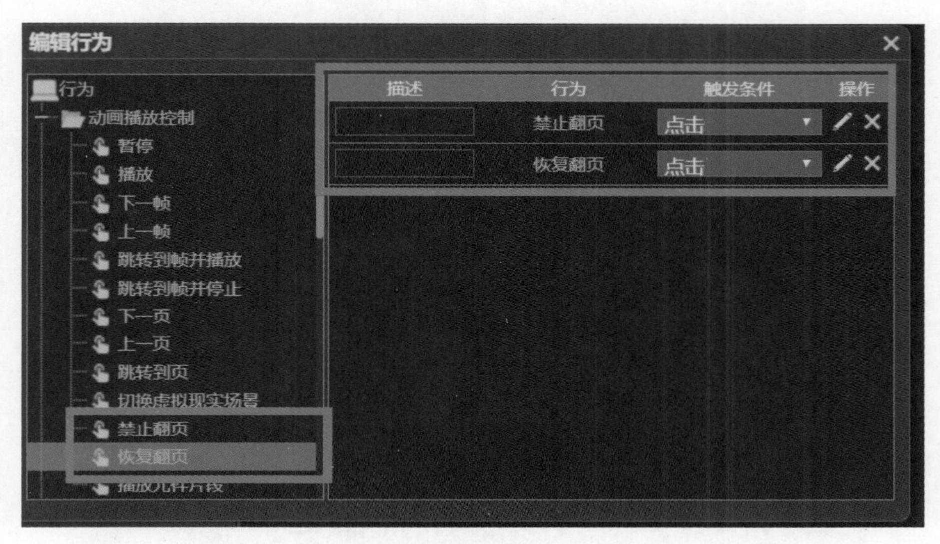

图 5.52　翻页行为设置

添加了禁止翻页行为后，触发条件可以让作品不能通过全局滑动来翻页。添加了恢复翻页行为后，可以让作品恢复通过全局滑动来翻页的功能。

如果作品中有媒体内容（视频、声音），那么就可以通过媒体播放控制的行为来控制这些内容，如图 5.53 所示。

描述	行为	触发条件	操作
	播放声音	点击	✎ ✕
	停止所有声音	点击	✎ ✕
	控制声音	点击	✎ ✕
	播放视频	点击	✎ ✕
	控制视频	点击	✎ ✕
	设置背景音乐	点击	✎ ✕

图 5.53　媒体播放设置

这些行为设置都十分简单，也都有对应的参数可以设置。

需要注意的是，播放声音的行为，控制的是元件库中的声音。控制声音的行为，控制的是放置到舞台中的声音，如图 5.54 所示。同样，播放视频和控制视频所播放的视频也是不一样的。

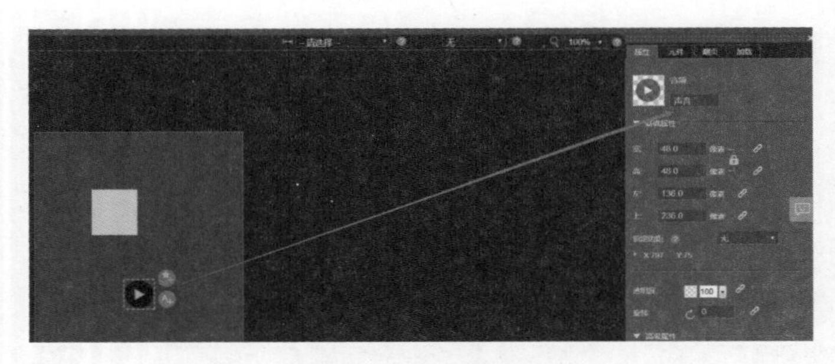

图 5.54　声音播放设置

把一个音频导入到舞台上，它就会变成一个音频物体，这时我们给这个物体命名，就能从控制声音的行为中找到它了，如图 5.55 所示。可以选择的控制声音方式有暂停、停止、播放，以及音量的大小。

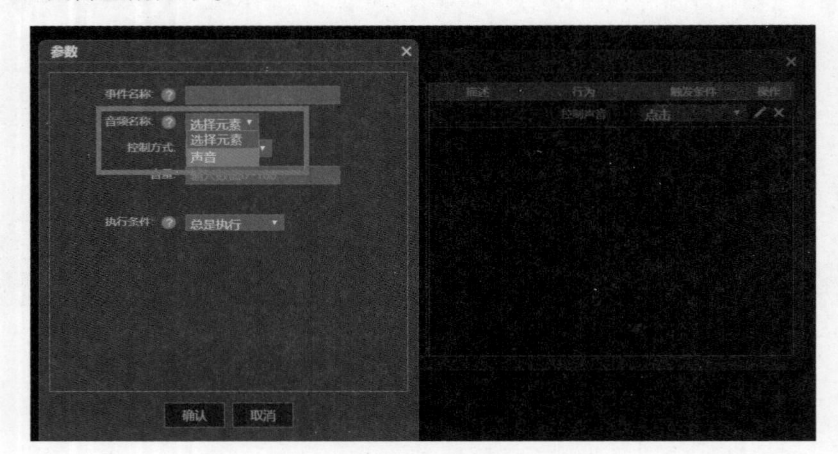

图 5.55　声音命名

播放声音的行为所播放的声音元件是元件库中的声音元件，如图 5.56 所示。

图 5.56　声音元件

控制声音和播放声音这两个行为有很大的不同，一般情况下我们会使用控制声音来获得对声音的更精准的控制。

控制视频的行为类似于控制声音，只能控制舞台上的视频物体，控制方式也是十分多样化的（如图 5.57 所示）。播放视频的行为非常少用，一般推荐使用控制视频来对视频进行各种操作。

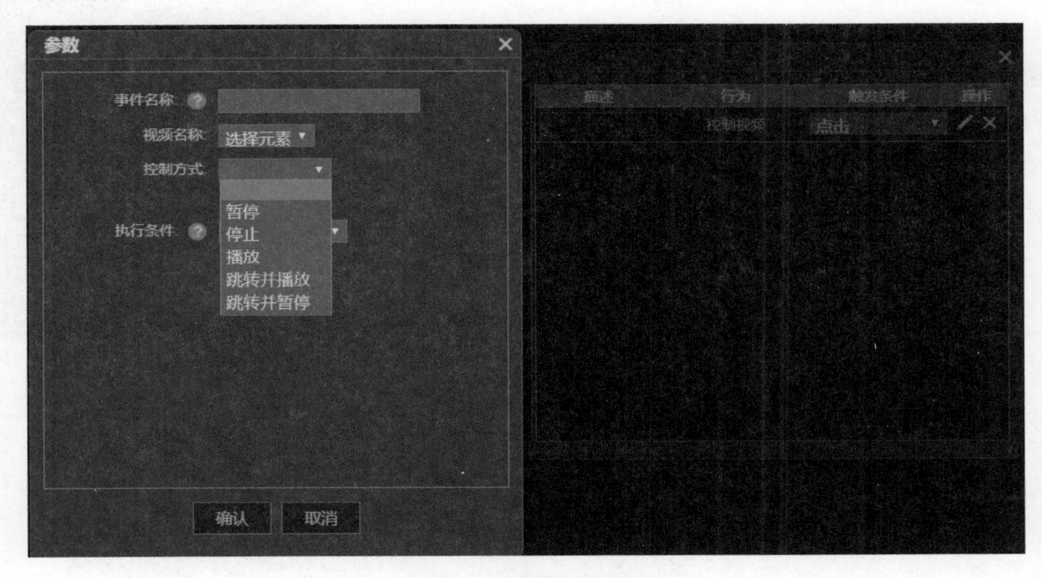

图 5.57　控制声音设置

还有两个行为也是比较简单的，停止所有声音行为可以停止正在播放的所有声音，设置背景音乐行为可以设置背景音乐的播放暂停状态、图标位置、音量大小及播放位置，如图 5.58 所示。

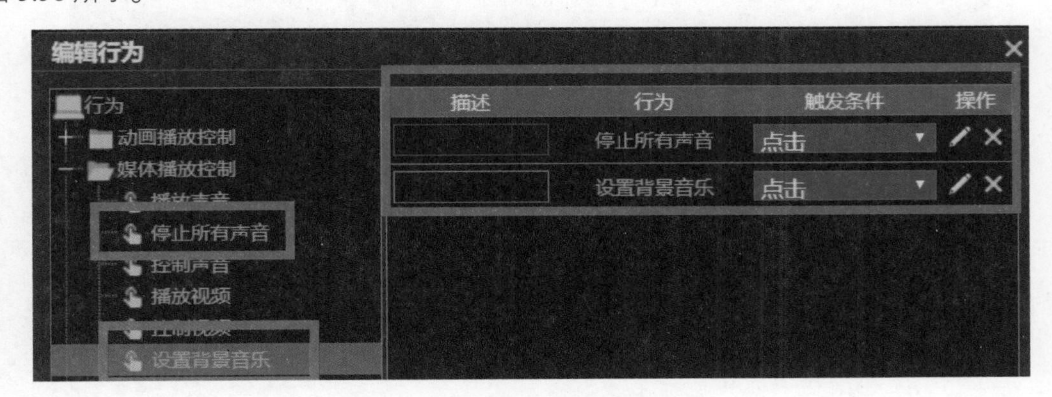

图 5.58　停止声音与设置背景音乐

2. 属性控制

属性控制属于交互行为中比较高级的功能，通过属性控制设置的行为能做许多看起来非常厉害的交互。属性控制的行为都是跟舞台上的物体连接在一起的，比如改变元素属性与重置元素属性可以改变舞台上元素的各类属性及恢复它们的初始状态。设置定时器可以改变舞台上定时器元素的各种状态等。

在这里介绍元素属性控制的行为（改变元素属性、重置元素属性等）、跳转链接、改变图片、舞台截图这几个行为，如图 5.59 所示。

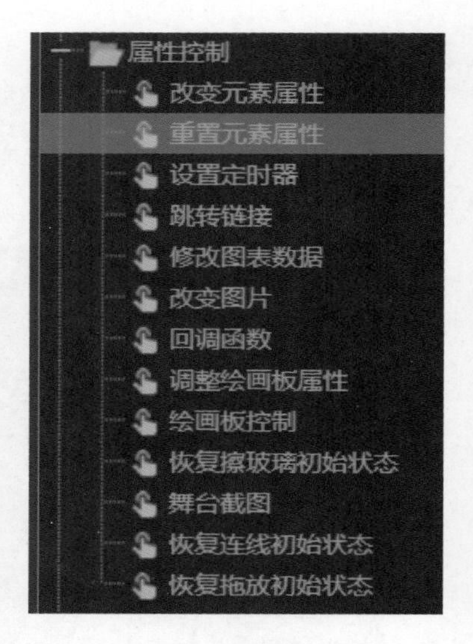

图 5.59　元素属性设置

改变元素属性与重置元素属性顾名思义可以改变或者重置舞台上某一元素的属性，在图 5.60 中我们能看到改变元素属性行为的参数，元素名称就是需要改变的元素名称。元素属性可以选择图 5.60 左图中的这些属性来调整，其中“文本或取值”只对应文字物体，“填充颜色”及“边框颜色”只对应在 Mugeda 中用绘制工具绘制的物体，“（声音）播放百分比（0～100）”只对应声音元件。

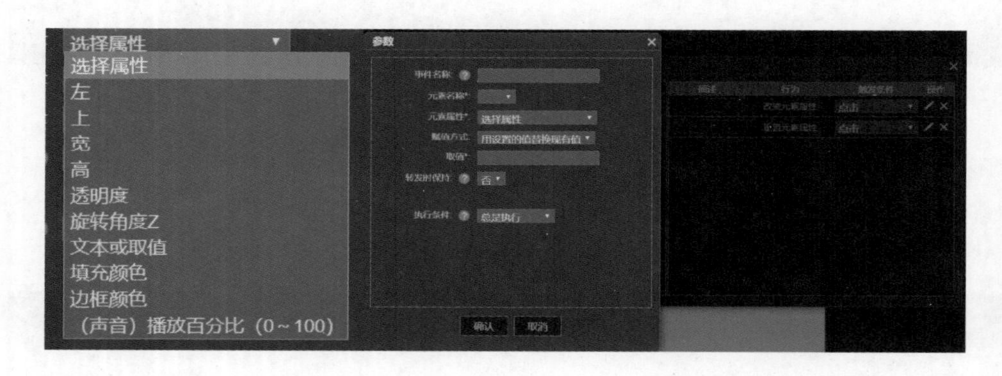

图 5.60　属性参数

“赋值”方式有两种，一种是覆盖，另一种是在基础值上增加。“取值”栏则可以填写需要改变的取值数，这个取值数对应文字物体时也可以写成文本。

重置元素属性的行为可以重置元素被改变的属性。两个行为互相配合可以实现非常多的复杂交互效果，如图 5.61 所示。

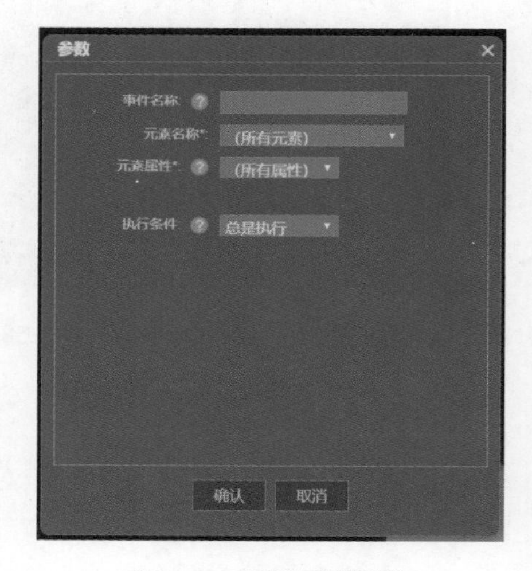

图 5.61　重置元素属性

跳转链接的行为十分简单，如果需要跳转到其他的链接，就可以使用这个行为，在“链接”栏中输入想要打开的网址即可，如图 5.62 所示。

图 5.62　跳转链接设置

改变图片的行为可以把目标元素的图像改为源元素的图像，这也是一个十分简单但效果出众的交互功能。我们以前经常看到过生成海报的 H5 作品，这种作品即是用舞台截图的行为来制作的。舞台截图行为可以指定一个舞台区域，然后把当前这个区域内的样子截图在目标图片上，并且可以指定操作成功后的行为，如图 5.63 所示。

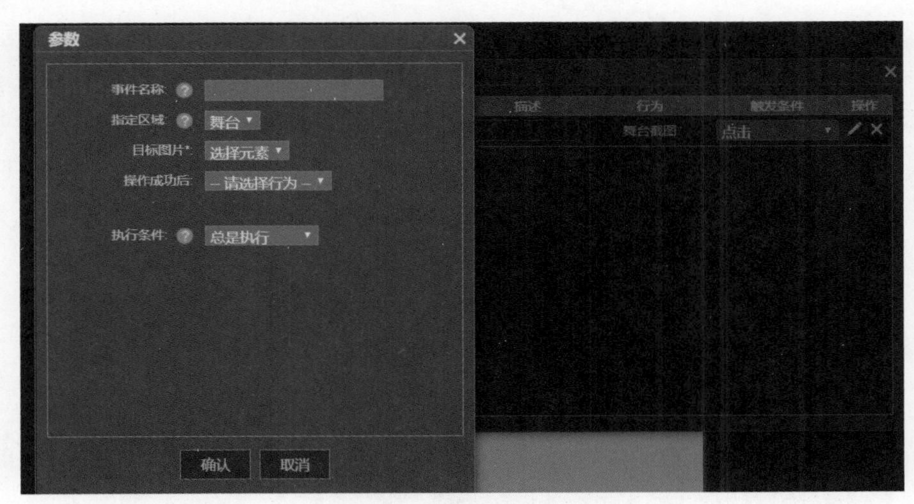

图 5.63　改变图片行为设置

3. 其他

实际上大部分的 Mugeda 行为看似复杂，实则很简单。Mugeda 还提供了大量方便的行为让大家很轻松地设计某种交互效果。其中“微信定制”行为因为调用了微信接口，只能在微信中使用。通过“微信定制”行为可以由用户自己上传图片、录音，也可以显示用户的微信头像及昵称。“定义分享信息”也可以自定义在朋友圈或者转发时作品的标题。“手机功能”可以实现调用手机各种功能来交互，例如，打电话、发短信等。“数据服务”是配合表单及预设后台工具使用的，如图 5.64 所示。

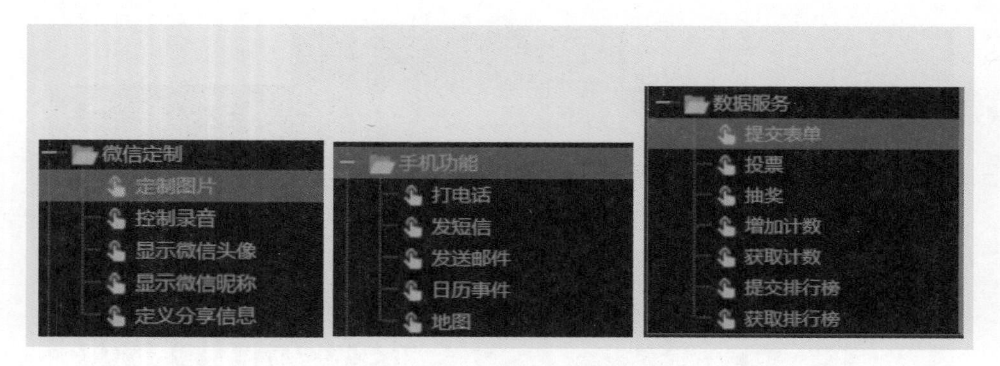

图 5.64 其他行为设置

5.3.2 条件

Mugeda 的行为都需要有条件才能触发。最简单的触发条件就是通过某种操作来触发行为。复杂点的条件就是执行条件，只有当某物体匹配某属性时，才能通过触发条件触发行为。

接下来我们介绍这两种条件的设置。

1. 触发条件

Mugeda 支持的触发条件多种多样，如图 5.65 所示。其中触发方式有主动触发和被动触发两种，比如“点击”即为主动触发条件，通过鼠标或者手指的点击来触发这个行为。大部分的触发条件都是主动触发的，比如“鼠标移入”“鼠标移出”及 8 个方向上的滑动、手指按下和抬起、“摇一摇”、拖动物体放下等。这些主动触发条件都是常用的屏幕交互行为。

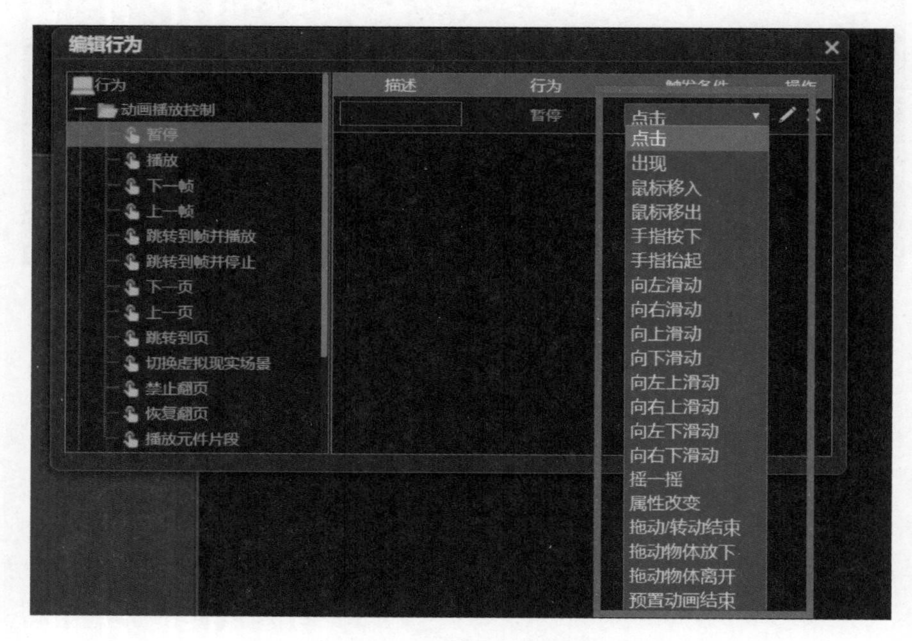

图 5.65 触发条件设置

而被动触发条件虽然数量少，但也是常用的条件，比如“出现”条件，那么只要这个物体出现，软件就会执行这个行为。出现—暂停是最常用的控制时间轴动画在某一个时间点停止下来的行为组合。

例如，在图 5.66 中，在时间轴图层 2 上的第 9 帧有一个单独的关键帧，里面的物体上有出现-暂停的行为，那么在播放动画时，动画就会自动在第 9 帧暂停。

被动触发条件在正常物体上还有属性改变（当物体属性改变时，移动或者变换大小、旋转、透明度等，触发行为）、预置动画结束（物体身上的预置动画结束时触发行为）等。

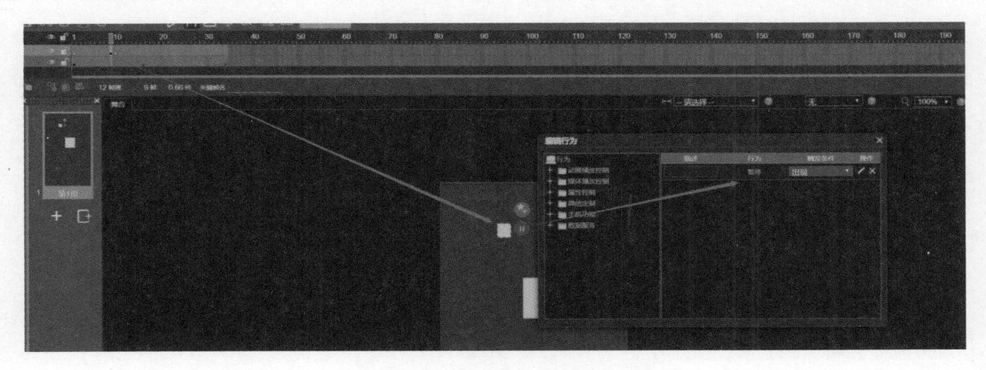

图 5.66　被动触发条件设置

在某些特定的物体上，例如，定时器、声音、视频等，还有属于这类物体的特定的被动触发条件。

2. 执行条件

刚才介绍的行为的参数条件下面都有一个“执行条件”选项，执行条件可以在触发条件之外再增加许多的条件来控制行为的触发，通过执行条件的设置可以做出游戏类中十分复杂的内容。执行条件分为检查元素状态和逻辑表达式两种。

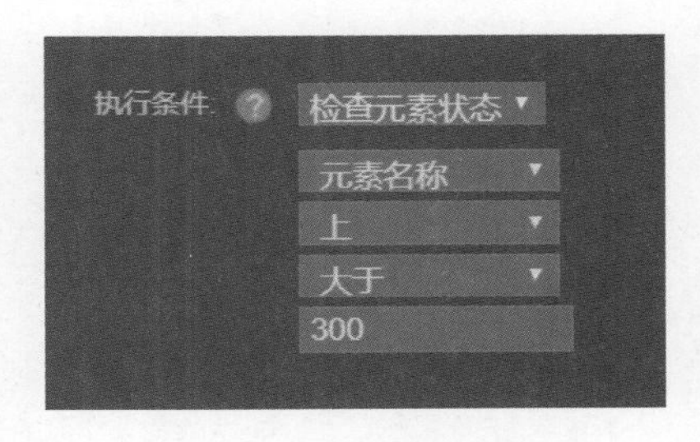

图 5.67　执行条件设置

检查元素状态如图 5.67 中设置，图中的设置即为名称为“元素名称”的物体的“上”属性大于 300 才可以通过触发条件来执行这个行为。

检查元素状态设置十分简单，但它也只可以设置一个条件，如果要设置多个执行条件，就需要用到逻辑表达式。逻辑表达式，是一个编程的概念，如图 5.68 所示。

图 5.68　逻辑表达式设置

下面介绍逻辑表达式的概念。

- 我们用 {{ 名字 }} 的方法获取物体的取值。

例如：{{ 小随 }}

- 我们用 {{ 名字 . 属性 }} 的方法获取物体的属性。

例如：{{ 小随 .top}}（指“小随”的上坐标）；
{{ 小随 .left}}（指“小随”的左坐标）；
{{ 小随 .text}}（指“小随”的文本取值）；
‘{{ 小随 .text}}’.length（指“小随”的文本字符长度）。

- 我们用 =、>、< 的方法来判断区间。

例如：{{ 小随 }} > {{ 小丁 }}
上面的例子就是，当小随大于小丁时，执行行为，又如 {{ 小随 }} >= 20、{{ 小随 }} <= {{ 小丁 }}、{{ 小随 }} == {{ 小丁 }}。
注意：逻辑不等于是！ =。

- 我们用 && 来间隔需要同时满足的条件。

例如：{{ 小随 }} >= {{ 小丁 }} && {{ 小随 }} <= 100
上面的例子就是，当小随大于等于小丁并且当小随小于等于 100 时执行条件。

- 我们用 || 来间隔多个满足的条件。

例如：{{ 小随 }} >= {{ 小丁 }} || {{ 小随 }} <= 100
上面的例子就是，当小随大于等于小丁，或者当小随小于等于 100 时都执行条件。
有了上面对逻辑表达式的简单学习，我们就可以初步试着去写一些简单的逻辑表达式了。

5.4 基础工具

软件操作视频 4

前面介绍了动画及行为的添加，动画及行为都是添加在各种物体上的，如图片、绘制内容、视频、声音等。这些物体我们需要使用各种工具来将其导入到作品中，同时 Mugeda 还提供了更多类型的工具导入，例如，文本、幻灯片、图表、网页等。这一节我们学习如何做一个类型丰富的多媒体作品。

5.4.1 多媒体内容的导入与控制

多媒体内容是组成作品内容的基本元素。Mugeda 支持多种媒体类型物体的导入及控制，包括图片、视频、声音、字体、PSD 导入、文本、幻灯片、图表、网页及 VR 虚拟现实工具。

1. 素材库的使用

素材库应该是最常使用的功能了，上传至 Mugeda 中的所有内容都存储在素材库中。

点击工具栏中的“素材库”图标，打开素材库，获取素材，如图 5.69 所示。

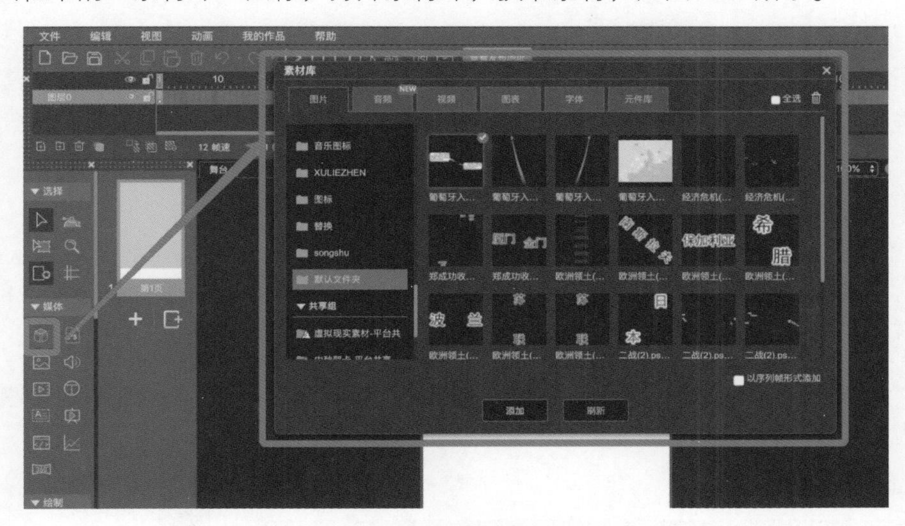

图 5.69　调用素材库

选中素材库中的素材，再点击“添加”按钮，就能把素材添加到舞台上了。在素材库每一页的下方可以找到“上传”(＋)按钮，点击就可以在这个文件夹中上传该类型的素材，如图 5.70 所示。

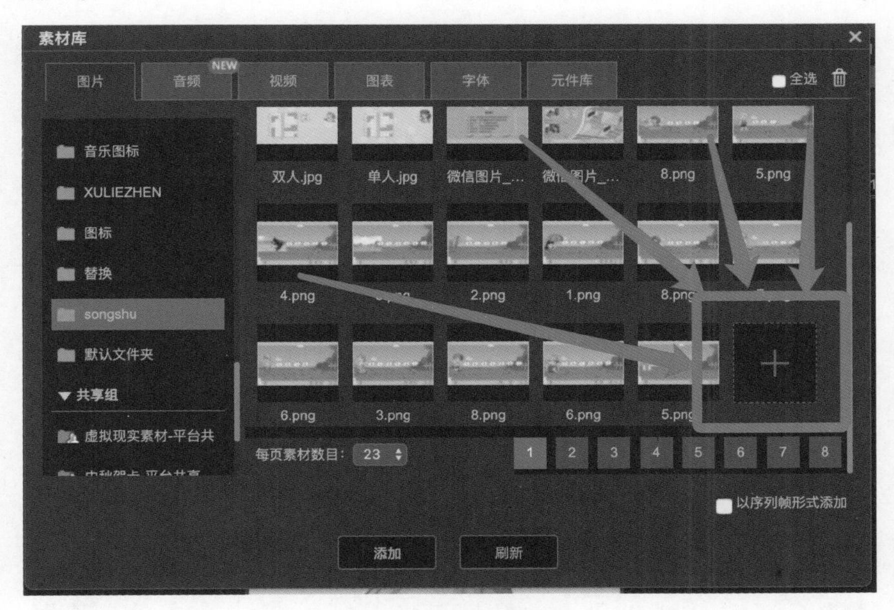

图 5.70　添加素材

把素材拖动或者点击来将其上传到素材库，拖进来之后等状态变为加载完毕，点击“确定”按钮，就可以在素材库中找到这个素材。可以一次拖动上传很多需要上传的素材，但需要注意自己的账号是否还有足够的空间添加素材。

Mugeda 也提供了许多公有的素材供用户使用，但使用版权音乐素材及版权字体素材则需要另行付费。我们打开素材库后可以看到有 6 个标签，分别代表不同的素材库类型。音频、视频、图表、字体的素材库中的内容操作方式是一样的。需要注意的是，为了保证音频在所有设备上能正常播放，音频需要使用 MP3 格式并经 AAC 压缩。各种设备对视频的限制会更多，所以在 Mugeda 中上传的视频大小最多不能超过 40MB，而且必须为 MP4 格式，并经 H.264 压缩方式来处理这个视频如图 5.71 所示。

如果要在作品里使用字体，那么我们需要先把字体文件上传至字体素材库。字体文件只可使用 TTF 格式文件，在上传之后最好先预览一下字体文件是否损坏。字体添加后，就可以在当前作品的字体列表中进行选择，自己上传的字体如图 5.72 所示，后面会标注（上传字体）。

图 5.71　添加素材

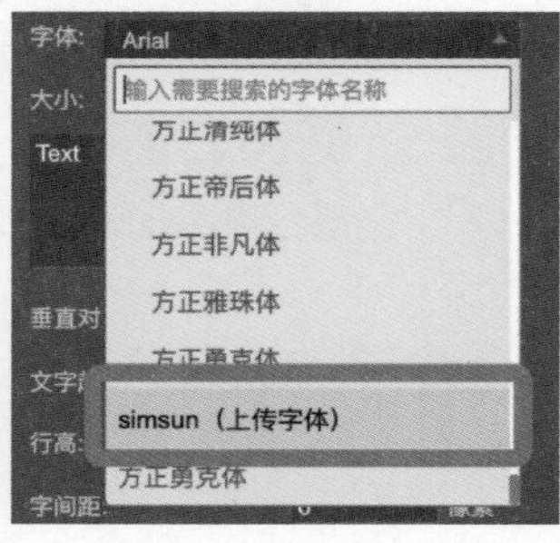

图 5.72　上传字体

图表素材库会保存账号之前制作的所有图表，关于图表的制作方法我们在图表工具的使用章节中会有介绍。

元件库是一个很实用的素材库，如果我们想要在不同作品中重复使用的元件，可以在舞台右边的“元件”标签菜单中选择这个元件，点击“导出元件库”图标，填写对应的信息，然后就能在元件库中找到它了。需要注意的是，元件入库后是无法更改的，你需要将它添加到作品中才能修改内容，这些修改不会影响元件库中的元件，如图 5.73 所示。

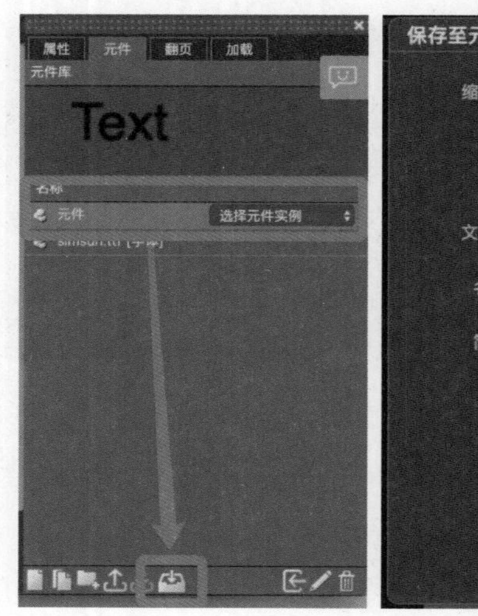

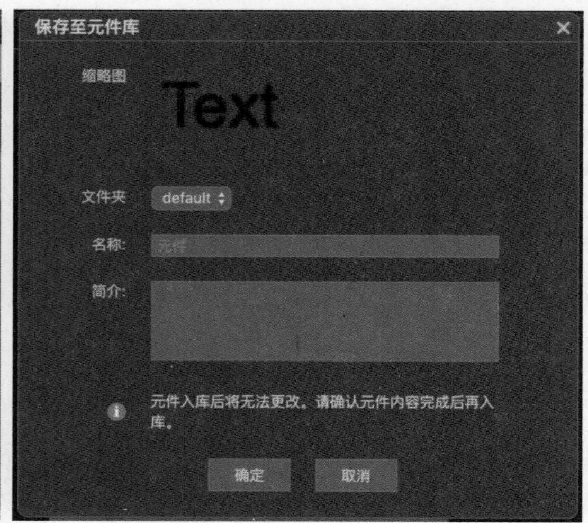

图 5.73　元件入库

2. 素材的处理

由于 H5 作品的特性，所有的图片、声音、视频等文件都是实时加载的，Mugeda 并不会对图片、声音、视频等素材进行压缩。因此，我们必须在上传素材前，先对素材进行压缩，使其大小和尺寸合适。

（1）图片文件。如果做出来的作品太大、加载太慢，可以在 Mugeda 中使用“导出”→“导出到 HTML 文件包”命令，查看一下素材的大小。对于太大的文件，可以把一些完整的满屏背景图缩小成 320px×520px 的小尺寸图片并压缩导出为 Web 格式，或者把一些大的 PNG 格式图片单独进行压缩。

在 Photoshop 中导出单独的 PNG 格式图片，可以在图层上右击，在弹出快捷菜单中选择“快速导出为 PNG”，如果还觉得大的话可以登录网站（网址为 www.tinypng.com）进行压缩。

（2）GIF 及序列帧。如果 GIF 格式文件太大，最好导出成序列帧并将其放入 Mugeda 中。GIF 格式文件超过 200KB 就算大，达到 3MB 则是流量杀手。序列帧的压缩可以使用 Photoshop 文件的批处理功能，在 Mugeda 中通过减少序列帧的帧数及增快帧速的方法，或减少图片数量，将缩小整个文件的体积。

（3）声音文件的处理，推荐使用 Audacity 软件去裁剪和压缩。

（4）背景音乐。背景音乐应该被裁剪成一段时长在 50 秒以内的，首尾都有淡入淡出的循环音乐，千万不要把网上下载的一整首 MP3 直接加载进去，这样会造成 H5 加载变慢。

（5）视频文件。首先需要在视频剪辑软件中裁好视频文件的大小，一般 320px×520px 或者 360px×640px 就够了，再使用格式工厂将其压缩成 MP4 格式文件，可使用 H.264 方式来压缩视频。Mugeda 的视频有 40MB 的大小限制，如果视频过大可以先上传到自己的服务器或者优酷、腾讯这种网站上再通过链接导入。

处理素材是一个十分必要的环节，能为后期处理省下大量处理 bug 的时间及用户的加载速度。

3. 导入 PSD 文件

Mugeda 还有一个特别好用的功能就是导入 PSD 文件。点击左边工具栏中的“导入”图标，在弹出来的对话框中拖入或者点击选择需要导入的 PSD 文件，如图 5.74 所示。

导入 PSD 文件后，Mugeda 会自动解析 PSD 文件的图层，在左边都会列出来。选择图层，并点击“整体导入”或“分层导入”按钮后，会自动将该图层导入为图片在 Mugeda 的舞台对应位置（图 5.75）。

导入分为“整体导入”和“分层导入”，“整体导入”可以在有内容的关键帧中进行操作，“分层导入”则只能在空关键帧中进行操作，如图 5.76 所示。

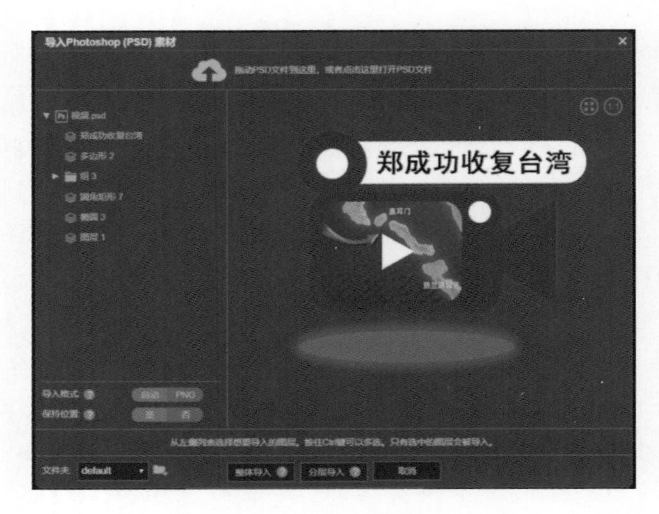

图 5.74　导入 PSD 文件

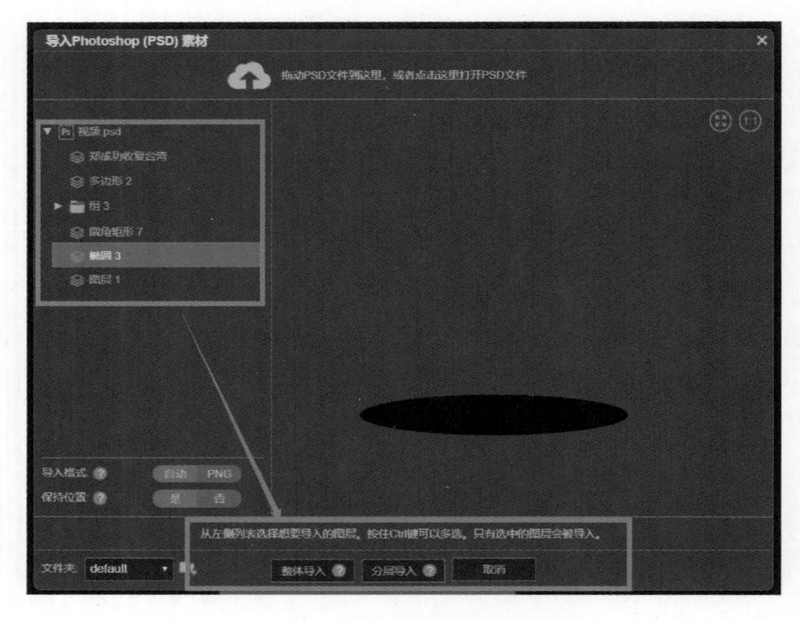

图 5.75　PSD 图层解析

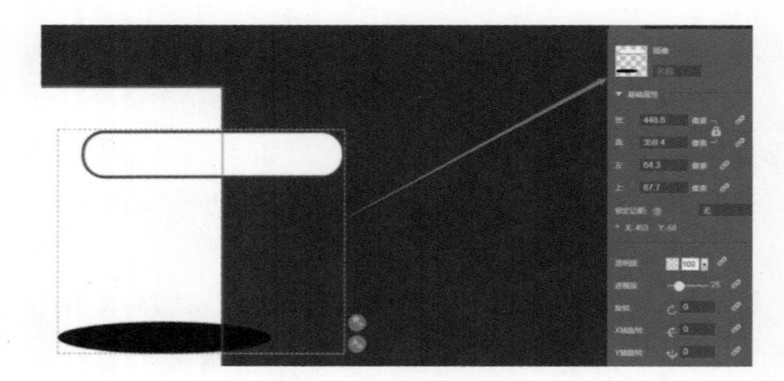

图 5.76　分层导入

如果点击“整体导入”按钮，那么所有选择的图层都会合并成一张图片并导入舞台上，如图 5.77 所示。

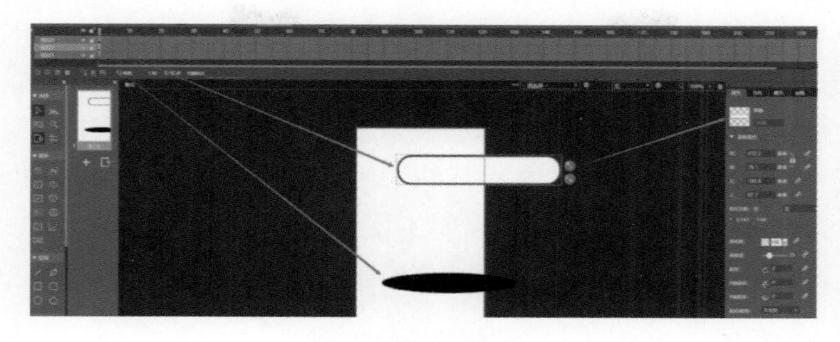

图 5.77　整体导入

如果选择“分层导入”，会在 Mugeda 中建立对应的图层来放入所选择的 PSD 图层，并可以对它们进行不同的操作。

PSD 素材的处理也是很重要的。因为技术的问题，许多 PSD 的效果 Mugeda 是无法识别的，而且 PSD 文件过大也会造成作品加载慢等问题，在导入 PSD 素材之前，要在 Photoshop 中对 PSD 文件进行处理。

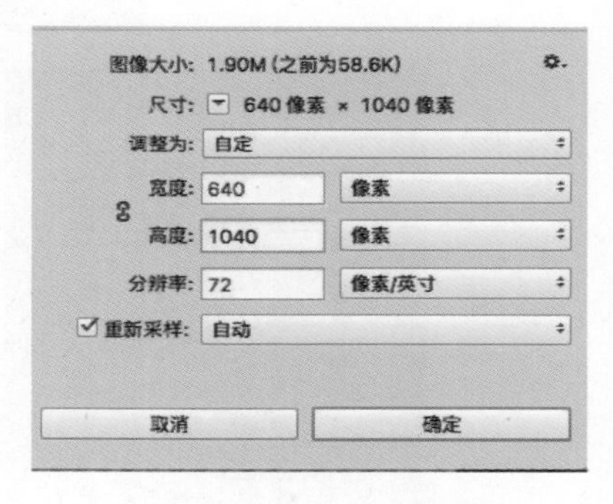

图 5.78　PSD 文件设置

首先需要将这个 PSD 的文件大小设置成合适的尺寸，推荐竖屏作品为 640px×1040px，如图 5.78 所示。

如果使用了图层样式、矢量图形、智能对象、图层叠加样式等图层附加属性时，在导入前必须全部将它们处理掉，可以将图层样式、矢量图形、智能对象等进行栅格化处理，也可以将图层叠加样式进行去掉或合并处理，还可以将所有不动的图层或者一起动的图层进行合并处理，这样，可以得到一个干净的 PSD 文件，如图 5.79 所示，图中是 100 多个图层经过处理的最终结果，只留下需要动的图层然后将其导入 PSD 中。

图 5.79　整理干净的 PSD 文件

3. 文本工具及文本段落工具的使用

在 Mugeda 中，内置的文本工具有两种，分别是文本工具和文本段落工具。在不同的场景下需要使用不同的工具来实现想要的效果。

文本工具是大部分应用场景下使用的文字工具，它最大的特点就是能与其他行为进行互动，前面介绍过的文本取值，就是获取文本物体上的文字。它也可以使用进度动画或者预置动画来实现打字机效果。文本工具的专有属性如图 5.80 所示，其他的设置与一般的设计软件设置相同。需要特别注意的是预置文本设置，预置文本有两种特殊状态。如果选择“当前时间 / 日期”，那么这个文本就会实时地显示时间。如果把这个文本放在第一页并把第一页设置为加载页，然后选择“当前加载进度百分数”，那么这个文本就会显示加载进度。如果要选择自己上传的字体的话，需要先在字体素材库中添加对应的字体到作品里才能选择。

图 5.80 文本的属性

还有一个特殊的设置是文字超出时的显示设置，它可以在文字超出文本框范围时，对文本进行 4 种不同的显示方式如图 5.81 所示。

图 5.81 文本超出时设置

我们不能给同一文本物体设置不同的字体、颜色及大小，如果需要这么设置时要用到文本段落工具。文本段落工具使用场景不是十分广泛，但如果需要大量的文字或者需要有图文结合、同一段落里要有不同文字颜色、大小的时候，我们就会使用到文本段落工具，如图 5.82 所示。

文本段落的特殊效果主要在舞台的文本框内进行设置。在舞台上编辑文本段落的文字时，会出现一个工具栏。可以选择部分文字，通过工具栏对它进行属性的更改，如图 5.83 所示，也可以在文字中间插入链接、图片或者视频。文本段落的专有属性设置除了对齐方式以外（对齐方式在舞台工具栏），其他与文本工具的设置一模一样。

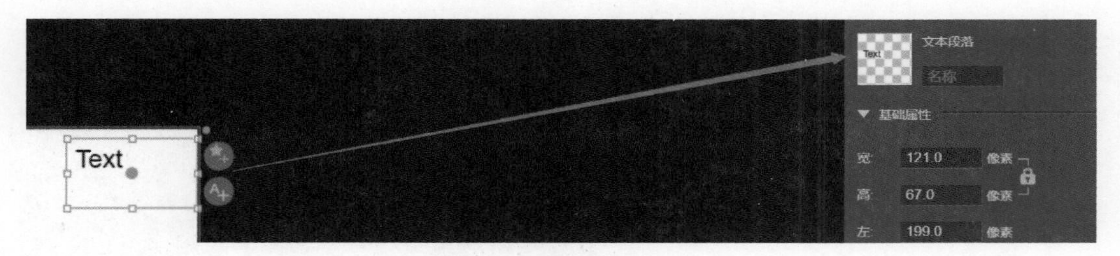

图 5.82 文本段落工具

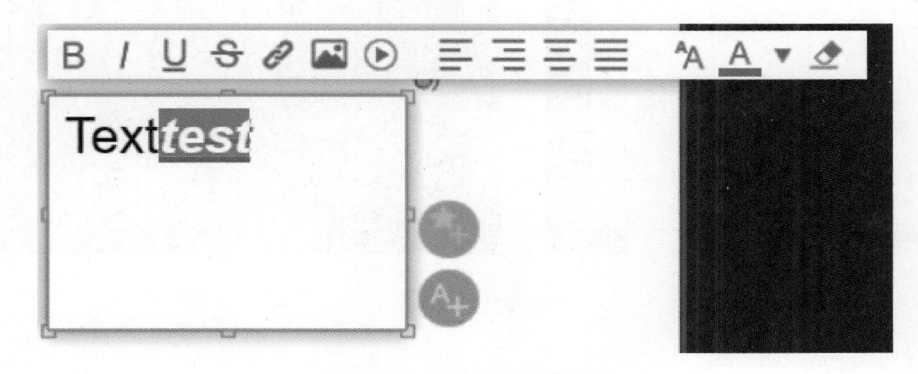

图 5.83 文本段落特殊设置

4. 幻灯片的使用

幻灯片是 Mugeda 中的一个十分实用的工具，在左边的工具栏中点击“幻灯片”按钮即可在舞台中拉出一个幻灯片，如图 5.84 所示。我们可以在专有属性中对这个幻灯片的属性进行修改，并添加幻灯片所显示的图片。例如，设置一些基本的动画效果，包括翻页的方向、显示的适配方式、是否显示下方圆点导航、自动播放及播放间隔。

在图片列表中添加想要在幻灯片上放的图片，之后幻灯片就会在舞台上显示了，如图 5.85 所示。

图 5.84 幻灯片设置

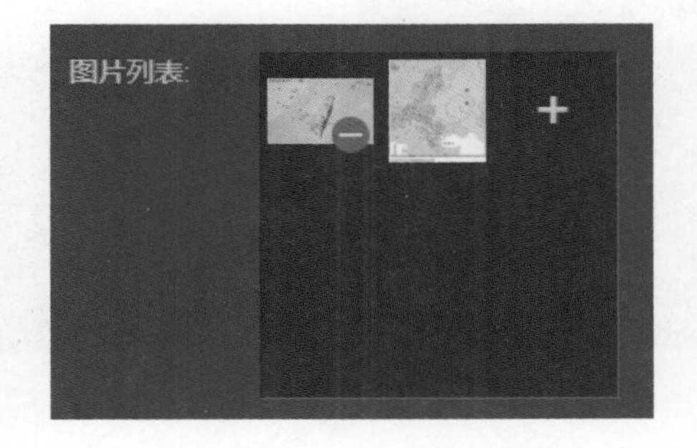

图 5.85 在幻灯片中添加图片

5. 图表工具的使用

通过图表工具能在作品中创建出十分炫酷的互动图表。在左边工具栏中找到这个图标，然后可以在舞台上拉出图表的范围，如图 5.86 所示。

创建好图表后，要给图表命名，如图 5.87 所示。我们可以通过行为来修改图表数据，并找到对应的图表目标元素来控制它。

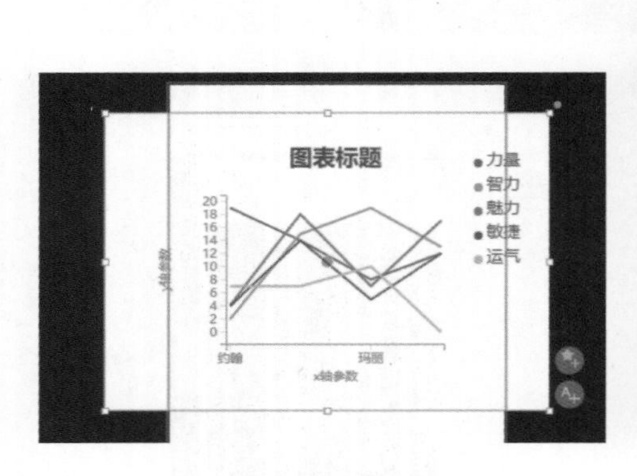

图 5.86　图表工具

图 5.87　图表命名

图表创建后默认的是图表数据，我们可以从它的专有属性中找到图表数据的编辑按钮，点击后就可以进入图表数据的编辑界面，如图 5.88 所示。

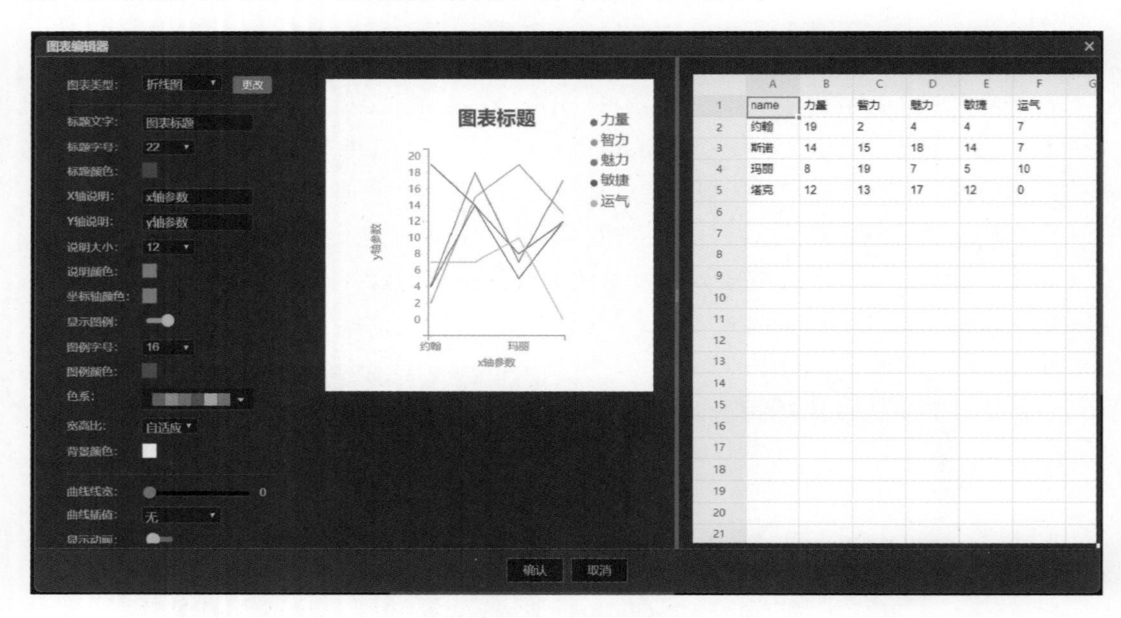

图 5.88　图表编辑界面

图表编辑器分成 3 个部分，左边是样式修改器，可以在这里选择图表的类型及展示风格、颜色、字体等显示的属性，有非常丰富的效果可供调整。中间是预览图表，对图表做的任何修改都会在这里实时显示。右边是图表数据，我们可以在这里输入或者粘贴数据，图表工具会自动将这些数据变成可视化图表。全部调好后，点击“确认”按钮，然后选择一个文件夹来存储图表。

经确认后，图表就修改完毕了，并且在图表素材库及图表作品中都保存一份图表文件，方便以后调用。也可以在作品页面点击“编辑”按钮，重新进入图表编辑器编辑这个图表。

6. 网页工具的使用

网页工具与行为中的跳转链接行为不同，网页工具可以在舞台上创建一个自定义大小的网页物体，网页在这个范围内打开。而跳转链接会打开一个新的网页。

从左边工具栏中找到“网页工具”图标，在舞台上拉出网页物体，我们就建立好了一个网页，如图 5.89 所示。

我们只需要在专有属性中填上想要打开的网页网址，这个网页就会自动出现在网页物体上了。如果要预览效果，需要发布作品并且在发布链接上才能看到。预览链接无法显示网页。

7. 虚拟现实工具的使用

在手机中我们经常能看到非常炫酷的全景的作品，如果有相应的全景图片，通过虚拟现实工具就能呈现出来全景效果。虚拟现实工具的使用跟之前的工具都是一样的，在左边的工具栏中点击“虚拟现实”图标，然后再在舞台上拉出虚拟现实物体，拉出后会直接进入虚拟场景的编辑页面，如图 5.90 所示。

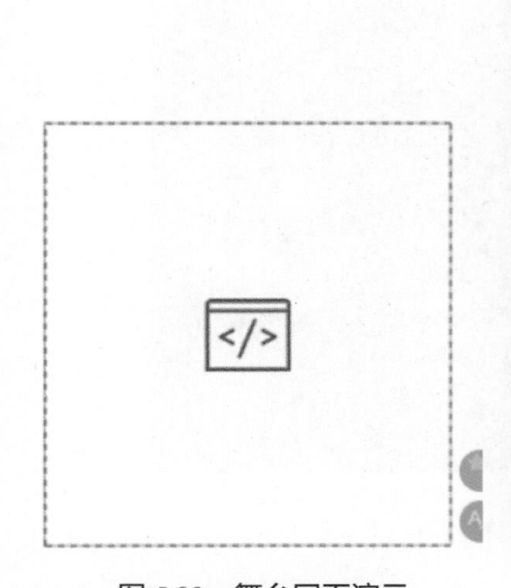

图 5.89　舞台网页演示

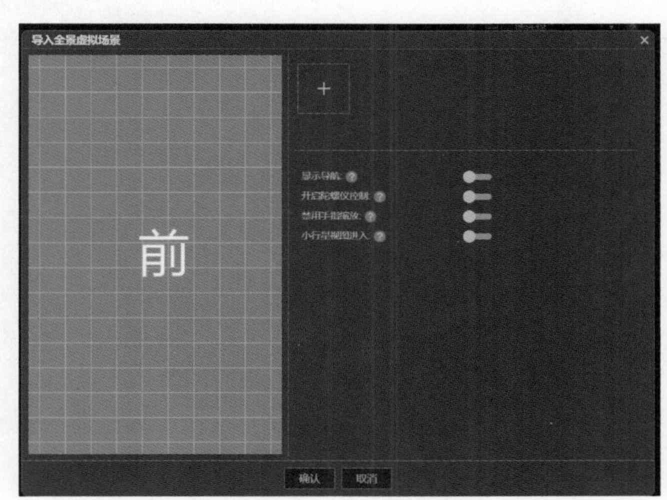

图 5.90　虚拟场景

点击 + 号图标可以添加全景图片，全景图片有两种，一种是长宽比例为 2:1 的全景图片，另一种是长宽比例为 6:1 的全景图片，两种图片导入到虚拟现实工具中的效果是一样的，如图 5.91 所示。

虚拟现实场景接收两种图片：等距长方投影（equirectangular）和三维贴图（Cube Map）。

等距长方投影，一般长宽比例为2:1

三维贴图，由1:1的6面贴图拼接成6x1的长图。6张贴图的顺序依次为：左，前，右，后，上，下。

我知道了

图 5.91　虚拟场景图片尺寸

在图片素材库的共享组中找到 Mugeda 平台共享的全景图片做测试。导入全景图片后，可以从左边的预览中看到全景的效果，如图 5.92 所示。

图 5.92　虚拟场景预览

一个全景工具可以添加多个全景场景，全景工具中可以打开导航，通过导航可以方便地在不同场景中进行切换。舞台右下方有 4 个快捷设置，如图 5.93 所示。在命名全景物体后，我们也可以通过行为——切换虚拟现实场景来切换全景场景。

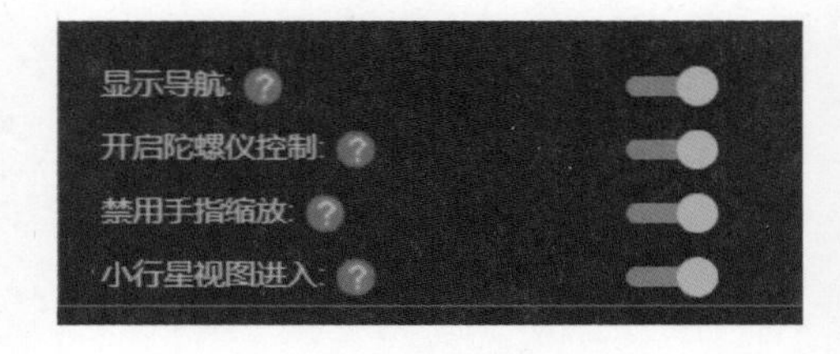

图 5.93　全景场景设置

“开启陀螺仪控制”可以通过手机的转动、仰俯来查看这个全景图片。“禁用手指缩放”可以禁止使用两个手指来放大或缩小全景图片。“小行星视图进入”是一个十分酷炫的进入方式。

全景工具的设置十分简单，主要的问题在于全景图片的获取。另外一个重点就是全景工具上的热点功能，可以通过在全景工具上的热点来添加行为，进行交互。点击“添加”按钮后可以在预览区域点击任意位置添加热点，添加热点后可以在预览中选中并进行编辑、添加行为，如图 5.94 所示。

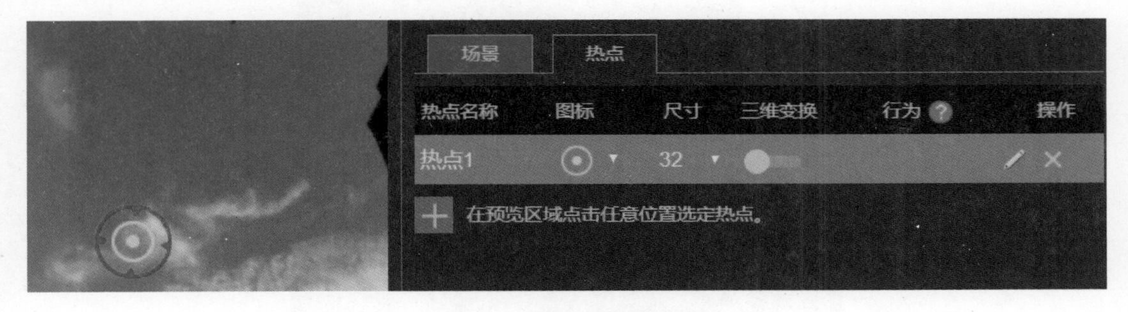

图 5.94　全景场景添加热点

5.4.2　绘制工具的运用

通过进度动画及变形动画的介绍，我们对 Mugeda 的绘制工具有了一个初步的了解。可以通过绘制工具来绘制各种预置的图形，也可以使用钢笔工具来绘制自己想要的图形。

通过 Mugeda 的绘制工具可以绘制矢量 SVG 图形，它的专有属性如图 5.95 所示。

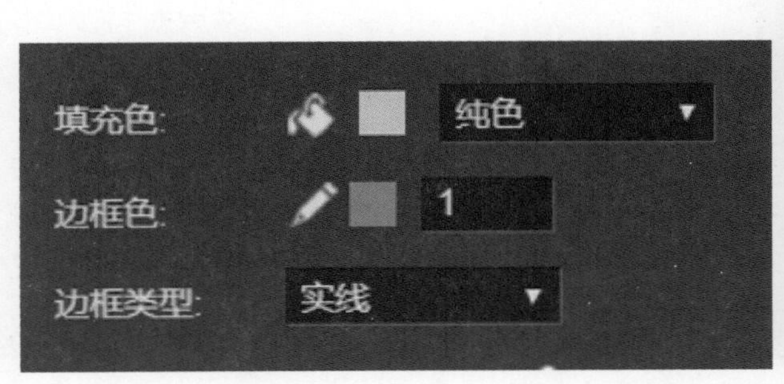

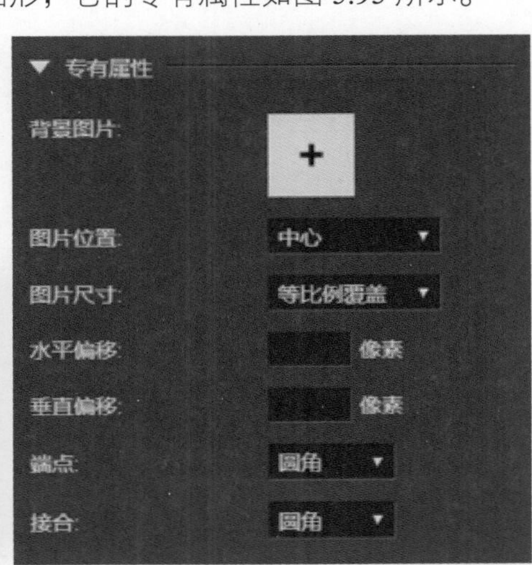

图 5.95　可调属性设置

在绘制了多个物体的时候，可以通过右键菜单中的“合并”命令来对它们进行一些操作，如图 5.96 所示。

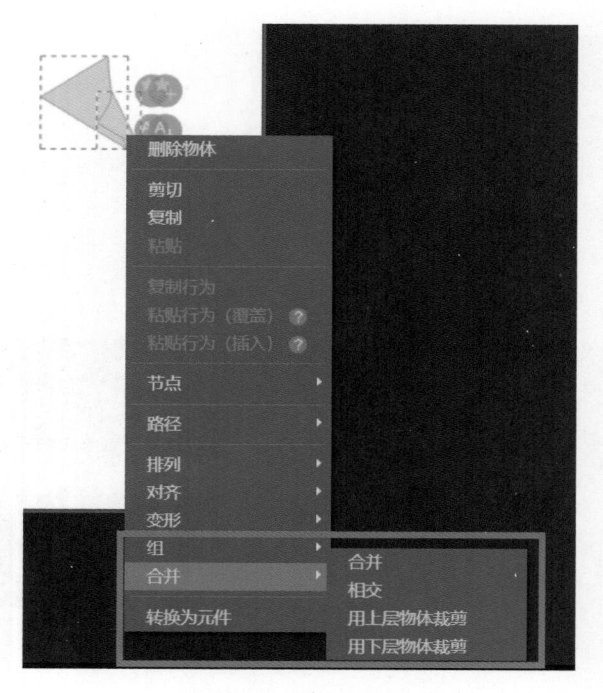

图 5.96 “合并”命令

在绘制好一个图形后，可以使用锚点选择工具（快捷键 A）来对图形上的点进行调整和修改，按住 Alt 键可以删减锚点，按住 Ctrl 键可以添加锚点。这些操作与大部分设计软件操作类似。

5.5 高级工具

软件操作视频 5

Mugeda 的高级工具是预置好的一些复杂的交互行为，使用这些工具可以轻松地达到之前需要很多代码才能实现的复杂交互效果。

5.5.1 表单

Mugeda 的表单可以用来实现许多功能，比如收集用户信息、制作交互游戏、测试题等。表单工具栏总共有 5 个工具：输入框、单选框、多选框、下拉菜单、默认表单工具。

点击默认表单工具后，会弹出一个表单编辑器，在表单编辑器中填写需要的信息就可以获得一个可以提交的默认表单了，如图 5.97 所示。如果想要更加个性化的表格，那么就需要使用其他的表单工具。

输入框、单选框、多选框、下拉菜单的使用十分简单，选择之后，再点击舞台就可以将其添加到舞台上，用户就可以进行对应的操作了。

如通过 {{ 物体名字 }}，可以获取这些表单物体的取值，或者通过条件来判断是否选择或输入是否正确，如图 5.98 所示。

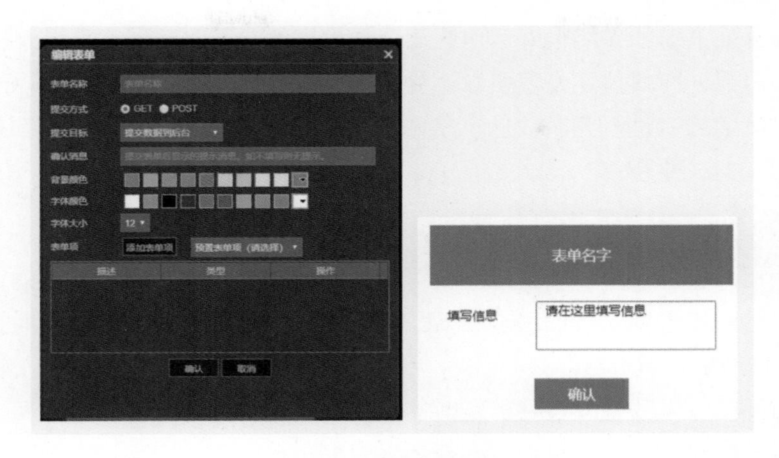

图 5.97　编辑表单

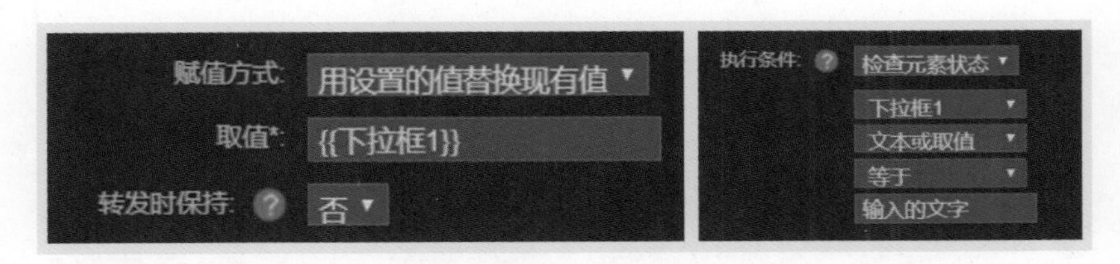

图 5.98　表单的设置

通过提交表单的行为，可以提交输入或者选择的内容（见图5.99）。提交成功后，我们可以在作品的统计页面看到对应的信息，如图 5.100 所示。

图 5.99　表单信息

提交表单可以设置提交目标（默认提交到 Mugeda 的服务器，指定地址需要先部署服务器）、提交对象（选择需要一起提交的对象，每个对象在统计中会单独成一列信息）、操作成功及操作失败的行为。如果打开只允许提交一次的开关，那么当前用户只会被允许提交一次表单。

提交表单后的信息，我们可以在作品的后台数据中进行查看。

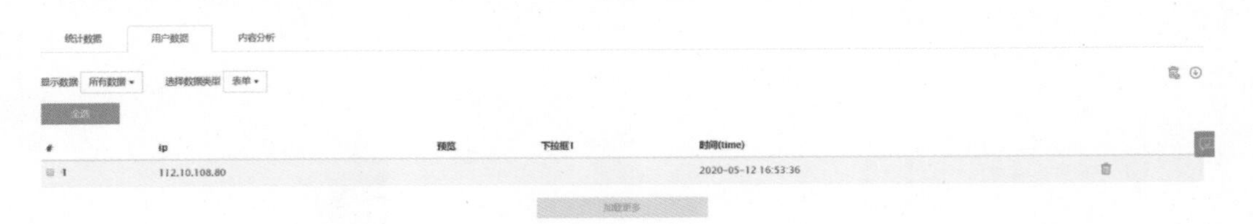

图 5.100　表单数据统计

5.5.2　预设控件的使用

预设控件包括定时器、陀螺仪、随机数这三个非常实用的工具。它们的使用十分简单，但功能十分强大。如果能很好运用这三个预设控件，可以实现非常强大的交互功能。

无论是定时器、陀螺仪还是随机数，生成的都是文本类型的物体，所以可以通过文本取值来取得它的值或者进行判断。这也是许多交互的基础。取值的表达式都是一样的，采用的是 {{ 名字 }} 这种格式。

1. 定时器

定时器使用后可以在舞台中生成一个可以计时的文本，通过专有属性的设置，可以设置它的精度（秒或者毫秒）、计时方向（正、倒计时）、是否循环、不可见时是否暂停及计时长度，如图 5.101 所示。

定时器有两个专属的触发条件：定时器时间到、定时器开始。通过这两个触发条件可以判断作品运行的状态，并做出相应的行为。我们也可以通过行为设置定时器，来改变某个定时器的计时状态，如图 5.102 所示。

图 5.101　定时器设置

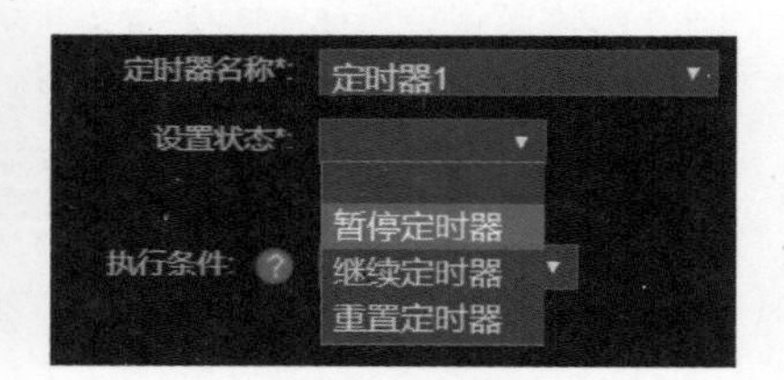

图 5.102　改变定时器状态

这里还有一个小技巧，我们之前学习过通过“属性改变”来设置触发条件。如果属性改变这个触发条件放在定时器上的话，根据该定时器的精度，可以每秒或者每毫秒触发一次这样的行为，再结合条件判断，就可以做出实时监控的效果。在很多使用 Mugeda 来制作的游戏作品中需要使用到这样的定时器。

2. 陀螺仪

使用陀螺仪后可以在舞台上生成一个可以显示手机旋转角度的文本。我们可以将它设置成 3 种不同的倾斜方向的显示，如图 5.103 中左图所示。图 5.103 中的右图是手机的陀螺仪方向轴示意图，陀螺仪组件显示的数字就是绕对应轴旋转的角度。

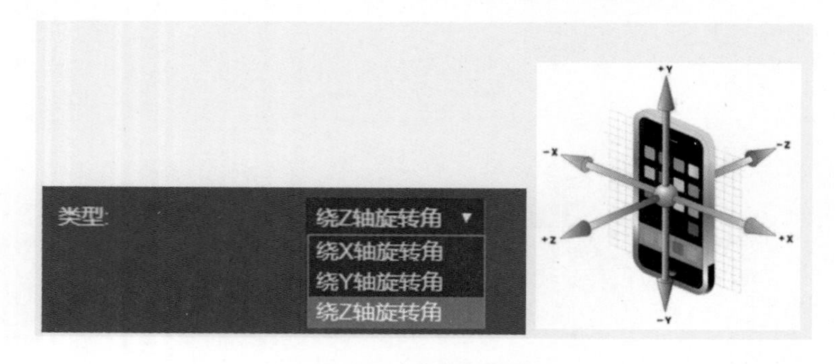

图 5.103　陀螺仪设置

我们可以试着放一个陀螺仪到舞台上，保存后用手机扫码预览来查看下效果。

扫描二维码查看案例
（出品方知谷）

当取到陀螺仪的旋转角度数值后，可以使用在动画关联或者逻辑判断里，这样就可以做出需要移动旋转手机才能触发的动画条件。

3. 随机数

随机数可以在舞台上生成一个随机显示数字的文本。随机数可以使用最大值与最小值来确定一个数字范围，并且可以设置它变化的时间，如图 5.104 所示。

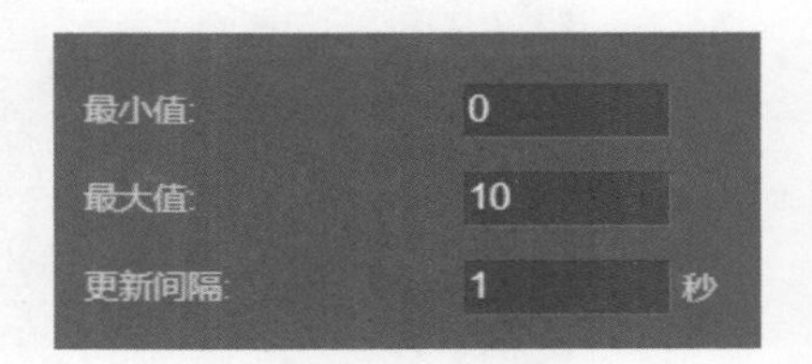

图 5.104　随机数设置

随机数很多时候都用作判断的条件，可以做出很多需要运气的效果，比如：抽奖、算命等。

5.5.3　预设交互工具

预设交互工具可以极大地丰富作品的交互形式，一般预设交互工具都是一个行为的前置条件。比如擦玻璃完成后可以做的事情，提交绘画的作品，连线题与拖动题等，它们的使用也十分容易上手。

1. 擦玻璃

擦玻璃控件可以在舞台上拖出一个擦玻璃物体。在这个物体的属性中可以找到如下几个专有设置来完成它属性的设置：背景图片（擦完玻璃后显示的图片）、前景图片（擦玻璃前显示的图片）、橡皮擦大小、剩余比例（可以设置剩余多少比例就会自动擦干净），如图 5.105 所示。

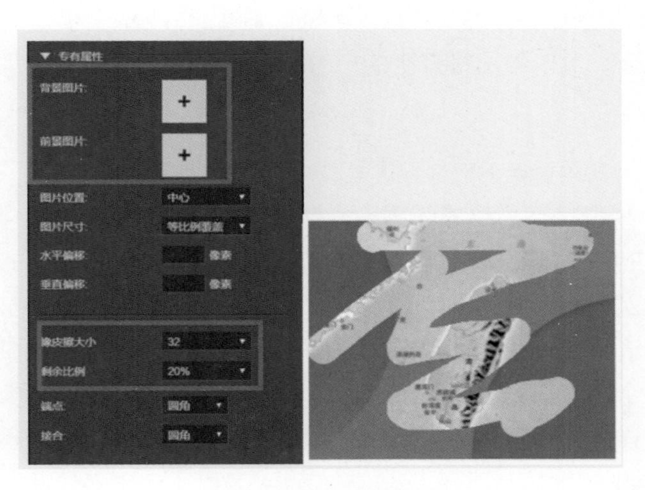

图 5.105　擦玻璃效果

擦玻璃可以使用行为——恢复擦玻璃初始状态来恢复擦玻璃的状态。它也有一个专门的触发条件，可以通过这个触发条件来触发擦玻璃完成后的行为。

2. 绘画板

利用绘画板控件可以在舞台上建立一个供用户随意绘画的区域，这是一个非常好玩的互动控件。它的专有属性可以设置绘画背景、画笔颜色、画笔宽度及显示编辑器，如图5.106所示。

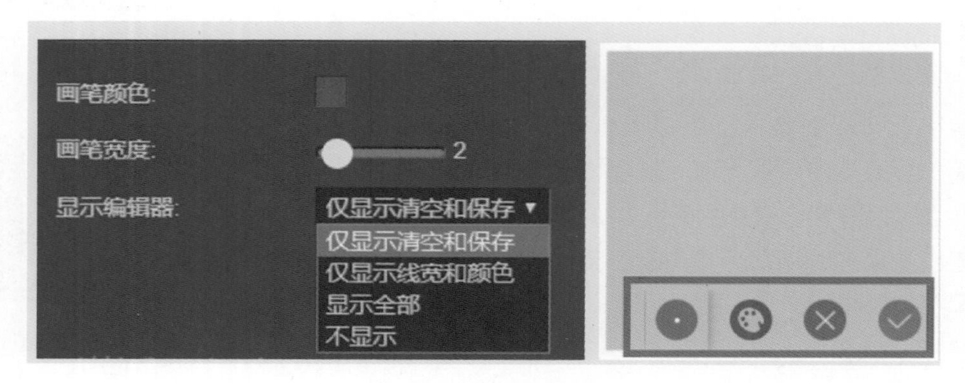

图 5.106　绘画板编辑

当然我们也可以不通过绘画编辑器，而通过行为来完成这些操作，如图 5.107 所示。

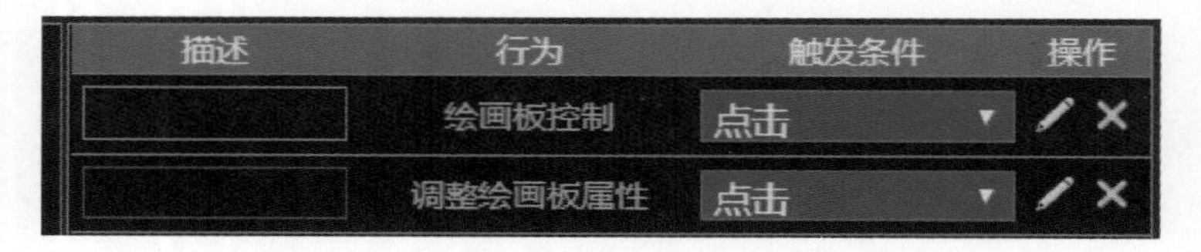

图 5.107　绘画行为控制

绘画板控制行为有清空绘画板及保存绘画板。利用调整绘画板属性功能可以调整绘画板的线宽、颜色。通过改变图片的行为定义绘画板为源元素，可以做出很好玩的小 H5。

扫描二维码查看案例
（出品方　央视新闻）

3. 连线

连线工具经常用在教育类 H5 的习题上。点击连线工具后，可以在舞台上画出一根线，然后给它设置一个停靠位置（一个已经命名的物体），用户就可以自己拖动这根线停靠到那个物体上了。

打开“允许多线连接”选项则可以让多条线段连到同一个物体上。如果关闭该选项，一个物体只允许一条连线。我们也可以添加多个停靠位置，这样这根连线可以和多个物体连接。连线可以通过行为——恢复连线初始状态来恢复状态。

如果需要判断连线是否正确，可以先命名连线工具的名字，然后通过 {{ 连线工具 .0}} 来取得第一条线连到的物体名字。

例如，图 5.108 中的连线的停靠位置名字是“港湾”，如果我们将连线拖到“港湾”这个物体上时，{{ 连线工具 .0}} 的文本取值就是“港湾”了。

如果当连线工具打开了“允许多线连接”选项，连线工具连接到多个物体上时，取值

就会根据顺序以 {{ 连线工具 .0}} 开始，然后 {{ 连线工具 .1}}、{{ 连线工具 .2}}、{{ 连线工具 .3}}……以此类推。

4. 拖放容器

拖放容器主要用来制作需要拖动的 H5 内容，通过拖放容器可以很方便地制作出归类、拖放等类型的 H5。点击拖放容器后，可以在舞台上拉出容器的大小，如图 5.109 所示。

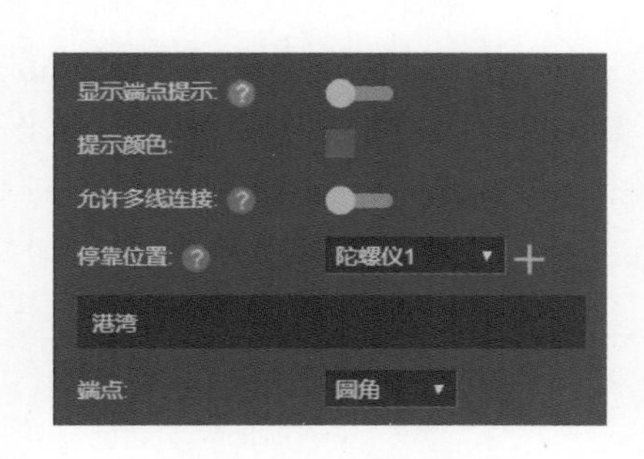

图 5.108　连线设置

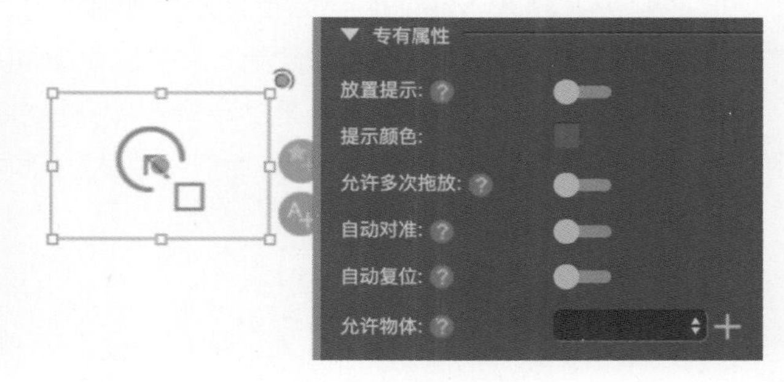

图 5.109　容器设置

在舞台上任何可见物体的基础属性中，可以找到一个选项“拖动 / 旋转”，可以通过这个选项设置物体的 6 种交互状态，如图 5.110 所示。

设置好拖动状态后，这个物体就可以被用户拖动。给它命名之后就能在拖放容器的“允许物体”这一栏中选中它，然后再点击 + 号，这个物体就与拖放容器绑定在一起了。绑定好之后，这个拖放容器上的设置就会对这个物体生效。通过行为也可以判断正确的物体有没有被拖到拖放容器上面。把刚才设置的拖动物体 A 的期望物体标签打开，然后可以在这个容器里行为的执行条件中得到这个选项（见图 5.111），选中之后，当拖动的物体是期望物体时，就会执行这个行为。

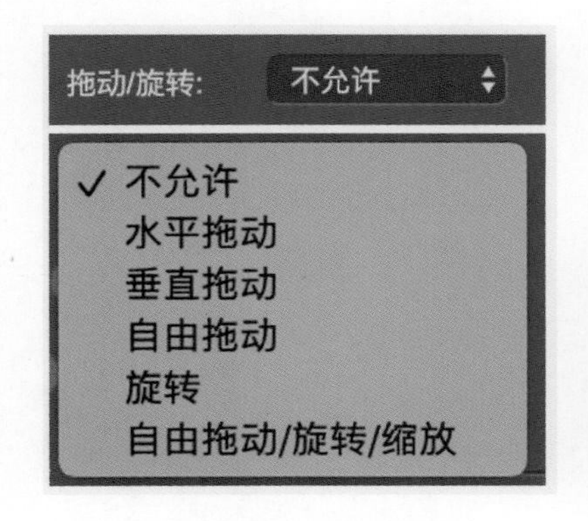

图 5.110　拖动设置

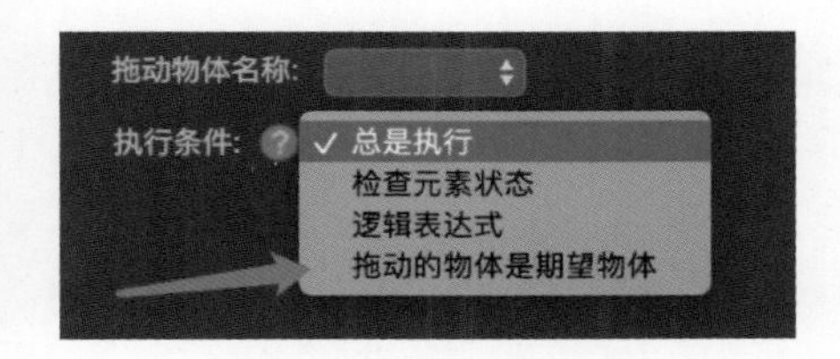

图 5.111　拖动执行条件

通过物体的名字取值的方法可以获取拖到拖动容器上面物体的名字，方法与连线工具类似，先给拖动容器命名，然后可以通过 {{ 拖动容器 .0}} 来取得第一个拖动到上面的物体的名字，当有多个物体时，取值就会根据顺序以 {{ 拖动容器 .0}} 开始，然后 {{ 拖动容器 .1}}、{{ 拖动容器 .2}}、{{ 拖动容器 .3}}……以此类推。

本章小结：本章主要介绍了 Mugeda 的基础功能工具套件，包括界面、动画基础功能、交互基础功能、基础工具和高级工具五大部分。界面部分，在舞台上主要介绍了舞台尺寸、适配方式及安全区的概念，同时也介绍了时间轴、工具栏、属性栏等的使用方法，然后又介绍了作品的发布与数据统计事项。动画基础功能部分，介绍的内容包括关键帧动画、进度动画、变形动画、预置动画等的制作方法。在交互基础功能部分，分行为和条件两个方面介绍了利用 Mugeda 全可视化的界面实现丰富的具有创意的交互效果。基础工具部分介绍了多媒体导入和控制与绘制工具的运用。高级工具部分介绍了怎么利用预置好的一些复杂的交互行为，从而轻松地达到不需代码就能实现的复杂交互效果。学习本章节后，基本了解和掌握了 Mugeda 平台功能与基本的动画和交互效果。

习题：

1. Mugeda 舞台尺寸该如何设定？适配方法有哪些？
2. 请简述各工具栏的功能和使用特点。
3. Mugeda 基础功能动画有哪些？请分别做一案例并预览效果。
4. Mugeda 高级工具可实现哪些交互效果？请做案例演示。

第 6 章
案例示范

第 6 章微课

学习要点：H5 自 2014 年开始进入人们的视线，在 2015 年、2016 年经历了发展期，至 2018 年达到爆发期，到现在已经是一款非常成熟的融媒体产品了。H5 作为一种非常有包容力的载体，随着硬件和带宽的调整，几乎可以承载任何互联网内容，至少未来 10 年内，都会有非常广泛的"用武之地"。目前 H5 广泛应用于新闻传播、广告营销、教育课件等领域。近几年，H5 内容更倾向游戏化，并被流量平台设计了产品辅助功能。例如，抖音小游戏和短视频分享的打通、电商类网站利用 H5 游戏派发优惠券或通过独家的小游戏和社交分享功能拉新、打车软件中玩游戏度过车上时间、社交软件中玩游戏进行社交破冰等，H5 从业者为产品的市场拓展不懈地进行探索。

在电视媒体、纸质媒体逐渐萎缩的当下，H5 作为一种综合性极高的内容展示方式，在对新政策的解读、重大新闻事件的报道、重要节日庆典的推广和展示等方面，都起到非常好的传播作用。为了能更好地和民众沟通，H5 也成为官方媒体和新闻报道的宠儿。当 H5 的创意形式和官方内容结合后，这样的 H5 更受用户的喜爱。同时，官方媒体拥有更强的移动端推广渠道，如果这支 H5 足够好的话，流量是可以破亿的，并且能够跳出固有圈层，吸引更多用户的关注和认同。

本章通过介绍课堂训练案例，希望学生能关注时事热点、参与社会发展，学习和创作出更多优秀的 H5 作品。

6.1 学生 H5 作品设计分享

6.1.1 案例《有一种青春叫周杰伦》

1. 构思与设计

诉求：设计一款承载青春回忆的 H5，以流行歌手周杰伦为对象，通过每个时期的听歌方式或者物品来对应他不同时期的歌曲，唤起"80 后""90 后"对于青春的回忆。

策划时考虑到，2000 年年初，磁带是最普遍的听歌方式，相对应的是周杰伦 2001 年专辑《范特西》。到了 2016 年，手机是最普遍的听歌方式，相对应的就是周杰伦 2016 年专辑《周杰伦的床边故事》。背景歌曲选择每张专辑中被大众最为熟知的歌曲，每一页可以再加入与歌曲相对应的情景动效，丰富页面的构成。整个 H5 大部分采用长图的形式，底部加上时间轴，滑动进入下一个时期和界面。界面之间采用一定的动画连接，使用户有一种连贯感，并且可以体会到时间的流逝。同时在每个界面上采用一定的交互形式，如点击、拖动等触发播放歌曲，让用户有更好的参与感。在结束长图之后，可采用动画的形式制作高潮页，渲染和升华整个 H5 的氛围，结束页为分享界面。

2. 画出框架结构图

先画出每页草图，表现大致的情节和画面，如图 6.1 所示。分别画出每个时期的代表物品，合理布局画面，包括图片和文字的摆放位置。考虑到设计主题，首页采用录像带的

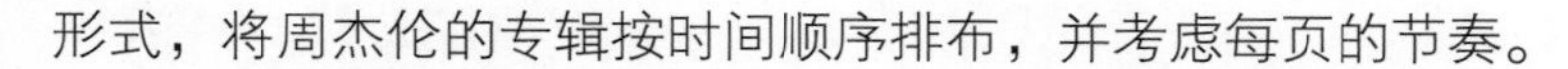
形式，将周杰伦的专辑按时间顺序排布，并考虑每页的节奏。

图 6.1 《有一种青春叫周杰伦》H5 框架图

在框架图基础上，画出低保真图，如图 6.2 所示。低保真图中不用出现确切的图像及文字，只需将图片及文字的具体布局和整个 H5 的交互结构表达清楚即可。理清页与页之间的逻辑关系，方便后续设计和实现，同时预设一系列交互方式，包括点击、滑动等。

3. 界面与交互设计

根据草图，设计完整的界面图。界面应与主题相呼应，这是一款情感类的 H5，所以在设计界面时要注意烘托怀旧的氛围。为表现 H5 的怀旧风格，采用黑板手绘风格，以黑板为背景，图片都采用白描的形式，同时选择手写字体，与画面相辅相成如图 6.3 所示。用户与产品的交互，通过周杰伦每个时期的代表作作为引导，给用户更好的代入感。

4. 导入软件添加动画及交互

将设计好的 PSD 文件或图片导入软件，根据之前设计好的界面布局摆放好元件，按低保真图的逻辑与模式设置交互，同时制作动画效果使页面更具有趣味性和吸引力，避免画面过于静态无趣。在导入软件的过程中要注意，视频和图片的格式与大小。

5. 设置一些基本参数与属性

在软件中完成 H5 的制作后，可以设置转发标题、转发描述及朋友圈转发标题。给 H5 取名为《有一种青春叫周杰伦》，转发描述和朋友圈转发标题可以设置一些有吸引力的内容，吸引用户点击。同时在不同手机上进行测试，调整完善作品。

扫描二维码欣赏案例
（出品方　陈英俏）

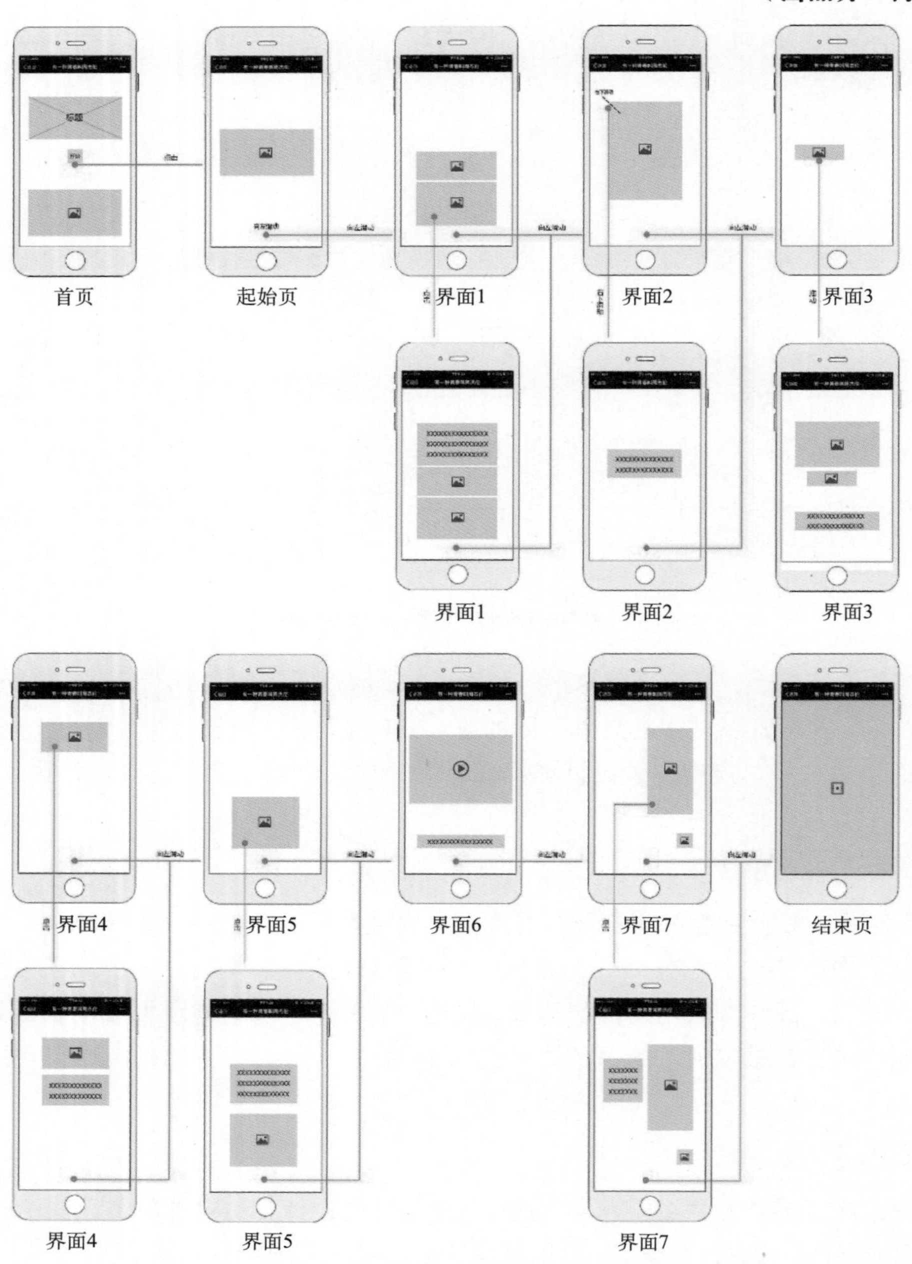

图 6.2 《有一种青春叫周杰伦》H5 低保真原型

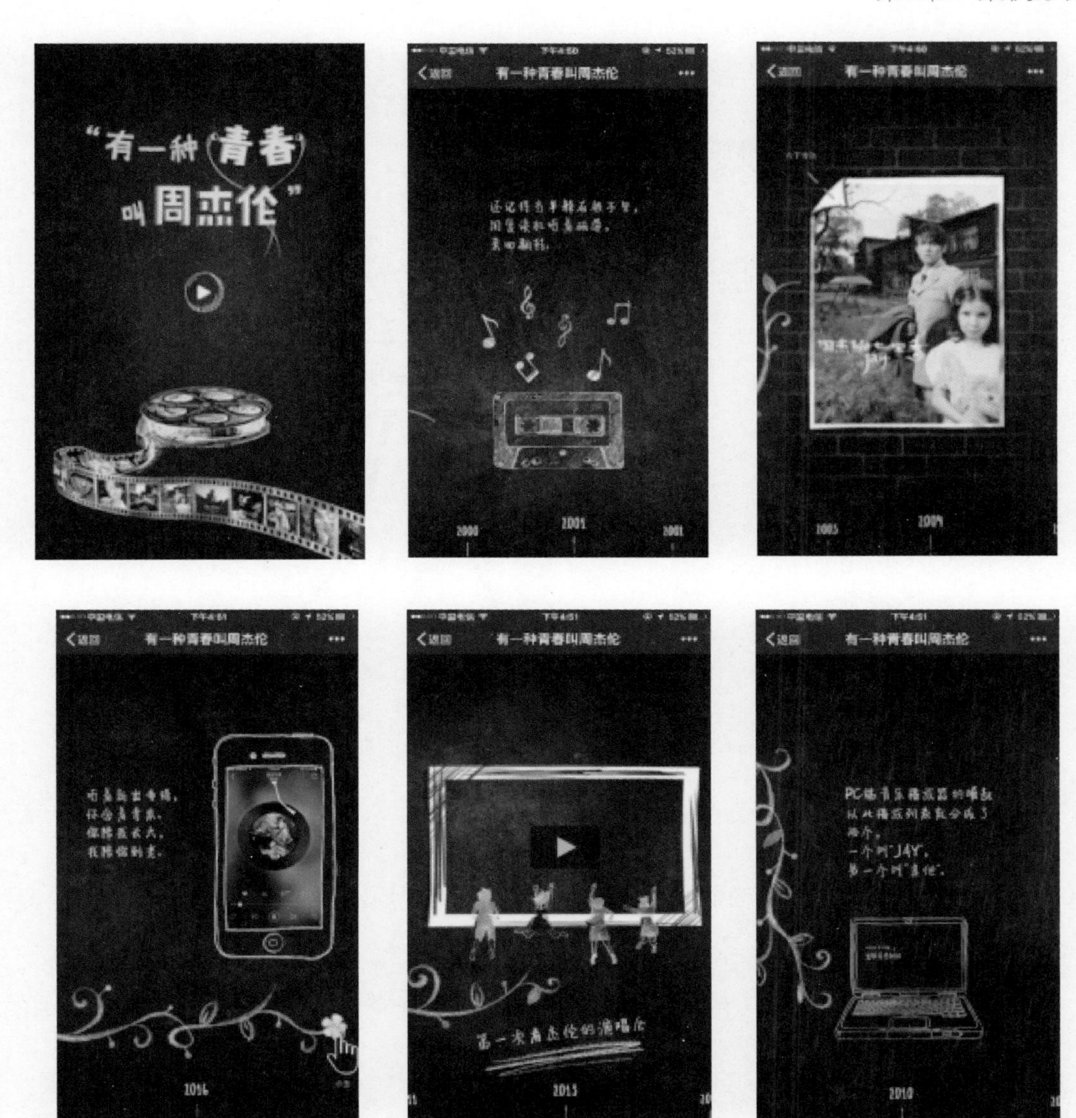

图 6.3 《有一种青春叫周杰伦》H5 高保真界面

6.1.2 案例《我们真的是您最差的一届吗？》

1. 构思与设计

在准备制作 H5 页面之前，需做好文案内容的策划。这支 H5 是准备参加全国比赛的，比赛主题为“教师印象”，要求用 H5 形式艺术地描绘老师模样，讲述老师故事，表达对老师的赞颂与感恩，让那些关于师者的温暖印象在指尖上流淌。由此发散思维，制作关于《教师印象 H5》的思维导图，如图 6.4 所示。思维导图的建立有利于人们对其所思考的问题进行全方位和系统描述与分析，有助于人们对所研究的问题进行深刻的富有创造性的思考，从而有利于找到解决问题的关键因素或关键环节。

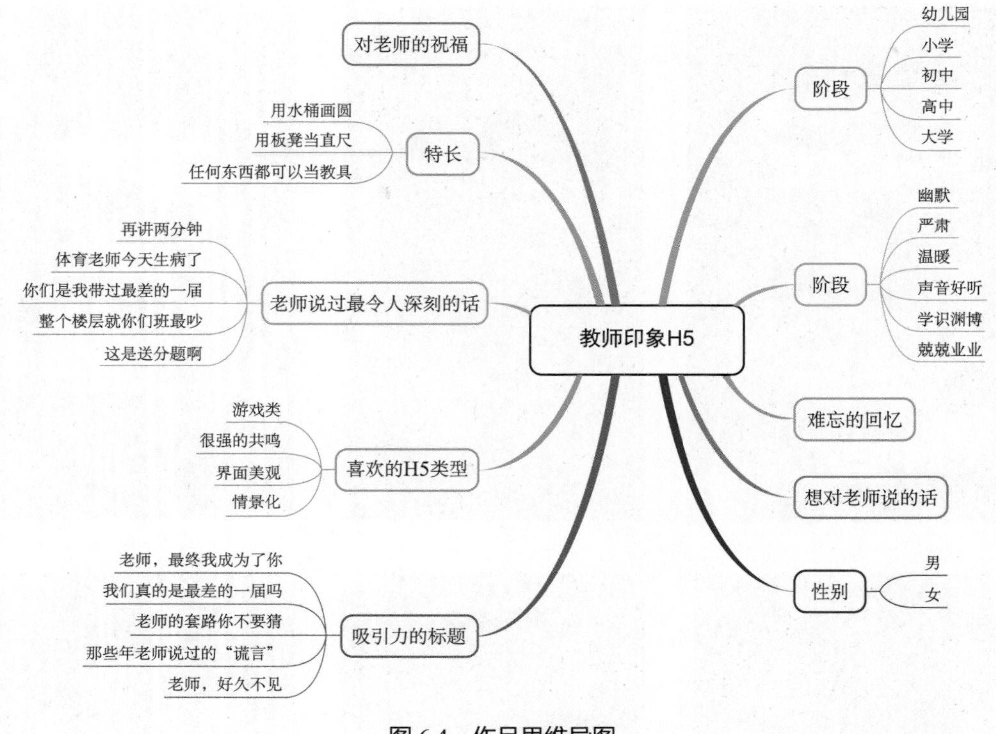

图 6.4　作品思维导图

2. 项目调研

由思维导图为基础，制定相应的调查问卷，如图 6.5 所示，了解用户真实的喜好和意见，最后得出结论：

- 一款好的 H5 要有很强的共鸣、要有趣味，让受众有沉浸式体验，同时保证界面的美观。
- 大多数学生对老师都心怀感激之情。
- 受众大多比较喜欢点击能激发好奇心的问题，喜欢有趣味性的标题。
- 学生阶段，大家对高中老师的印象很深刻。总体而言，大家对小学、初中、高中阶段的老师印象最为深刻。
- 大家都较喜欢善解人意、和学生打成一片、颜值较高的老师。

3. 脚本编写

完成以上工作后，明确当前 H5 的制作目的和方向，并制作故事的脚本，如图 6.6 所示。

- 情节上，将教师的口头禅和让人印象深刻的行为以趣味化的表达形式情景化，使受众产生强烈的共鸣及沉浸式体验。
- 在标题设置上，要设计有吸引力、能激起共鸣、有趣味的标题。
- 设计上，风格多样，主体部分使用手绘动画表现形式。背景音乐选择恬静的曲子，

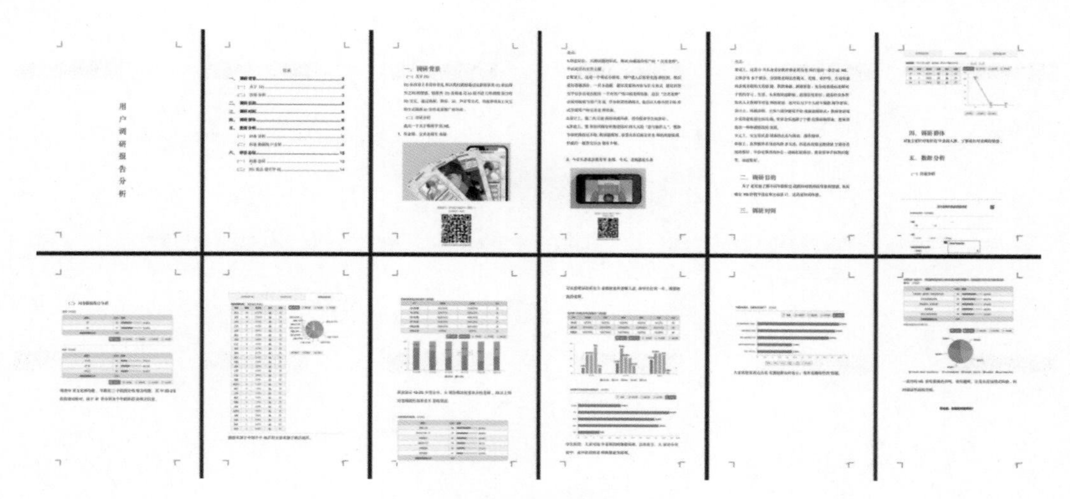

图 6.5 调查问卷

整体营造出一种和谐温暖的氛围。

- 交互上，交互主要形式为屏幕的点击与滑动，再增加趣味的涂抹等交互，简单易懂（注意：要有引导性手势语言）。

页面	说明	镜头	示意图	动效	交互
1、加载页	加载等待过程 NCDA...			动画播放	动画播放完毕，自动进入主页面
2、主页面	我们真的是你最差的一届吗?	插画封面出现 指纹开启时空穿梭。		1 时空穿梭图标闪烁 2 间号摇摆	长按进入
3、第二页面（内部	老师穿梭回到过去，站在教室门口，画面出现一个上课的铃铛	1 教师站在讲台前。 2 镜头推进，老 师形象放大，四周出现碎片，环境变成黑底。(参考陪你不孤单) 3 加过渡镜头，老师变成小孩站在教室门口。 4 图片变模糊当底图，中心出现铃铛。	1	铃铛出现后，手势引导出现，提示左右摇摆，敲响铃铛。	左右滑三下铃铛，进入下一个画面。
4.第三部分()	数学老师上课，出现教具的选择 扫把、水桶、凳子(选择扫把)	1 数学老师上课 2 背景模糊，文案出现“请为老师选择合适的教具。 3 点击扫把 4 老师拿着扫把指着题说：“这道题我记得我就是在这块地方给你们讲过！这就是送分题啊，送分题啊！” 5 镜头切换学生瑟瑟发抖的神情。	1 2 4	2 背景渐隐，出现文案。 4 说话的时候出现说话框，说完老师面色抓狂。 5 学生发抖。	3 点击切换其余自动播放。
5、测试结果页面	返回选择	1 背景模糊，出现文案“重新选教具 习惯了，继续” 选择重新选择教具 出现画面四，选择水桶 2 老师拿着水桶在黑板上画圆，说：你看，这个函数其实就是这么回事嘛，同学们都听懂了吗？” 3 镜头切到同学的频繁点头。	1 2		1 点击进入下一界面。
六	返回选择凳子	1 背景模糊，出现文案“重新选教具 习惯了，继续” 选择重新选择教具 出现画面四，选择凳子 2 老师拿着凳子在黑板上画直线，说：……&%&##@%	2		
七	此选择为点击习惯了继续	老师在原来的画面基础上说着滔滔不绝的话。		说的话用电脑打字的形式不断说出来。	
八		右上角闪烁出现提前上体育课，和小铃铛		提前上体育课高光提示，手势引导左右滑动小铃铛，左右滑动铃铛会响。	左右滑动后进入下一界面。
九	上体育课	1 数学老师进场，笑着说，同学们想不到吧，还是我，今天体育老师有事，这节体育课改成数学课 2 镜头切换学生集体流泪 3 右上角闪烁出现提前下课，和小铃铛。			
	下课中	1 同学们讲话，（高空全景） 2 数学老师在窗口出现“整个楼层最吵的就是我们班，你们是我教过最差的一届学生！”		1 用小气泡表示说话 2 老师移动着在窗口出现。	自动切到下一页面
	胶片回忆呈现过往感动回忆，体会老师良苦用心。	1 泛黄胶片倾斜45度。 2 老师批改作业 . . .		缓慢向上浮动。 最后镜头擦除手势	滑闪电符号，后面的图呈现。
	台灯下的笔记本，说出对老师的话	1 泛黄的台灯，打开的笔记本，笔记本上有老师当时的批注 2 下面出现手写慢慢出现的话“您总说我们是您教过的最差的一届学生，但是如果可以，我们愿意再当几十年您的那一届最差的学生” 3 这行字向上飞，汇入词云中 4 弹窗让你留下你的留言 5 分享 汇入词云中			

图 6.6 策划脚本

4. 画出框架结构图

框架结构图可以帮助我们理清每个界面之间的关系和逻辑。如果跳过框架结构图的步骤，直接开始画界面，就很容易发生“改了又改”“做了一版然后又推翻”的情况。这里要注意，一个好的框架结构图需要有清晰的逻辑关系，用户能够短时间内学会操作。在此基础上，绘制低保真原型图，如图 6.7 所示。

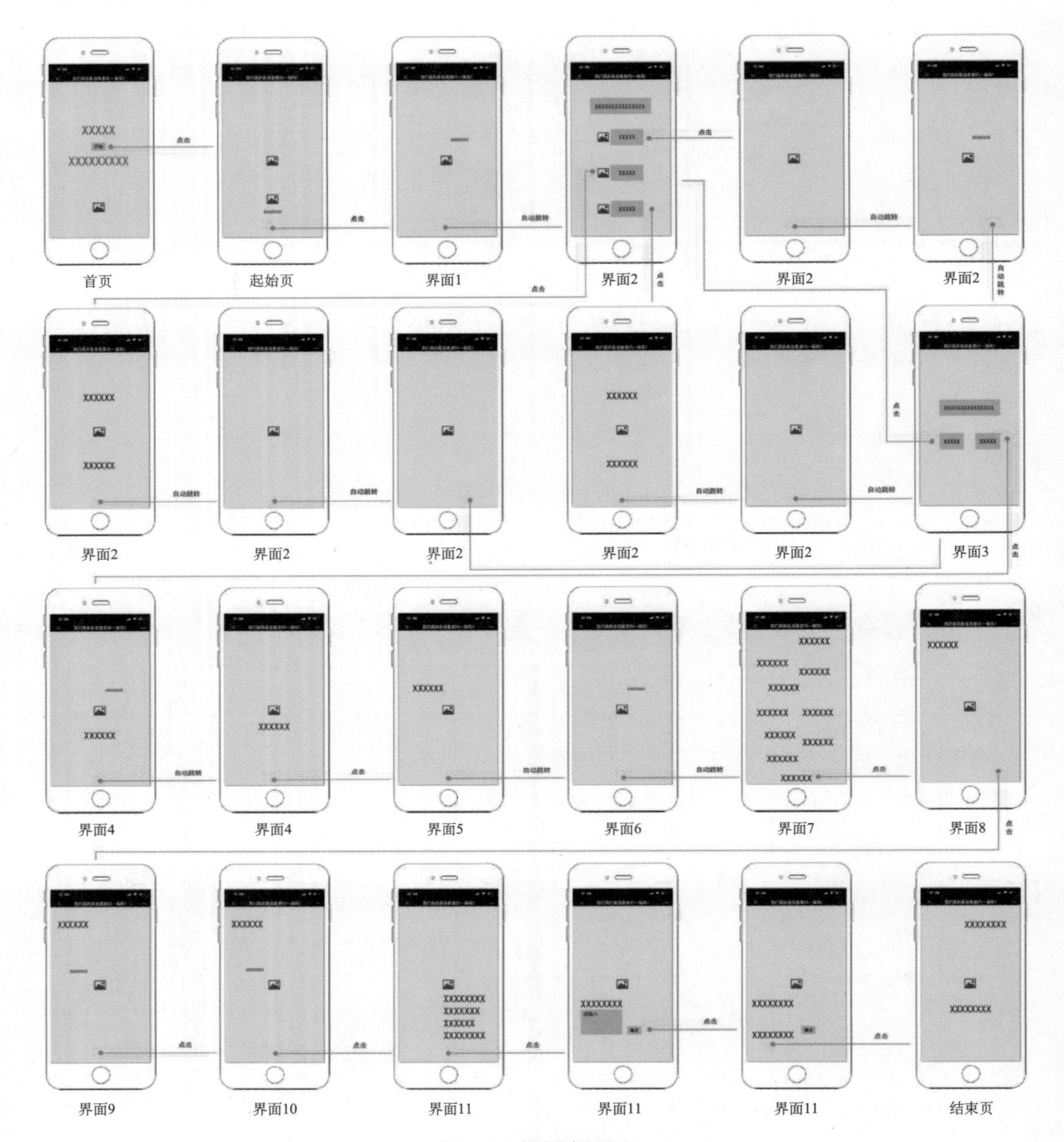

图 6.7　低保真原型

5. 界面与交互设计

界面设计上，主体部分使用手绘动画表现形式。“我们真的是您最差的一届吗”主题的基调是浪漫且有趣的，所以选择了色调偏饱和又轻松的配色，构成统一的插画风格，增加用户沉浸感。情节由前面的幽默情景回忆到后来的温馨回忆，整体的配乐选择轻松愉快的音乐。在有趣的情节中加以欢快、诙谐的配乐，和谐过渡。

6. 导入软件添加动画以及交互

在木疙瘩软件平台中，导入已经制作好的图片（见图 6.8）及 AE 导出的序列帧并逐页制作，软件中也提供给用户有许多预制动画和交互效果，这支作品交互形式主要是屏幕的点击与滑动，简单易懂，再增加趣味的涂抹、输入等交互，多样的交互方式能够提高用户的体验感、增强用户的主动性、使用户能够感同身受。声音和画面的叠加能给用户增加不少好感，因此在每一个交互的设置上叠加了相对应的音效。用户的好奇心与点击量成正比，一个好的标题在一定程度上决定了用户是否想要打开，问卷调查显示 80% 的人对“我们真的是您最差的一届吗？”这个标题感兴趣。除标题外，吸引人的转发文案也非常重要，《我们真的是您最差的一届吗？》H5 的转发文案是“铃声响了，快进来上课！”，大多数人更容易听从指令性的语句，所以在转发文案中这样编辑会大大增加点击量。完成作品后，制作整体宣传海报（见图 6.9），这是很好的拓展宣传推广方式。

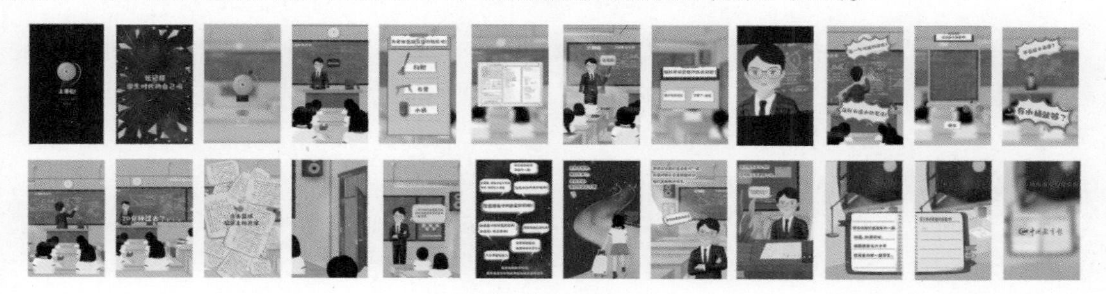

图 6.8 界面设计

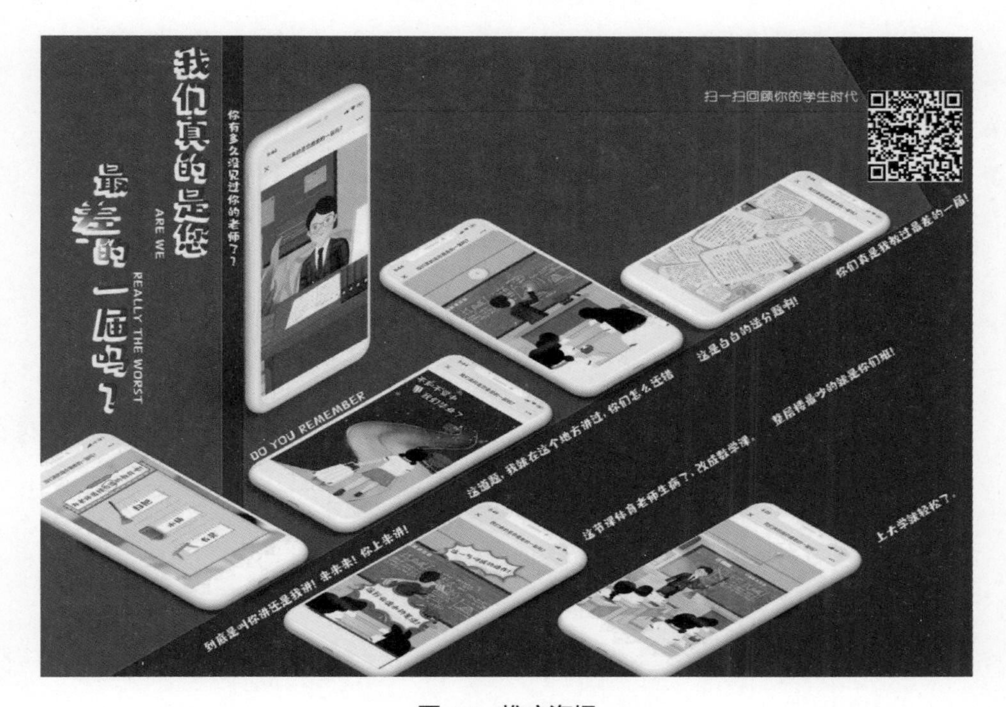

图 6.9 推广海报

7. 设置一些基本参数与属性

在导入素材前先设置好页面的参数，素材的尺寸应与页面的分辨率相一致，注意的点是在保证图片清晰度的情况下尽可能降低图片大小以免后续的动画出现卡顿。在时间轴上设置好此图层所停留的时间再添加相应的动画和交互。完成作品后设置 H5 标题《我们真的是您最差的一届吗？》。在导入音效过程中，要开启“预加载”选项，否则可能会出现苹果端声音有延迟的问题。最后完善作品修改参数和属性来匹配不同的手机型号。

本作品获全国高校数字艺术设计大赛交互组一等奖。

6.1.3 案例《十八洞村开播了》

1. 构思与设计

制作 H5 页面，最初的工作是要做好文案内容的策划。这支 H5 也是准备参加全国比赛的，比赛主题是“脱贫故事”，要求以这个主题讲述你对脱贫壮举的认识。进入创作过程，团队成员对全国有关脱贫的新闻进行了收集整理，确定了以十八洞村作为此次脱贫类 H5 的制作方向，如图 6.10 所示。

根据这样的思路，团队成员制定了相应的调查问卷，对用户的喜爱有了初步的了解，从调查中得出了结论：

- 一支 H5 需要具备较强的感官体验和视觉效果，互动效果好、动效丰富。内容上要有趣，可以让用户了解一些新的知识。
- 大多数学生未曾看到过脱贫类 H5，他们希望脱贫类 H5 倾向于讲述脱贫事迹。
- 模拟实境体验的形式更加适合脱贫类 H5 的主题。
- 精致的画面效果和脱贫精神的传达是大众最希望脱贫类 H5 表现的。

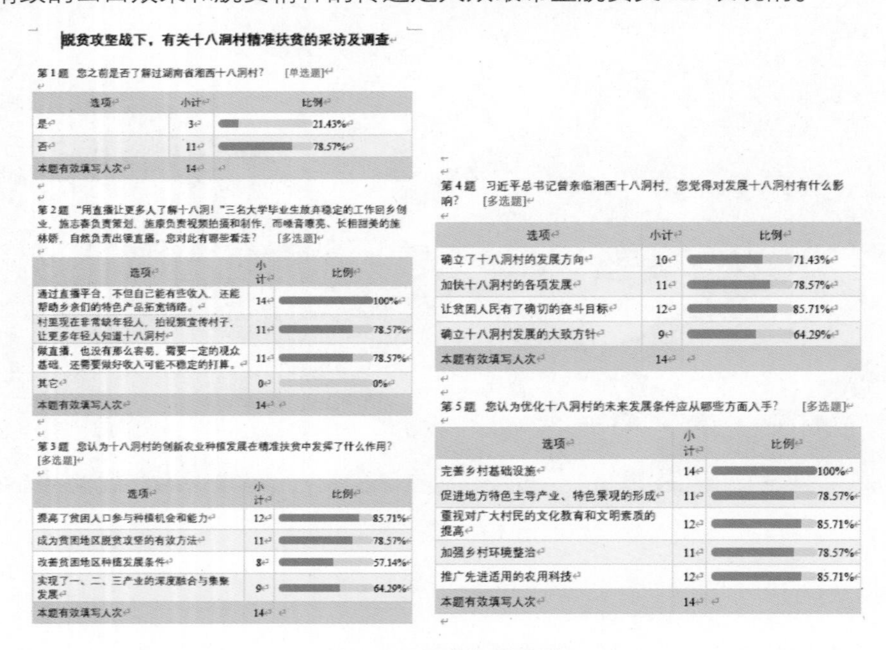

脱贫攻坚战下，有关十八洞村精准扶贫的采访及调查

第 1 题　您之前是否了解过湖南省湘西十八洞村？　[单选题]

选项	小计	比例
是	3	21.43%
否	11	78.57%
本题有效填写人次	14	

第 2 题　“用直播让更多人了解十八洞！”三名大学毕业生放弃稳定的工作回乡创业，施志春负责策划、施康负责视频拍摄和制作，而嗓音嘹亮、长相甜美的施林娇，自然负责出镜直播。您对此有哪些看法？　[多选题]

选项	小计	比例
通过直播平台，不但自己能有些收入，还能帮助乡亲们的特色产品拓宽销路。	14	100%
村里现在非常缺年轻人，拍视频宣传村子，让更多年轻人知道十八洞村	11	78.57%
做直播，也没有那么容易，需要一定的观众基础，还需要做好收入可能不稳定的打算。	11	78.57%
其它	0	0%
本题有效填写人次	14	

第 3 题　您认为十八洞村的创新农业种植发展在精准扶贫中发挥了什么作用？　[多选题]

选项	小计	比例
提高了贫困人口参与种植机会和能力	12	85.71%
成为贫困地区脱贫攻坚的有效方法	11	78.57%
改善贫困地区种植发展条件	8	57.14%
实现了一、二、三产业的深度融合与集聚发展	9	64.29%
本题有效填写人次	14	

第 4 题　习近平总书记曾亲临湘西十八洞村，您觉得对发展十八洞村有什么影响？　[多选题]

选项	小计	比例
确立了十八洞村的发展方向	10	71.43%
加快十八洞村的各项发展	11	78.57%
让贫困人民有了确切的奋斗目标	12	85.71%
确立十八洞村发展的大致方针	9	64.29%
本题有效填写人次	14	

第 5 题　您认为优化十八洞村的未来发展条件应从哪些方面入手？　[多选题]

选项	小计	比例
完善乡村基础设施	14	100%
促进地方特色主导产业、特色景观的形成	11	78.57%
重视对广大村民的文化教育和文明素质的提高	12	85.71%
加强乡村环境整治	11	78.57%
推广先进适用的农用科技	12	85.71%
本题有效填写人次	14	

图 6.10　调查问卷设计

完成了以上的前期工作后，团队明确了当前 H5 的制作目的和方向，并开始制作故事的脚本，如图 6.11 所示。

- 在标题的设置上，我们采用当下比较流行的直播的形式，以一个呼吁大家加入直播间的口号来吸引大众的目光，调动用户点击进入的积极性，十分有趣。
- 情节上，我们设置了一个女主人公，让用户以一个年轻人的视角去感受并参与到农村的脱贫之路，引发强烈的共鸣。同时，我们还设置了情节上的转折，在开头就让用户选择，用户可以自主决定剧情的后续发展，增强了作品的趣味性。最后通过脱贫关键词号召用户关注祖国的脱贫之路，让用户获得一种使命感。
- 设计上，我们利用噪点肌理、高饱和色彩的手绘画风来表现村庄的美丽景色。音乐选取了一种轻松的、温暖的、仿佛处于美好乡村生活氛围中的曲子。我们用现实中的音效去还原在直播互动中碰到的细节（蜜蜂的音效、车驶过的声音等）。
- 交互上，主要是简单的屏幕点击和滑动，在这个基础上，我们增加了一镜到底并且还嵌入了视频增强用户的体验。

2. 画出框架结构图

框架结构图可以帮助创作者理清每个界面之间的关系和逻辑，如果跳过框架结构图的步骤，直接开始画界面就很容易发生逻辑混乱、表达不清晰的情况。在框架结构图基础上，绘制低保真原型图，如图 6.12 所示。

3. 界面与交互设计

在视觉设计上，主要选择手绘的表现形式。“快看，十八洞村开播啦！”主题的基调是有趣、轻松的，所以选择了噪点肌理、高饱和色彩画风来展示十八洞村，在视觉上给用户产生视觉冲击感，让用户感受到脱贫前后的巨变，增加用户沉浸感。情节由开头的转折到十八洞村的三个脱贫特色情景再到后来的丰收出现脱贫关键词总结，凸显出十八洞村的脱贫之举。整体的配乐是温暖轻松的曲子，在其场景中又加入拟声音效，丰富了整个画面的视听感受，如图 6.13 所示。

4. 导入软件添加动画及交互

在木疙瘩软件平台中，分图层导入已经制作完成的场景、组件、GIF 并逐帧制作，作品的主要交互形式为点击，同时三个直播小游戏增加了左滑右滑的趣味交互，并且每一处的交互都会有对应的文字提示，帮助用户在体验过程中能够顺利地进入下一个页面。作品中设置了跳过选项，在部分篇幅较长的页面，用户可以选择跳过，整体能够提高用户的体验感、增强用户的主动性。作品标题在一定程度上决定了用户是否想要打开观看这个作品，“快看，十八洞村开播啦！”用请求、邀请的语气，更容易触发用户点击打开，加入使用语气词“啦”和感叹号，让“邀请”显得更为轻松活泼。

页面	说明	镜头	示意图	动效	交互
1. 加载页	加载等待过程 NCDA… 全国脱贫故事背景概况 习近平总书记来到湖南省湘西土家族苗族自治州花垣县十八洞村考察，首次提出“精准扶贫”	十八洞村庄小图标随着进度条点量文字出现		动画播放 图标跳动	动画播放完毕，自动进入下一界面
2. 主面面 1	创业女生过往画面回顾	弹窗 1：以前的十八洞村贫瘠的画面出现 弹窗 2：创业女生放下背篓，背上书包（拖着行李箱）出现在画面，告别家乡 弹窗 3：气泡框出现她对于歌星的梦想，经过努力考上了浙江音乐学院 弹窗 4：面临选择：出现返乡和就业的选项		动画播放 十八洞村 （画面动效）	向上滑动
3. 跳转页 1	选择就业	1. 路途远 2. 收入不理想 3. 工作压力大 4. 选择返乡			
4. 跳转页 2	slj	1. 出现村庄的画面 2. 镜头慢慢放大至屋内 3. 电视中播放着习近平总书记来到湖南省湘西土家族苗族自治州花垣县十八洞村考察，首次提出“精准扶贫”		1. 电视动画播放 2. 滑动显示气泡框 3. 继续滑动背影放大	动画播放完毕，自动进入下一界面

续表

页面	说明	镜头	示意图	动效	交互
5. 主页面 4	主人公创业女生的直播	1. 镜头拉近手机出现直播的界面，创业女生出现 2. 随后为带货界面，出现商品不足的提示 3. 画面转入养蜂场，剖蜂箱交互操作 4. 出现梯田水稻， 收割水稻交互操作 5. 出现猕猴桃树，摘猕猴桃操作（野生蔬菜 – 养殖大棚） 6. 直播界面不断涨粉至 5w、 点赞量升高	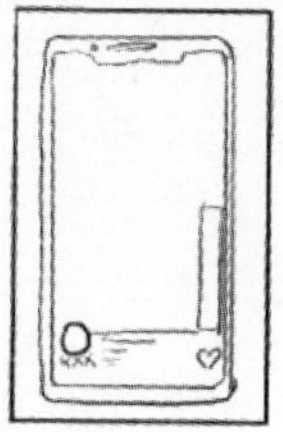	1. 场景逐个出现 2. 点赞动效	1. 向上滑动 2. 点击爱心
6. 主页面 4	观众点赞并购买带货产品	出现订购清单，显示货量充足，点击购买进入下一页面	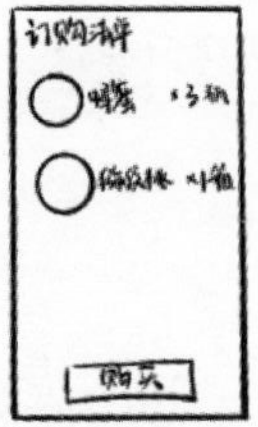	购物清单出现	点击购买，进入下一界面
7. 主界面 6	观众知晓十八洞村，来旅游	产品发往全国各地（用部分地图表现）		场景逐个出现	向上滑动
8. 结束页	十八洞村被点亮	1. 十八洞村被点亮 2. 为用户的家乡点亮，底部出现用户家乡的选择按钮 3. 加入点亮计划，生成海报，分享		村庄变亮	点击村庄

图 6.11 脚本设计

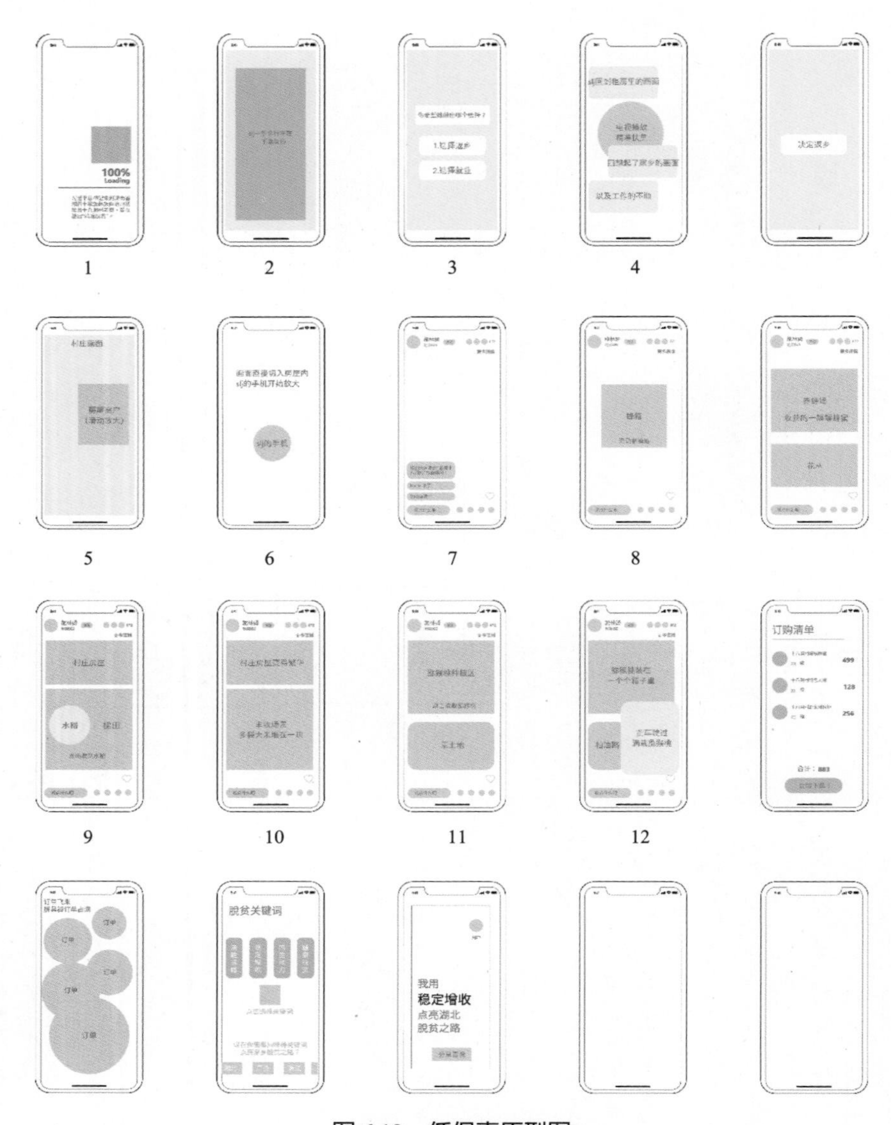

图 6.12　低保真原型图

5. 设置一些基本参数与属性

在导入素材前先设置好页面的参数，素材的尺寸应与页面的分辨率相一致，在保证图片清晰度的情况下尽可能降低图片大小以免后续的动画出现卡顿。在时间轴上设置好此图层所停留的时间再添加相应的动画和交互。完成作品后设置 H5 标题《快看，十八洞村开播啦！》，在导入音效过程中，要开启“预加载”选项，否则可能会出现苹果端声音有延迟的问题。最后完善作品，修改参数和属性来匹配不同的手机型号。此作品也获得了第八届全国高校数字艺术设计大赛交互组一等奖。

扫描二维码欣赏案例
（出品方　薛东朝　罗盛龙）

图 6.13　高保真界面设计

6.1.4　案例《归途》

1. 构思与设计

首先要明确做这款 H5 的目的，以《归途》H5 为例，设计这个 H5 的目的是加强年轻单身女性独自出行的防范意识。针对这个设计目标和年轻女性的受众，选择了一个有代入感且略带恐怖氛围的深夜下班回家的情境，用各种困难考验用户是否能安全回到家。用悬疑的情境和有参与感的游戏形式吸引年轻女性关注自身的安全防范问题。

确定了目的和方向后就可以开始确定表现形式了，以《归途》H5 为例，以选择题的形式进行闯关，但是单纯的选择题可能会显得单调，所以结合了仿真的手机软件界面的点选，并且加入了找东西和考验记忆的小游戏，使这支 H5 有更多的代入感和趣味性。

2. 画出框架结构图

完成了构思与设计以后，还不能直接进入页面设计。首先要画出草图，类似电影的分镜头脚本，使之后的页面设计更加具有条理。同时每个页面大概的页面布局及文字和交互方式也需要标注。图 6.14 是《归途》H5 框架图。框架图能帮助创作者厘清页面与页面之间的关系，防止逻辑上的混乱，会对下一步的设计大有帮助。

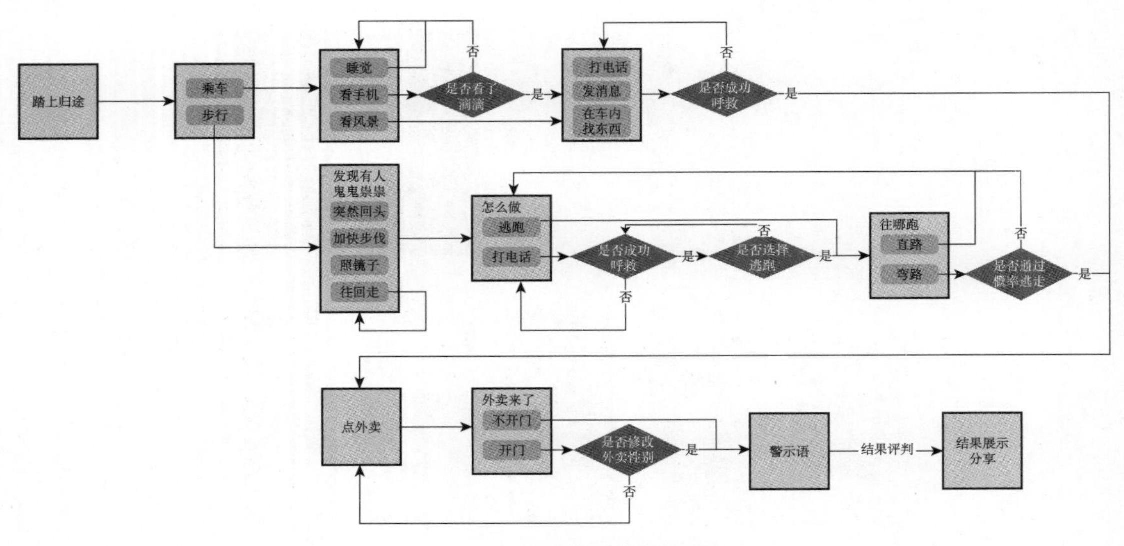

图 6.14 《归途》H5 框架图

3. 界面与交互设计

在确定了大概的框架结构之后，就需要在 PS 内设计每一个界面了。设计界面之前，首先要根据所制作的 H5 内容来确定美术风格。不同的美术风格所带来的视觉气氛是不一样的。《归途》H5 强调了夜晚单身女性独自回家这样一个场景，所以选择了类似恐怖漫画的风格和偏暗的色调来烘托气氛，希望能带给用户紧张刺激的感觉。在受众经历各种困难回家以后，采用了亮黄温馨的色调与前面的页面形成对比，给用户温暖安心的感觉。《归途》高保真界面如图 6.15 所示。

图 6.15　归途高保真界面

H5 的一系列页面需要具有整体感，采用同一系列的几种字体，选择一套合适的配色及统一的画面风格，都有助于页面与页面之间形成整体感，从而带给用户更深的印象。

4. 导入软件添加动画及交互

在 PS 内制作好页面之后，就可以导入 Mugeda 软件平台进行动画和交互设计了。导入前，先预想好每个页面的交互效果。可以将同时出现且有相同交互效果的图层合并到一起，图层越少，后续制作动画交互越容易。导入之后，每个图层旁边都会有一条时间轴，动画的制作方式和 Flash 类似。如果不想自己制作动画且需求的动画效果简单，可以选择添加预置动画，省时省力。交互效果有点击跳转到页、跳转到帧、数值计算、计时器、陀螺仪等。可以选择图层中的一个元件进行设置。丰富而有趣的交互使用户不再是被动的接收者，而变成一个游戏的参与者，可以带给用户很大的吸引力，也可以让用户更愿意去接收制作者所传达的信息。所以交互设计也是 H5 制作至关重要的一环。

5. 设置一些基本参数与属性

在 PS 内要注意设置的页面大小要符合一般手机屏幕的尺寸，而且将分辨率设置成 72dpi。在软件内制作好交互动画后，也要记得设置 H5 标题、转发标题、转发图片和转发文字介绍，这些是用户的第一印象，也是用户决定是否要点开的重要因素。一段有趣吸引人的文案必不可少。《归途》H5 的转发文案是“夜晚请千万别一人独自回家…”，这段文案描述可以不用特别正经，但是需要有趣且吊起用户的好奇心。

用户扫码后会发现如图 6.16 所示的提示，这是因为作品传播量大，已达到 Mugeda 平台免费会员浏览量，所以不能免费浏览了。可见，即使是学生的作品，只要符合市场需求，传播量也是很可观的。

图 6.16　归途高保真界面

6.2　常用课件案例示范

课件能够对课堂教学起到化难为易、化繁为简、变苦学为乐学等作用，采用移动课件辅助教学是一种现代化的教学方式，是推广现代教育技术的重要内容。课件的操作要尽量简便、灵活、可靠，便于教师和学生控制，也要尽量避免复杂的操作，交互层次不应太多。同时课件的展示不但要追求良好的教学效果，而且应赏心悦目，使人获得美的享受，激发学生的兴趣。通过 Mugeda 平台掌握课件的创作，能帮助读者学习更多的 H5 设计技巧，进而培养更强的融媒体设计能力。

扫描二维码欣赏案例
（出品方　知谷）

6.2.1　点击选择类交互习题

如何在 Mugeda 中制作点击选择类交互习题？请扫码观看案例。

这是一道点击多选类交互习题，用户可以反复点击选项来选择或取消选择，并在提交后给出对错判断的反馈，还可以查看操作提示和参考答案，重置题目反复作答，如图 6.17 所示。

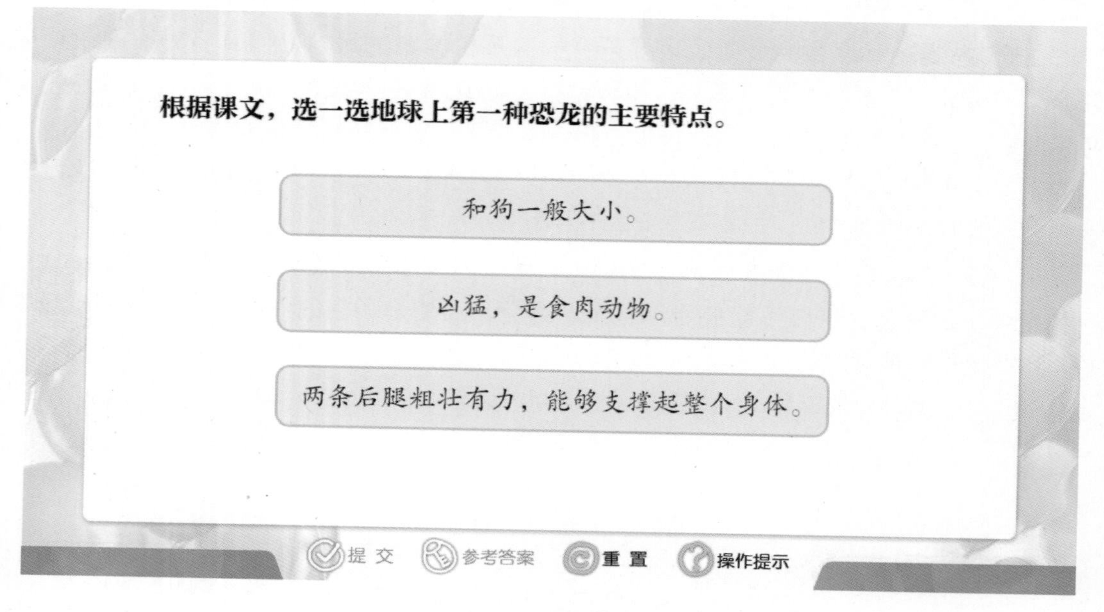

图 6.17　案例界面

舞台初始状态下，选项都处于未选中状态，“提交”按钮、“参考答案”按钮处于不可点击状态。而点击任意选项后，选项呈现出选中点亮状态，且“提交”按钮会自动点亮可以点击。再次点击选中状态下的选项可以取消选择，选项回到未选中状态。若取消选择所有选项后，“提交”按钮又会回到不可点击状态，唯有选项被点击选择表示作答后才又会点亮。作答后点击“提交”按钮可以判断对错，给出正确或错误音效同时舞台上出现对应图标。在提交答案后，“提交”按钮回到不可点击状态，同时“参考答案”按钮被点亮可点击查看，三个选项不允许点击进行修改。除以上按钮外还有“重置”按钮、“操作提示”按钮一直处于可点击状态。点击“重置”按钮后，所有操作会被重置回到初始状态，如图 6.18 所示。具体操作步骤请扫描二维码观看教学视频。

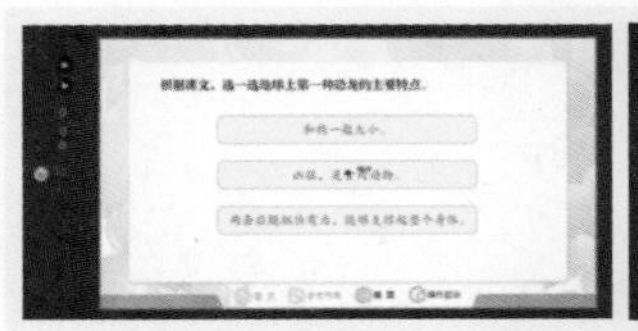

图 6.18　操作界面

（教学视频）

6.2.2　拖动类交互习题

我们用下面这个习题作为案例，来讲解一下如何在 Mugeda 中制作拖动类交互习题，如图 6.19 所示。

图 6.19　案例首页

扫描二维码欣赏案例

（出品方　知谷）

这是一个拖动类交互习题，听播放的音频，把被打乱的字母按正确顺序拖动到下方的小火车上。答对给出正确音效火车开动，答错则给出错误提示音效并能再次拖动修改直至答对。

打开习题后，单词音频会自动播放，也可点击“音频播放”按钮反复听单词读音。在舞台中的云朵上放有一些被打乱顺序的字母图片，下方是一辆车厢上有空白方框的小火车。通过听单词音频，将字母按顺序拖动到火车车厢的空白方框中。如果拖动顺序错误，给出错误提示音效后可以拖动字母进行修改，直到顺序正确。拖动正确后，小火车拉响汽笛，烟囱中冒出白烟向前开动离开舞台，最后出现回答正确鼓励页面。界面中还有“重置”按钮、“操作提示”按钮，点击“重置”按钮可以重置到初始状态，如图 6.20 所示。具体操作步骤请扫描二维码观看教学视频。

6.2.3　连线类交互习题

扫描下面二维码，学习如何在 Mugeda 中制作连线类交互习题，如图 6.21 所示。

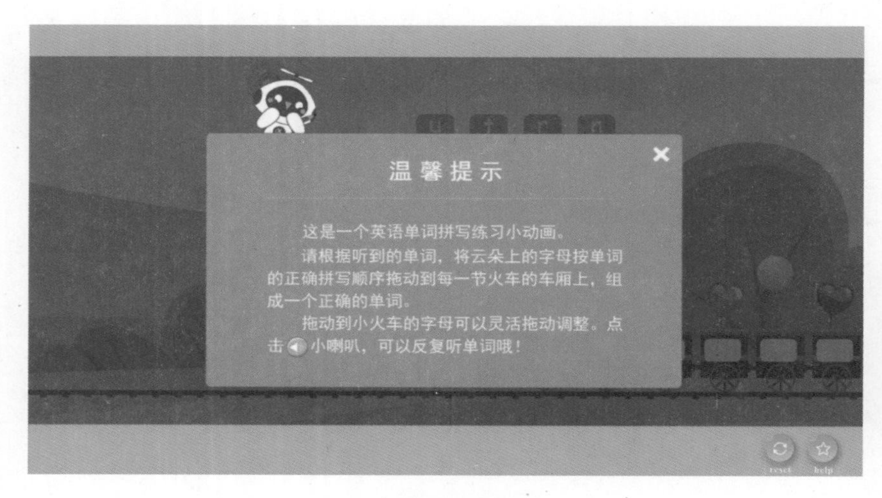

（教学视频）

图 6.20　案例提示界面

扫描二维码欣赏案例

（出品方　知谷）

图 6.21　案例界面

这是一个连线类交互习题，将上下对应物体连起来，连线错误会弹回并播放错误提示音效，连线正确则播放正确音效。界面中还设置了“重置”按钮，点击“重置”按钮可以让界面重置到初始状态。具体操作步骤请扫描二维码观看教学视频。

6.2.4　手绘类交互习题

我们用下面这个习题作为案例，来讲解一下如何在 Mugeda 中制作手绘类交互习题，如图 6.22 所示。

这是一个手绘类交互习题，点击右侧画笔后在左侧空白处就可进行绘画，点击“橡皮”按钮可以进行擦除操作，点击“清空”按钮可以清空绘画板。具体操作步骤请扫描二维码观看教学视频。

（教学视频）

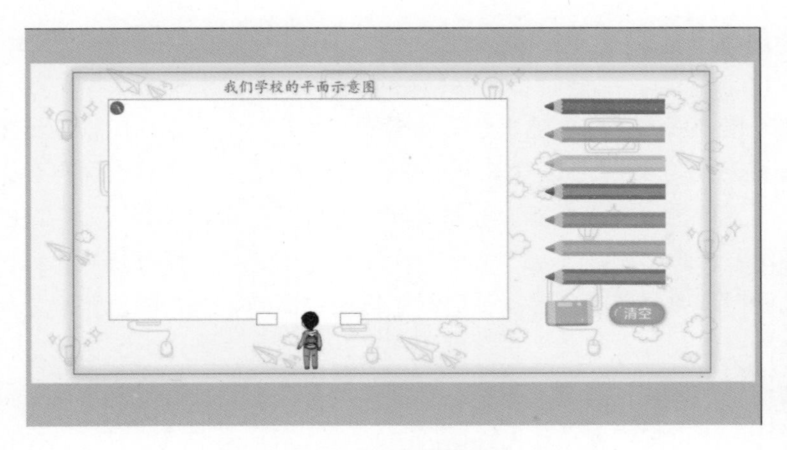

图 6.22　手绘交互界面

扫描二维码欣赏案例
（出品方　知谷）

6.3　H5 融媒产品在教育领域发展趋势

随着 H5 技术在各个领域的渗透，H5 作品的形式越来越多样化，与各种新技术的结合也越来越紧密，H5 作品在教育领域的发展趋势也呈现出更丰富和多维化特征。

1.H5+ 感知技术，加强用户主动学习

随着生物识别、语言识别、传感器技术、硬件升级等技术的发展，机器对人类的意图、事物的理解、复杂问题的认知越来越深入，便捷的交互方式将使学习成本降低，学习效率更高。情景感知技术通过传感器获得用户所处环境的相关信息，从而分析用户的行为动向。同时，情景感知技术能自适应地改变手机界面，为用户提供精准推送式知识服务。在 H5 中整合具有感知能力的数字资源，将极大地提高学习体验。H5 目前支持触控、陀螺仪、定位、拍照、录音等丰富的交互行为，智能渲染和自动适配技术使加载速度更快，跨平台兼容性更好。如 iKnow 英语辅助学习软件是利用位置服务技术和情景感知建模方法进行设计开发的，与其他软件学习的不同在于，该软件弱化了学习资源建设本身，突出了情景感知和社会关系网络功能，以“实际问题求解”为导向，其中的知识地图内容就是围绕学习者位置情景和实时学习需求而构建的。iKnow 英语辅助学习软件的主要功能包括情景感知微学习、学伴、个性化知识推送、英语知识的共享交流等，较好地满足了用户在具体情境中即时学习和主动学习的需求，提高了学习兴趣，学生主动参与学习过程，有助于完成教学目标。基于体感交互技术的 H5 学习资源，在残障辅助教学、幼儿教育及特殊教育方面都会有广泛应用。

2. H5+ 情感化设计，让用户一见钟情

古希腊哲学家泰勒斯说过“万物有灵”，人机交互体验是一种人机共生的状态，随着智能设备的涌现，机器语音交互将被赋予更多“灵性”。物灵科技推出的智能机器 Luka——一只拥有灵动大眼睛的猫头鹰是为孩子准备的纸质书阅读机器人。配置 H5 二

维码的书籍放在它的面前，它就可以快速识别内容，翻动书本就可以自动阅读给孩子听。Luka 还会和孩子互动，发出笑声，会撒娇，还会根据不同的状态做出不同表情。数字资源在注重情感化设计同时，产品的美感也越来越受到重视。美国心理学家唐纳德·诺曼博士（Donald Arthur Norman）在《设计心理学》一书中指出，美与功能之间的确存在必然联系，好看的产品往往更好用，情感改变着人脑解决问题的方式，也改变着认知系统的工作模式。心理学家艾丽丝·伊森（Alice Isen）和她的同事也指出，快乐能够拓展思维，有助于启发创意。当人们面对具有美感的产品时，会产生愉悦的体验，他们的思路会更为开阔，从而更加具有创造性，更加富有想象力。美就是正义，颜值就是生产力，这已经越来越成为社会的共识，面对消费升级时代的年轻人，未来教材中 H5 产品要特别重视视觉表现，通过富有美感的设计，让用户对产品一见钟情。

3. H5+VR，给用户全感官体验

随着 CPU、浏览器、系统对 Web 的支持快速迭代，VR 和 AR 包括重型 3D 的内容，在 H5 中都进行了不同程度的探索，给用户带来全维度的感知。在未来教材中，要强化学习记忆的最有效方式就是五感相结合的体验。看得见、听得见已成为体验信息常态，而更真切的感知信息必须是用户体验升级。全感官体验能更好地打造“身临其境的沉浸式”体验印象，用户在交互过程中获取更多维的与真实场景匹配的信息反馈，如听觉、嗅觉、触觉等，加深对信息的理解和体验记忆。VR 全景 H5，可以将产品的方方面面都淋漓尽致地展现出来，让用户仿佛身临其境。如 Hardlight Suit 力反馈背心主打触觉模拟为主的全维度身体感知，这款装备配有 16 个振动点和触觉传感器，能够为用户提供沉浸其中的虚拟现实体验。VRgluv 能让我们感受到与任何目标交互的不同方式，通过力觉反馈技术，对手指的模拟动作及触感进行真实的还原，这样无论是棒球、射击还是射箭学习，甚至是手指轻划过头发丝，都可以获得宛若真实的沉浸感。现在很多 H5 平台已陆续提供设计模板，为设计者带来了更大的便捷性。

4. H5+AI，满足用户个性化需求

大数据和云计算的技术日趋成熟，更加精准、更加智能、与个体个性化需求相匹配的人工智能将成为趋势。H5 产品在做推荐、关联的基础上，更多地趋向认知、联想、预测等模式。个性化的人工智能在深入理解用户画像和痛点的基础上，将更好地分析数据、建立用户信任、形成“你最懂我”的用户认知，有效提高用户的学习效率，制造体验惊喜，提升产品的用户黏性，更有效地促成学习目标的达成。市面上在线教学软件多数是依据固定的课程大纲进行学习的，Summit Public Schools 个性化学习计划平台强调“以学生为中心”。探索式的学习模式，给学生更多关于其学习的速度和方向的命令，随时为学生提供其需要的学习资源，同时，学生学习数据以可视化方式反馈给教师，教师更像是“教练”，他们通过学术标准监测学生是否按照他们的要求学习，并提供个性化学习方案和学习指导。

5. H5+ 知识图谱技术，构建用户动态知识体系

知识图谱本质上是一种语义网络，节点代表实体或者概念，边代表实体或概念之间的各种语义关系。知识图谱被用来构建宏大的知识网络，包含世间事物及它们之间的关系。

而 H5 和知识图谱技术整合，有助于帮助学生在头脑中建立各学科的知识联系，甚至构建出跨学科的知识关联，从而提高学生的学习效率，建立立体的知识架构。同时，这个数字资源的知识体系不是一成不变的，而是建立在对大数据的动态分析之上的，并随着社会知识总量的增加，学习环境的不同、学生行为的变化、教学方法和目标的调整而不断更新，是一个动态的、常新的体系。新形态教材中 H5 和知识图谱技术的结合，能够满足学生个性化学习、无缝学习和泛在学习的要求，这对于建立“人人皆学、处处能学、时时可学”的现代学习型社会是十分必要的。

6.4 H5 融媒产品在新闻媒体领域发展趋势

随着用户更多地参与到媒体信息的创作与传播中，媒体格局、目标受众、媒体技术都在发生变化。H5 产品打破了传统新闻报道形式缺乏活力的桎梏，让新闻变得有趣、有参与感，深受广大用户的欢迎。人民日报、新华社等主流媒体面对媒体转型的破局与浪潮，敏锐地抓住了中国网民的变化需求，创作了大量极具内容创意和技术创新的 H5 融媒体产品。这些产品一次次刷新浏览量的纪录，在彰显我国主流媒体传播实力的同时，也引领了新闻媒体 H5 产品的发展趋势与设计理念。

H5 产品的内容和设计是产品生命力的根本，在设计 H5 产品时要加强分析与把握 H5 产品发展趋势，以设计赋能，使 H5 作为内容创新的新引擎给媒体新闻叙事方式和形态带来更多改变。

1. 选题契合社会事件、强化产品交互性

通常一个 H5 上线后的前三天是访问高峰期，一般存活周期为一周、用户访问时间大约为 1 分 30 秒，所以结合社会热点事件的 H5 产品，能吸引更多用户的注意力、激发用户参与的热情。社交网络环境下，用户的社交或者说互动、分享需求会更加强烈。强化 H5 产品的交互性既是用户的客观需求，也是提升新闻广泛传播的有效方式。2017 年人民日报推出的《两会喊你加入群聊》H5，模仿微信朋友圈聊天形式，24 小时不到点击量超过 600 万，仅在《人民日报》客户端上的留言就超过了 9 万条。这个 H5 的创新之处就是让用户参与两会代表群聊，新颖的交互功能让网友乐于分享。随着越来越多用户参与到 H5 的传播中，能够结合热点话题、根据用户群的特点与喜好来定制 H5 内容与功能，以此进行内容宣传是获得较好传播效果的制胜策略。

2. 多场景多终端适配、移动端优先

H5 的本质是移动 Web+，利用任何浏览器都可以打开 H5，在 PC 端观看也很流畅，但人们出于便捷性会更多地使用移动终端浏览 H5 内容。随着 5G 基础设施建设加快，更多内容将以超高清视频、全角度直播、虚拟沉浸现实为主的媒体流形式呈现。更深的变革还在未来，基于 IPv6 的下一代互联网，将催生更多新业态、新应用、新场景，有人比喻连一粒沙子都可以有自己的 IP 地址，更多超越手机的物联网传播媒介将诞生，更便捷地满足人的信息需求。

眼镜、芯片植入、车联网、智能家居等信息传播场景将更为广泛，H5 可实现多终端间的无缝转换，还可以打通线上线下的隔阂。如通过扫描海报软件可以自动识别用户持有的设备类型，为用户创造适配的场景化体验需求，从而大大提高用户打开和分享 H5 的欲望。

3. 融合先进技术、跨平台合作

新华网利用全息技术创作的《身临其境看报告》H5 产品，一经推出就吸引了大众眼球。该 H5 采用虚拟全息技术呈现两会会场，营造的虚拟空间让用户有身临其境之感，当日点击量达 1.1 亿次。重力感应、体感交互、人脸识别、机器学习、AR、VR 等高科技正逐步渗透新媒体产品，让新闻媒体有更大的空间去策划和设计 H5 产品。媒体只有抓住核心，发挥优势，整合、调动最新的媒体技术和最强的运营资源，充分利用各平台雄厚的技术实力和强大的资源运营能力，必定能够保障 H5 海量用户的需求。未来大数据、神经网络、自然语言理解、自动学习等人工智能技术都将参与到媒体的生产和研发中。曾创作现象级 H5 作品《军装照》的人民日报联合多家企业共同开发了“人民日报创作大脑”创新平台，运用人工智能等技术，为媒体机构和内容创作者提供通用型创作工具，提升内容生产和分发效率。

4. 完美感官体验、微视频嵌入更流行

H5 产品打破了传统的单一媒体形态和线性传播模式，将平面媒体、电子媒体、网络媒体整合在一个空间载体内，将各媒体的原有内容进行解构和重组，带来多维度的感官体验。为保证用户流畅的体验感，弥补 H5 技术上的不足，微视频嵌入将被广泛应用在产品设计中。以往的 H5 制作要有炫酷的“特效”，需要对设计和交互做大量的开发，成本高耗时长，设计的元素和环节越多，产品打开的流畅性就会越低。微视频将文字、画面、色彩、声效、模拟交互等提前设计封装，虽然用户点击互动的频次会降低，但是交互的效果没有减弱。随着基于 VR、AR 的沉浸式微视频的发展，内容的交互将越来越多地结合用户的形体交互及传感器感知，并能充分保障用户社交需求，这都是未来 H5 创作的新挑战。

新闻媒体 H5 精品的涌现重塑了人们对传统媒体的认知，也让新闻媒体用户数和活跃率再创新高。经过各大媒体的大量应用实践，H5 已成为移动互联时代媒体内容创新的理想技术引擎。未来信息技术的更迭，也将赋予 H5 更多想象力和生机。

本章小结：本章以学生优秀作品为案例，展示了一支作品的创作流程。学生一般会从构思与设计、项目调研、脚本编写、画出框架结构图、界面与交互设计、导入软件添加动画及交互、设置一些基本参数与属性几个方面逐步完成一支作品。同时本章也简单介绍了点击选择类交互习题、拖动类交互习题、连线类交互习题及手绘类交互习题等几种常用课件的制作方法。但因为步骤比较复杂，整个制作步骤本教材会以视频形式在电子素材中提供。

习题：

1. 策划并创作一支优秀的 H5 作品。
2. 举例简述 H5 在教育出版领域的设计特点。
3. 以人民日报出品 H5 作品分析 H5 在新闻媒体领域的发展趋势。